永磁电机电磁振动理论及应用

李 健 卢 阳 陈致初 著

科 学 出 版 社

北 京

内 容 简 介

本书全面阐述了永磁电机电磁振动的产生机理，从理论层面深入分析了电磁力波及电磁振动的来源，揭示了电磁力波的谐波特征及对电机振动的影响规律；提出了永磁电机电磁振动的半解析计算方法，构建了高效高精度电磁振动计算平台；针对车用电机，阐明了分段斜极下电磁力波的变化规律及对电机扭振的影响，提出了考虑转子动力学的车用电机振动分析方法，并针对车用驱动电机振动噪声提出了相应的抑制方法；针对多相电机电磁振动的特殊问题，揭示了多相电机绕组耦合效应对电磁振动的作用机制，提出了切实可行的低振动多相电机绕组设计方法。

本书可供从事永磁电机设计、电机振动噪声研究、新能源汽车研究工作的科研人员、工程技术人员阅读参考，也可供电气工程、车辆工程专业及其相关专业师生教学参考使用。

图书在版编目（CIP）数据

永磁电机电磁振动理论及应用/李健，卢阳，陈致初著. --北京：科学出版社, 2024. 12.

ISBN 978-7-03-078005-8

Ⅰ.① 永⋯ Ⅱ.① 李⋯ ②卢⋯ ③陈⋯ Ⅲ. ① 永磁式电机-电磁振动器-研究 Ⅳ. ①TM351

中国国家版本馆 CIP 数据核字（2024）第 018524 号

责任编辑：吉正霞 曾 莉/责任校对：高 嵘
责任印制：彭 超/封面设计：苏 波

科 学 出 版 社 出版
北京东黄城根北街 16 号
邮政编码：100717
http://www.sciencep.com
武汉中科兴业印务有限公司印刷
科学出版社发行 各地新华书店经销
*
开本：787×1092 1/16
2024 年 12 月第 一 版 印张：13 3/4
2024 年 12 月第一次印刷 字数：350 000

定价：158.00 元

（如有印装质量问题，我社负责调换）

前　言

高性能永磁电机作为电动化车辆、多电/全电飞机、全电舰船的核心动力装置，已成为提升我国新能源、高端制造、交通运输、航空航天等高技术产业竞争力，发展国民经济和实现国防体系现代化建设的战略装备基础。随着高端装备行业的快速发展，电机振动噪声水平已成为衡量电机性能的关键技术指标之一。对新能源汽车而言，驱动电机的振动噪声不仅会降低车辆的乘坐舒适性，还会影响用户对品牌的认可度和产品市场竞争力。在以潜艇、无人潜航器和航空航天等为代表的国防军工领域，驱动电机及电动执行机构的振动噪声将直接影响设备的隐身性、生命力及威慑力。此外，电机的振动也会导致电机自身绕组和铁心松动、绝缘击穿、轴承磨损、结构应力疲劳等故障，从而降低电机设备的运行性能并缩短其寿命。综上所述，电机的振动噪声问题已成为工业界及学术界关注的热点，低振动噪声电机技术已成为高性能电机系统设计与研发的关键技术之一。

永磁同步电机振动与噪声的来源、机理和变化规律复杂，涉及多学科的理论与技术。尤其是时变电磁力引起的电磁振动，其响应机理、特征频谱与抑制方法更为复杂。本书旨在厘清永磁电机电磁振动的产生机理及变化规律，提出电磁振动分析、计算与抑制方法。

本书是作者基于多年科研工作经验撰著的，体系较为完整，与已出版的同类书籍相比，本书的特色主要体现在以下方面。

（1）全面阐述永磁电机电磁力波的来源及谐波特征，揭示电磁振动的产生机理。深入分析定子齿槽结构对气隙电磁力波的调制作用，阐明气隙电磁力、定子齿电磁力、0 阶电磁力以及转矩脉动间的相互关系。

（2）提出永磁电机宽频域多谐波电磁力解析计算方法，建立考虑脉冲宽度调制产生的高频电流谐波的电磁振动计算模型，构建高效高精度电磁振动计算平台，为永磁电机全速域电磁振动快速评估与优化提供分析工具。

（3）针对车用电机，深入分析分段斜极转子切向电磁力扭转激励特性，构建基于接触分析的分段转子动力学模型，提出分段转子弯扭模态精确计算方法，解决分段转子模态与电磁振动计算精度差的问题，为电动汽车驱动电机振动、噪声和声振粗糙度（noise，vibration and harshness，NVH）优化提供技术支撑。

（4）提出基于谐波注入的电机振动噪声主动抑制方法，推导谐波电流和电磁力的幅值相位关系，开发出多阶次谐波电流注入控制策略，为电动汽车振动噪声抑制提供切实可行的技术方案。

（5）针对大功率电磁传动领域广泛应用的多相电机，深入分析多相绕组耦合效应及其对高频电流谐波、电磁力以及电磁振动的影响规律，提出低振动多相电机绕组设计准则，并给出实际应用案例，为多相电机的振动抑制提供解决方案。

本书由李健、卢阳、陈致初合著，邱水泉、郭隆煜、张钦陪、何宗军、郭镇等参与了图表整理和全书的校对工作。本书展示的研究成果得益于国家重点研发计划项目（2023YFB4301500）和国家自然科学基金项目（52207054）的支持，在此表示衷心的感谢。

由于作者水平有限，书中难免存在不妥之处，恳请读者批评指正。

著　者

2023 年 9 月

目　录

第 1 章

电机电磁力波与电磁振动概述

电机的噪声来源主要有三类：机械噪声、空气动力学噪声和电磁振动噪声。机械噪声主要由电机中运动部件的相互摩擦、碰撞产生，其中最主要的就是轴承噪声，轴承噪声的成因分析及特征识别技术已经较为成熟，比较容易通过提高加工、安装精度来减少轴承噪声；空气动力学噪声主要是由电机内部的散热风扇旋转引起空气流动而产生，目前应用于新能源汽车及国防装备领域的电机一般采用水冷，因此空气动力学噪声占比很小；电磁振动噪声是由电机内旋转磁场产生的作用在定转子上的电磁力激励起结构振动，进而导致周围空气振动而产生噪声。在大部分永磁电机中，电磁振动噪声是主要噪声来源，因此关于电机噪声的研究集中于电磁振动噪声的研究[1,2]。

电机电磁振动噪声的研究最早开始于 20 世纪四五十年代，Jordan[3,4]建立了基于二维等效圆环定子模型的振动解析算法，并推导出其在气隙电磁力下的振动变形解析公式，开创了电机振动噪声研究的先河。此后，学者舒波夫[5]、Heller 等[6]及 Timar 等[7]都相继投身于电机电磁振动噪声的研究中，并取得了一系列研究成果，为电机振动噪声研究的发展作出了巨大贡献。1981 年，Yang[8]在其著作中提出径向力波的概念，以异步电机为例给出了径向力波的完整数学描述，并且对异步电机、同步电机及直流电机噪声的产生机理及测量方法进行了系统研究，总结了降低电机电磁振动噪声的有效方法。国内对电机振动噪声的研究从 1980 年左右开始快速发展，大量国外关于电机振动噪声的专著被译成中文，对国内电机振动噪声的研究产生了深远影响。1987 年，陈永校等[9]在其著作中系统阐述了包括电磁力谐波、定子系统固有频率计算、振动噪声计算方法，以及电机噪声抑制措施在内的电机振动噪声关键问题，为国内电机振动噪声的研究奠定了基础。早期的学者初步建立了电机振动噪声的理论体系，但限于当时研究方法和分析手段的制约，分析结果与实际存在较大误差。

随着各类新型电机结构的出现，研究人员对电机振动噪声的研究越来越深入细致。同时，计算机技术、有限元仿真技术、现代信号分析技术及振动噪声测试技术的进步极大地推动了电机振动噪声研究方法的变革，关于电机振动噪声的研究主要集中于电磁力及电磁振动的特性、计算与抑制方面。本章将从电磁力波特性、电磁振动计算和抑制等方面对电机振动噪声的研究现状进行介绍。

1.1 电 磁 力 波

1.1.1 电磁力波基本特性

槽极配合直接决定了电磁力的谐波特性，是影响电磁振动最直接的因素。2006 年，Gieras 等[10]在其著作中利用磁动势-磁导分析法对三相异步电机、同步电机的电磁力谐波特性进行了研究，给出了不同槽极配合下的电磁力谐波的数学表达，并得出结论：电磁力谐波空间阶次为电机极对数的偶数倍，频率为基波电频率的偶数倍；传统的圆柱壳体模型，电磁力非零最小阶次越高，其产生的振动幅值越小；只有当电机的空间阶次与模态阶数一致，且电磁力频率与固有频率接近或一致时，电机才会发生共振。张冉[11]针对表面式永磁电机，总结出其电磁力的空间谐波可以写成 $k_1p + k_2Q_s$ 的形式，其中 k_1、k_2 为整数，p 和 Q_s 分别为电机极对数和槽数。杨浩东[12]证明了双层绕组电机的非零最小力波阶数为极数 $2p$ 和槽数 Q_s 的最大公约数 $\mathrm{GCD}(Q_s,2p)$，并通过有限元分析证明非零阶最小阶次的径向力波对振动的影响最大。Islam 等[13]采用有限元法（finite element method，FEM）对一系列槽极配合的分数槽绕组（fractional slot winding，FSW）永磁电机的电磁力和振动噪声进行了对比分析，得出以下结论：永磁电机电磁振动噪声主要由径向电磁力引起，而非由转矩脉动引起，转矩脉动的大小和振动噪声的大小之间没有必然联系，电磁力波的阶数相比于电磁力的幅值对振动的影响更大。

分数槽绕组电机近槽极配合的特点，导致其谐波丰富，非零阶最小力波阶次低，相比整数槽绕组电机振动问题更加突出，因而众多学者对分数槽集中绕组电机的电磁力谐波特性进行了深入研究。Zhu 等[14,15]对不同槽极配合下的分数槽集中绕组永磁电机的电磁力谐波进行了研究，得出了以下结论：对于槽极数满足 $2p = Q_s \pm 2$（p 为转子极对数，Q_s 为定子槽数）的双层绕组永磁电机，其非零阶径向力波的最低空间阶次为 2，并且 $2p = Q_s + 2$ 的电机中 2 阶空间电磁力要大于 $2p = Q_s - 2$ 的电机中 2 阶空间电磁力；对于 $2p = Q_s \pm 2$ 的单层绕组永磁电机，当 $Q_s/\mathrm{GCD}(Q_s,2p)$ 为偶数时，其非零阶径向力波的最低阶次为 2，当 $Q_s/\mathrm{GCD}(Q_s,2p)$ 为奇数时，其非零阶径向力波的最低阶次为 1；对于槽极数满足 $2p = Q_s \pm 1$ 的电机，非零阶径向力波的最低空间阶次为 1，并且 $2p = Q_s + 1$ 的电机中 1 阶径向力波的幅值大于 $2p = Q_s - 1$ 的电机中 1 阶径向力波的幅值；对于每极每相槽数为 0.5 的电机，非零阶空间力波最低阶次为极对数 p。Valavi 等[16]研究了负载条件和齿谐波对分数槽集中绕组电机径向电磁力谐波的影响，得出的结论表明：齿谐波在电磁振动中起主要作用，同时 d 轴电流增大将导致齿谐波的幅值增大，从而使振动变大。

在其他类型电机电磁力波研究方面，Deng 等[17-19]对轴向磁通电机的电磁力波和振动进行了深入的研究，总结了不同槽极配合下的轴向磁通电机电磁力谐波分布，并通过对一台单转子单定子轴向磁通电机的分析发现，0 阶电磁力是轴向磁通电机产生振动的主要原因，并且当极数和槽数的最小公倍数 $\mathrm{LCM}(2p,Q_s)=6p$ 时，空载和负载下振动峰值处的频率相同，当 $\mathrm{LCM}(2p,Q_s)\neq 6p$ 时，空载和负载下振动峰值处的频率不同，$\mathrm{LCM}(2p,Q_s)$ 越大，振动越小，和永磁电机齿槽转矩的规律一致，表明齿槽转矩低的轴向磁通电机振动也低，而径向电机并没有这种特性。Wu 等[20,21]重点分析了爪极电机不同槽极配合下电磁力的谐波分布，得出结论：爪极电机电磁力空间阶次满足 kp 为极对数的整数倍，对应的电磁力谐波的频率满足 $[\pm 2mpk_1+(\pm k_2 p)]f_r(k_1,k_2=0,1,2,3,\cdots)$，其中 m 为相数，f_r 为转子机械频率。Zuo 等[22]、Lin 等[23]研究了外转子永磁电机的电磁力谐波及振动噪声特性，与内转子电机不同的是，外转子电机振动和噪声主要来源于转子的振动和辐射，通过对不同槽极配合的外转子永磁电机的电磁力分析，发现电磁力的空间阶次和内转子电机一致，均为电机极对数的偶数倍，而频率则并不相同；外转子电机空载和负载情况下的电磁力频率分别为 $\mu Q_s f_r$ 和 $3kN_t f_r$，其中 μ 和 k 均为整数，$N_t=\mathrm{GCD}(Q_s,2p)$ 为槽数和极数的最大公约数，代表单元电机数，f_r 为转子的机械频率，这和内转子电机电磁力频率为基波频率的偶数倍 $(2kpf_r)$ 明显不同。

1.1.2 高频电磁力波

由脉冲宽度调制（pulse width modulation，PWM）产生的高频电流谐波引起的高频振动相比于中低频振动对电机的影响更加严重，因此受到广泛关注。高阶电磁力频率满足 $mf_c+(n\pm\mu)f_1$，其对应的谐波为载波频率及其倍频附近的边带谐波，其中 f_c 为载波频率，f_1 为基波电流频率，$m,n,\mu\in\mathbb{N}$。对高频振动噪声起主要作用的高阶电磁力频率为 $f_c\pm f_1$、$f_c\pm 3f_1$、$2f_c$ 和 $2f_c\pm 2f_1$，空间阶次主要为 0 和极对数的偶数倍[24,25]。

为准确分析高频电磁力和高频振动，需要对逆变器产生的高频电流进行计算和提取，主要方法有解析计算法、基于 Simulink 的仿真法和测试法。在初始设计分析阶段一般使用解析计算法和仿真分析法，Liang 等[26,27]对高频电流谐波的解析计算方法进行了深入研究，对采用空间矢量调制的异步电机及永磁电机的电流谐波进行了研究，给出了各次电流谐波的计算表达式，并通过实验验证了该计算方法的准确性。该方法可以快速计算出由 PWM 产生的高频电流谐波，可应用于高频损耗计算和振动噪声计算中。

调制技术对高频电流谐波和高频振动有着决定性的影响，Tsoumas 等[28]对不同调制方式下的电流谐波特点和振动噪声特点进行了研究，指出电机噪声水平不仅和电机的设计有关，还和调制技术有关。空间矢量脉宽调制（space vector pulse width modulation，SVPWM）会在开关频率处产生较大的高频电流谐波，从而产生高频噪声。从频谱上看，高频噪声频谱主要集中在载波频率及其倍频附近。随机脉冲宽度调制（random pulse width modulation，RPWM）技术可以将集中于载波频率及其倍频处的电流谐波分散于各个频率处，从而降低噪声的幅值，但 RPWM 并不一定能降低整个频率范围内的声压级，反而可能由于频率更加分散导致共振情况更容易发生。Bouyahi 等[29]研究了三种调制方式（SVPWM、SHEPWM、RPWM）下感应电机振动特性，指出 SVPWM 和指定谐波消除脉冲宽度调制技术（selective harmonic elimination PWM，SHEPWM）在载波频率及其倍频处有较大的电流谐波，从而会引起幅值较大的高频振动和噪声，RPWM 则将集中于载波频率附近的电流谐波分散到全频率范围内，使得噪声在全频率范围内均匀分布，避免出现较大的噪声峰值。Valavi 等[30]对比分析了两电平逆变器和三电平逆变器对高频电流谐波的影响，结果表明，三电平逆变器相比于两电平逆变器可以更有效地抑制高频振动和噪声。Kumar 等[31]将随机调制技术应用在一台感应电机上，发现相比于传统 SVPWM，电机的噪声频谱被分散于更宽的频率范围内，噪声幅值明显降低。Huang 等[32]提出了一种混合随机调制策略，相比于常规随机调制策略，可以进一步降低噪声幅值。

1.1.3　切向与 0 阶电磁力波

在永磁电机中，磁通密度和电磁力的径向分量要远远大于切向分量，因此径向力被认为是电磁振动的主要原因，而切向力对振动的影响往往被忽略。Devillers 等[33]研究了切向电磁力对异步电机振动的影响，得出结论：切向电磁力对轭部较薄的电机的影响较大，主要原因是此类电机刚度较小，尽管切向力的幅值较小，但也会对电机的振动造成一定的影响。Zou 等[34]、Lan 等[35]也对永磁电机切向力波进行了研究，研究结果表明：切向力波和径向力波有着相同的空间和时间谐波成分，并且切向力波对振动的影响和径向力波类似，也随着空间阶数的增加而降低。然而其主要关注的是切向力与转矩脉动和齿槽转矩的关系，并未对切向力引起径向振动的机理进行研究。

在传统的对电磁力的研究中，主要关注的是非零且阶次较低的电磁力波，而对 0 阶电磁力波的关注很少，其主要原因是 0 阶模态的固有频率较高，一般情况下不会与 0 阶电磁力相互作用而产生共振。Hofmann 等[36]对多款电动汽车驱动电机的噪声频谱进行了研究，得出结论：0 阶“呼吸”模态是电动汽车驱动电机电磁振动噪声的主要来源。但该结论只是基于多款电机实验结果的总结，并没有从理论上得到证明。Harries 等[37]研究通过谐波注入的方式来减小分数槽集中绕组电机 0 阶电磁力引起的振动噪声，结果表明：通过注入 5 次或 7 次电流谐波可以将电机噪声降低 30 dB（A）。Wang 等[38]对一台 36 槽 6 极永磁电机的 0 阶电磁力进行了分析，但只考虑了空载工况，并未将其推广到负载工况。

1.2　电磁振动计算

1.2.1　电磁场及电磁力计算

电磁场及电磁力的准确计算是振动计算的基础，从 20 世纪八九十年代开始，大量的研究人员致力于电磁场及电磁力计算方法的研究，关于电机电磁场的计算方法主要有有限元法、解析法和半解析法三种。

有限元法能够计算任何电机结构，也可以考虑饱和、端部效应、铁心磁滞效应和材料各向异性等各种非线性因素。通过优化有限元模型的网格剖分质量可以使有限元法具有极高的计算精度，但因而也导致其需要大量的计算资源和计算时间。故该方法适合在方案确定阶段使用以获得精确的计算结果，并不适合用于初始方案的设计和优化。

为快速计算电机的电磁场，众多学者提出了电磁场的解析计算方法。早期的文献资料主要基于磁动势-磁导函数分析方法[5-9,39]。电机结构复杂且非线性因素众多，磁动势-磁导函数分析方法并不能准确计算电机的电磁场，但可以快速获得气隙磁场谐波特性，也便于进行电机的绕组设计和槽极配合选择，因此被广泛应用于气隙磁场及电磁力谐波分析中[10]。为提升电机气隙磁场的计算精度，相关学者提出了基于子域模型的计算方法[40-42]。该方法根据磁场的分布特点将电机分为不同的区域，然后在每个区域内分别求解拉普拉斯（Laplace）方程和泊松（Poisson）方程，从而更精确地计算开槽对气隙磁场的影响。

基于子域模型电磁场解析算法可以较为准确地计算表面式电机的气隙磁通密度，但对于内置式永磁电机这种凸极性较强的电机，计算结果并不理想。此外，解析法在计算电磁场时并不能考虑如饱和等非线性因素。为兼顾有限元法和解析法的优势，Zhu 等[43]、Deken 等[44]提出了基于有限元数据的半解析方法——磁场重构法（magnetic field reconstruction method，FRM）。该方法先用有限元法获得单槽通电时的电枢反应磁场，再利用电机磁场的周期性计算得到其他槽通电时的电枢反应磁场，将所有槽电流的激励叠加在一起即可得到实际的电枢反应磁场，最后叠加永磁磁场便得到电机实际气隙磁场。该方法只需要利用有限元法计算单槽电枢反应磁场和永磁磁场，其余计算可以采用解析法，在保证计算精度的同时大幅缩短了计算时间。类似地，Böesing[45]提出了一种基于查表法的内置式电机气隙磁场计算方法，该方法首先用有限元法计算出不同电流下的永磁体和电枢磁动势，然后基于子域模型法计算出气隙磁导，通过磁动势乘磁导即可计算出不同时刻和空间位置的气隙磁通密度。当需要计算不同电流或不同转速的磁通密度时，只需要对有限元法计算出的永磁体磁动势和电枢磁动势进行插值查表，而不需要重新计算电磁场。

在获得电机的磁场分布后，电磁力密度则可以根据电磁场的计算结果由电磁[场]应力张量（electromagnetic stress tensor）法[也称为麦克斯韦应力张量法（Maxwell stress tensor method，MSTM）]或者虚功原理（virtual work principle，VWP）得到[46,47]。麦克斯韦应力可由式（1.2.1）计算：

$$\sigma_{\mathrm{n}}(t,\theta_{\mathrm{s}})=\frac{B_{\mathrm{n}}^2-B_{\mathrm{t}}^2}{2\mu_0},\quad \sigma_{\mathrm{t}}(t,\theta_{\mathrm{s}})=\frac{B_{\mathrm{n}}B_{\mathrm{t}}}{2\mu_0} \tag{1.2.1}$$

式中：σ_{n} 和 σ_{t} 分别为电磁力密度的径向和切向分量；B_{n} 和 B_{t} 分别为径向和切向磁通密度；μ_0 为真空磁导率。麦克斯韦应力本质上是单位面积受力，因此也称为电磁力密度，单位为 $\mathrm{N/m^2}$。值得注意的是，应用 MSTM 计算电磁力密度时，其计算结果与计算半径的选取有关。Pile 等[48]研究了计算半径对电磁力密度计算的影响，结果表明：对于气隙较小的中小型电机，电磁力密度随计算半径变化不大，因此可以选取气隙中心圆弧计算电磁力密度；但对于气隙较大的电机，选取气隙中心圆弧会造成较大的误差，此时应选取靠近定子齿边缘的一条圆弧进行计算。

虚功法计算电磁力主要用于有限元计算中，这种方法可以计算每个节点处的受力，因此通过虚功法计算出来的力也称为节点力（nodal force）。虚功法的主要优势是可以直接计算出定子齿上的电磁力分布，而不需要通过气隙电磁力来等效，相比于麦克斯韦应力张量法计算的精度更高。然而麦克斯韦应力张量法物理意义更加明确，通过简洁的数学表达就可以对电磁力的谐波特性进行分析，且有研究表明其计算精度已经可以满足工程上对振动计算的需求[48]。

1.2.2 模态参数计算

电机电磁振动是由作用于定子铁心内表面的电磁力引起的，电机的机械结构作为电磁力到电磁振动的传递路径，对振动有着重要影响，通过对电机机械结构特性的研究，准确计算电机模态参数，是分析与抑制振动的关键。模态参数包括固有频率、阻尼比和模态振型，其中模态振型和模态频率一一对应，准确计算固有频率和阻尼比是模态参数计算的核心，也是准确进行振动计算的关键。固有频率的获取方法有解析法、有限元法和测试法三种[49]。其中解析法又有能量法和机电类比法两种。

能量法是将电机等效为圆柱或圆环结构[50]，如图 1.2.1 所示。建立系统的动能和势能方程，然后基于弹性理论求解系统的拉格朗日（Lagrange）方程从而求出系统的固有频率，能量法的计算结果较为精确，但能量方程的建立和求解较为困难，且很多情况下无法得到解析解。Hu 等[51]基于能量法提出了一种计算电机固有频率的解析算法，该方法考虑了简单的支撑边界条件、轴向长度和材料的正交异性，结果表明不考虑铁心及绕组材料的正交异性将引起较大的计算误差。

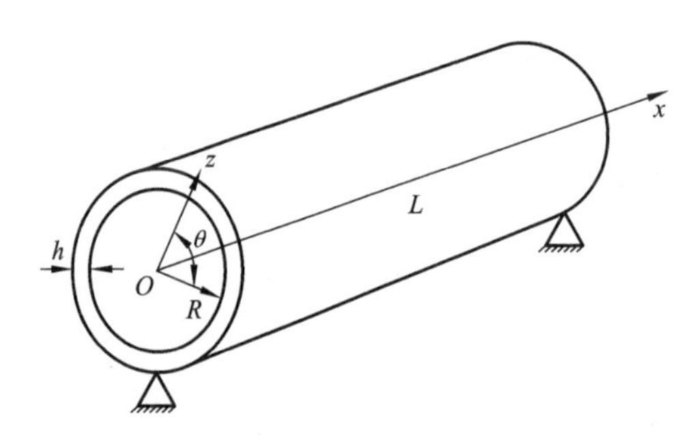

图 1.2.1　简化的电机定子-机壳等效圆柱模型

机电类比法[7,8,10]则是将定子各部件简化，确定各部件的等效集中质量和集中刚度，然后根据机械系统和电路系统的相似关系求解电路方程得到系统的固有频率，如图 1.2.2 所示。图中：f_r 为激振力，单位为 N；m_1、m_2 为定转子的质量，单位为 kg；K_1、K_2 为定转子的刚度，单位为 N/m^2；r_{m_1}、r_{m_2} 为定转子的黏性阻尼系数，单位为 N·s/m。根据机电类比，固有频率可由式（1.2.2）计算：

$$f_m = \frac{1}{2\pi}\sqrt{\frac{K_m}{M_m}} \tag{1.2.2}$$

式中：f_m 为 m 阶固有频率；K_m 为集中刚度，单位为 N/m^2；M_m 为集中质量，单位为 kg。关于定子铁心集中质量和集中刚度的计算主要应用 Hoppe 理论[52]和 Donnel-Mushtari 理论[50]。

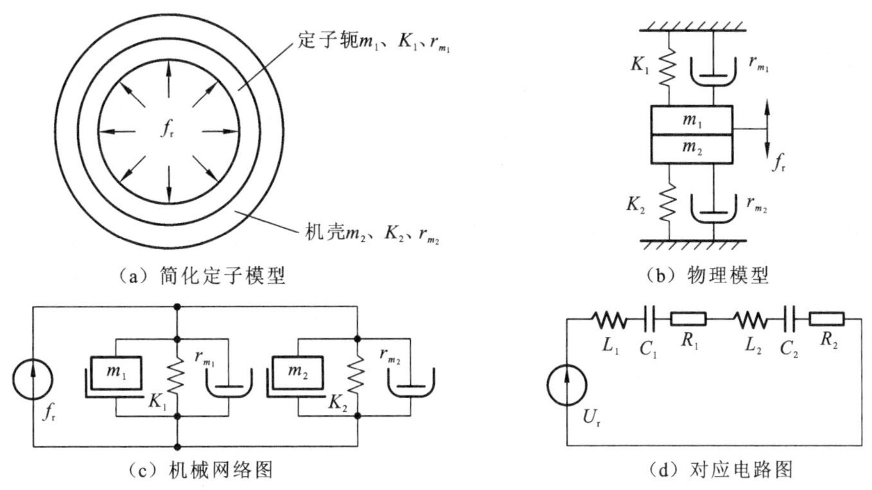

图 1.2.2　电机定子结构机电类比分析

机电类比法中用电路系统的集中参数来代替机械系统的分布参数，该方法必然会在计算结果上产生较大的误差，然而该方法计算简便，因此在电机设计初期可以用于评估电机机械结构设计的合理性。后期为了准确分析计算电机的振动噪声特性，仍然需要通过有限元法建立精确的电机结构模型来获得固有频率等模态参数。理论上，电机模态受所有电机零部件的影响[53]，但在有限元建模中如果考虑所有细节将给计算带来巨大困难，所以需要作合理的简化，兼顾结果的准确性和计算速度。众多学者致力于电机三维结构建模的研究[54-57]。Cai 等[58]研究了绕组和端盖对电机固有频率的影响，分析结果指出：绕组和端盖都对电机的固有频率有较大影响，在有限元建模中不能忽略，其中端盖会使固有频率上升，而绕组由于质量效应大于刚度效应会引发电机的固有频率下降。因此有些学者在有限元建模中对绕组只考虑质量效应，即将绕组质量附加在定子齿上，从而不需要对绕组进行建模[58,59]；但也有学者认为绕组嵌入槽中后，浸漆、灌封也会对电机刚度产生较大影响，从而增大固有频率，所以在仿真中不能简单地将绕组质量附加于定子齿上[60-62]。Wu 等[21]通过有限元对爪极电机的模态进行了详细分析，分别研究了绕组的建模方式、与定子齿的接触类型、安装方式等因素对固有频率的影响，指出在有限元建模中，槽内绕组可以采用实心模型等效，端部绕组则采用实心圆环等效，绕组与定子齿之间采用完全接触。此外，因槽内绕组由多根导体并绕而成，故需要考虑其材料参数的正交异性问题。Chai 等[62]对一台集中绕组轮毂电机的模态进行了分析，重点分析了绕组的建模方式和机壳对固有频率的影响，如图 1.2.3 所示，得出结论：绕组的建模形式将直接影响电机的固有频率，通过与实验结果的对比发现，采用绑定绕组模型的仿真结果更加贴近实际。Shin 等[63]研究了安装台架对电机固有频率的影响，认为台架的尺寸也会影响整个电机系统的固有频率，因此为避免共振，台架的尺寸也需要合理设计。从现有文献来看，有限元建模中，绕组、机壳、端盖等对固有频率影响较大的部件不可忽略，其中槽内绕组可采用实心结构进行等效，端部绕组可以采用圆环结构进行等效；轴承、螺栓、倒角等对整体的固有频率影响不大，建模中可以忽略。

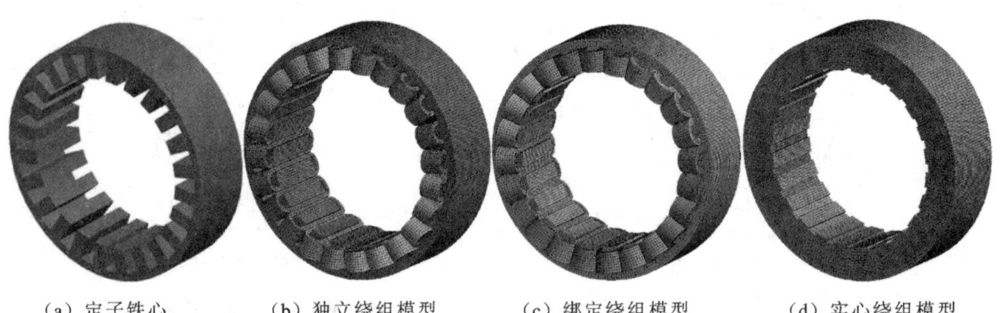

图 1.2.3　不同绕组结构的定子铁心-绕组等效模型

从固有频率的计算可知，材料参数对固有频率计算的准确性有着重要影响。电机铁心是由硅钢片叠压而成，叠压系数不同代表着各叠片之间的压力不同，造成铁心在叠压方向的材料参数（弹性模量、剪切模量和泊松比）与非叠压方向有很大的不同，呈现出明显的正交异性。绕组由多根导体并绕后环绕在定子齿上，导致其在环绕方向和截面方向也呈现出正交异性，同时，绕组浸漆之后，其表面会形成坚固的漆膜，相比于未浸漆状态更加紧固，此时的材料属性和实体铜也有很大的不同[56,60]。在振动分析中，铁心及绕组的材料属性参数包括密度（ρ）、弹性模量（E_x、E_y、E_z）、剪切模量（G_{xy}、G_{xz}、G_{yz}）和泊松比（P_{xy}、P_{xz}、P_{yz}）。Long 等[60]研究了各材料参数之间的关系，得出结论：对于定子铁心，硅钢片沿轴向方向叠压，非叠压方向上是对称结构，所以有 $E_x = E_y \neq E_z$，$G_{xz} = G_{yz} \neq G_{xy}$，$P_{xz} = P_{yz} \neq P_{xy}$，且 $G_{xy} = E_x / [2(1+P_{xy})]$。因此决定铁心材料特性的只有 5 个独立参数，分别为 E_x、E_z、G_{xz}、G_{xy} 和 P_{xz}；绕组和铁心类似，同样由 5 个独立参数决定材料属性。

Tang 等[64]提出了一种用实验测量叠压铁心弹性模量的方法，基于测量的弹性模量进行有限元模态分析，并通过模态测试验证了有限元计算的结果，实验表明该测量方法的精度可以得到保证。Millithaler 等[65,66]将定子铁心视为硅钢片和片间绝缘组成的复合材料，基于弹性力学及复合材料理论确定了硅钢片和绝缘材料的占比和接触刚度，并基于复合材料的 Voigt 并联模型[67]和 Reuss 串联模型[67]确定了叠压铁心的弹性模量等参数。Van Der Giet 等[68]在早期复合材料理论的基础上，对叠片铁心等效材料参数的计算方法进行了修正，并通过实验对计算结果进行了验证。在实际电机中，铁心由于加工、叠压等因素并不完全符合复合材料的特点，且绕组在槽内灌封、浸漆等使其结构变得更加复杂，故简单地使用复合材料理论将造成较大的误差。因此，近年来将仿真与模态测试相结合来获得铁心及绕组等效材料参数的方法成为主流[18,19,21,69-72]。Hu 等[71]通过分步模态测试对开关磁阻电机定子铁心及绕组的等效材料参数进行了分析，具体流程如图 1.2.4 所示。首先通过对定子铁心进行模态测试，获得定子铁心的固有频率，然后建立考虑定子铁心材料正交异性的有限元模型，通过不断调整材料参数，使得模态仿真得到的固有频率和测试得到的固有频率误差最小，最终得到定子铁心材料的等效参数。对绕组和铁心的装配体进行模态测试，同样建立装配体有限元模型，重复和铁心类似的过程，可得到绕组的等效材料参数。该文献还指出：在不考虑轴向模态的情况下，叠压方向的弹性模量和剪切模量对固有频率的影响有限，而固有频率随着非叠压方向的弹性模量和剪切模量的减小而降低。

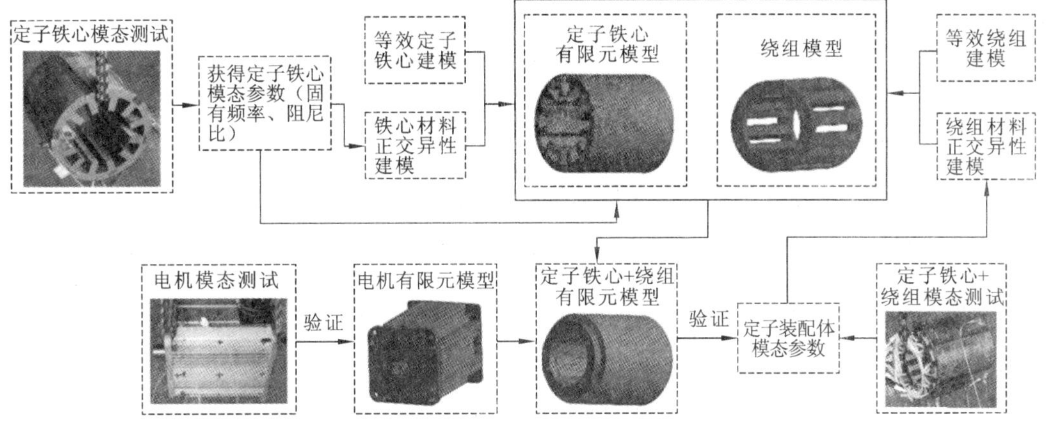

图 1.2.4　铁心及绕组等效材料参数获取流程

阻尼比是另一个对电机振动噪声有着重要影响的模态参数，由于电机阻尼受材料、结构、加工制造等多方面因素的影响，到目前为止并没有关于电机阻尼比的理论性计算方法。Fang 等[73]通过对大量实验结果的拟合，得到了电机阻尼比的经验公式：

$$\zeta_m = \frac{1}{2\pi}(2.76\times10^{-5} f_m + 0.062) \tag{1.2.3}$$

可以看出，其认为阻尼比和模态频率呈线性关系，但实际情况并非如此。

目前获得阻尼比最有效的方法是通过实验模态分析获得电机的频响函数，然后用半功率带法[19]计算得到不同模态频率下的阻尼比，如图 1.2.5 所示。图中 a、b 两点对应的振幅均为最大振幅的 $\sqrt{2}/2$，对应的频率分别为 ω_a 和 ω_b，模态频率为 ω_m，则阻尼比计算公式如下：

$$\zeta_m = \frac{\omega_a - \omega_b}{2\omega_m} \tag{1.2.4}$$

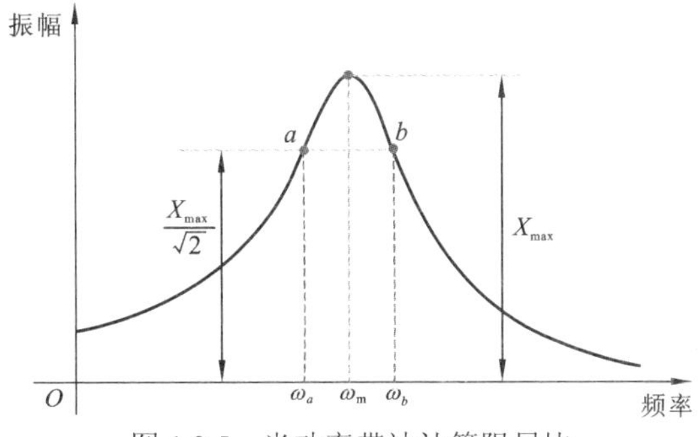

图 1.2.5　半功率带法计算阻尼比

1.2.3　电磁响应计算

电磁振动的计算方法主要有解析法、有限元法（数值法）和半解析法三种。三种方法虽然使用的工具、理论各有不同，但流程一致，电磁振动计算流程总结如图 1.2.6 所示，整个计算过程包括电磁激励、结构特性和振动响应三个部分。

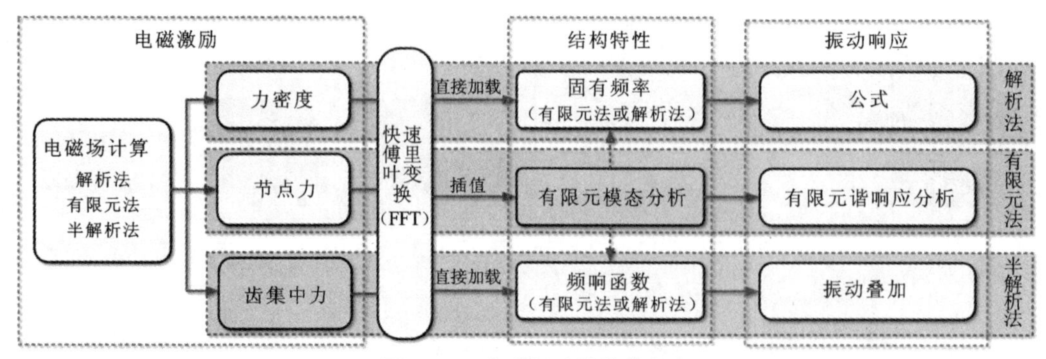

图 1.2.6　电磁振动计算流程

早期关于电磁振动的计算方法主要是基于等效圆柱模型的解析计算方法[4,7,9,10,50]：

$$Y_{0,f}^{\mathrm{s}}=\frac{R_{\mathrm{si}}R_{\mathrm{y}}}{E_{\mathrm{s}}h_{\mathrm{y}}}\cdot\sigma_{0,f}, \quad m=0 \tag{1.2.5}$$

$$Y_{m,f}^{\mathrm{s}}=\frac{12R_{\mathrm{si}}R_{\mathrm{y}}^{3}}{E_{\mathrm{s}}h_{\mathrm{y}}^{3}(m^{2}-1)^{2}}\cdot\sigma_{m,f}, \quad m\geqslant 2 \tag{1.2.6}$$

$$Y_{m,f}^{\mathrm{d}}=Y_{m,f}^{\mathrm{s}}\cdot\left[\left(1-\frac{f^{2}}{f_{m}^{2}}\right)^{2}+4\zeta_{m}^{2}\frac{f^{2}}{f_{m}^{2}}\right]^{-1/2} \tag{1.2.7}$$

式中：$Y_{0,f}^{\mathrm{s}}$ 是阶次为 0、频率为 f 的电磁力作用下的静态变形；$\sigma_{0,f}$ 是阶次为 0、频率为 f 的电磁力密度；$Y_{m,f}^{\mathrm{s}}$ 和 $Y_{m,f}^{\mathrm{d}}$ 分别是阶次为 m 、频率为 f 的电磁力作用下的静态变形和动态变形；$\sigma_{m,f}$ 是阶次为 m、频率为 f 的电磁力密度；E_{s} 为定子铁心弹性模量；f_m 和 ζ_m 分别为 m 阶固有频率和阻尼比。式中其他关于定子尺寸参数的定义如图 1.2.7 所示。

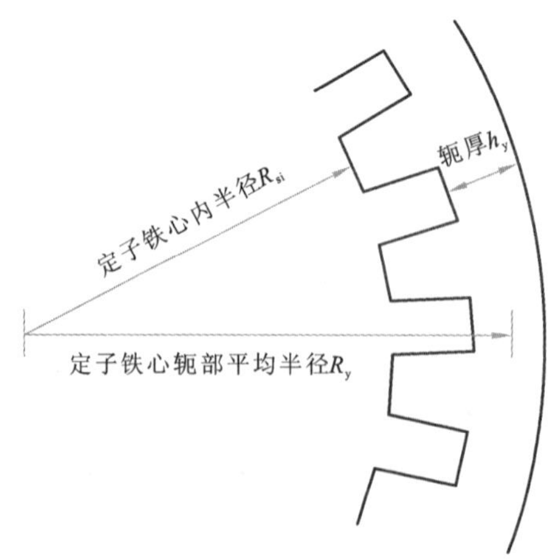

图 1.2.7　定子铁心尺寸参数定义

电机结构复杂，影响电磁振动的因素众多，所以基于理想化的圆柱模型的解析法在定量计算电机电磁振动时会产生较大的误差。但解析法可以对电机振动进行理论分析，由式（1.2.6）可知，振动幅值与模态阶次的 4 次方成反比，意味着低阶模态在电机振动中起主要作用。Le Besnerais 等[74-76]在圆柱模型解析算法的基础上，进一步发展了振动的解析计算方法，从电磁力计算到固有频率计算，再到电磁振动计算都给出了解析计算的方法，形成了一整套电磁振动快速计算工具，并且该计算方法在一台异步电机上得到了验证，结果表明计算精度大幅提高。然而即便如此，解析法在面对复杂的电机结构时，仍然会产生不可接受的误差。

随着商业有限元软件和计算机技术的快速发展，有限元法凭借易用、直观、准确和适用性广等优点成为准确分析各类型电机振动噪声的重要手段。其计算的思路和步骤如图 1.2.8 所示：首先基于系统仿真得到电流波形，输入电磁有限元软件中计算得到定子齿上的节点力；然后通过网格插值的方式将节点电磁力映射到结构模型中；最后结合模态分析进行结构模型的谐响应分析，进而得到电机的振动响应。

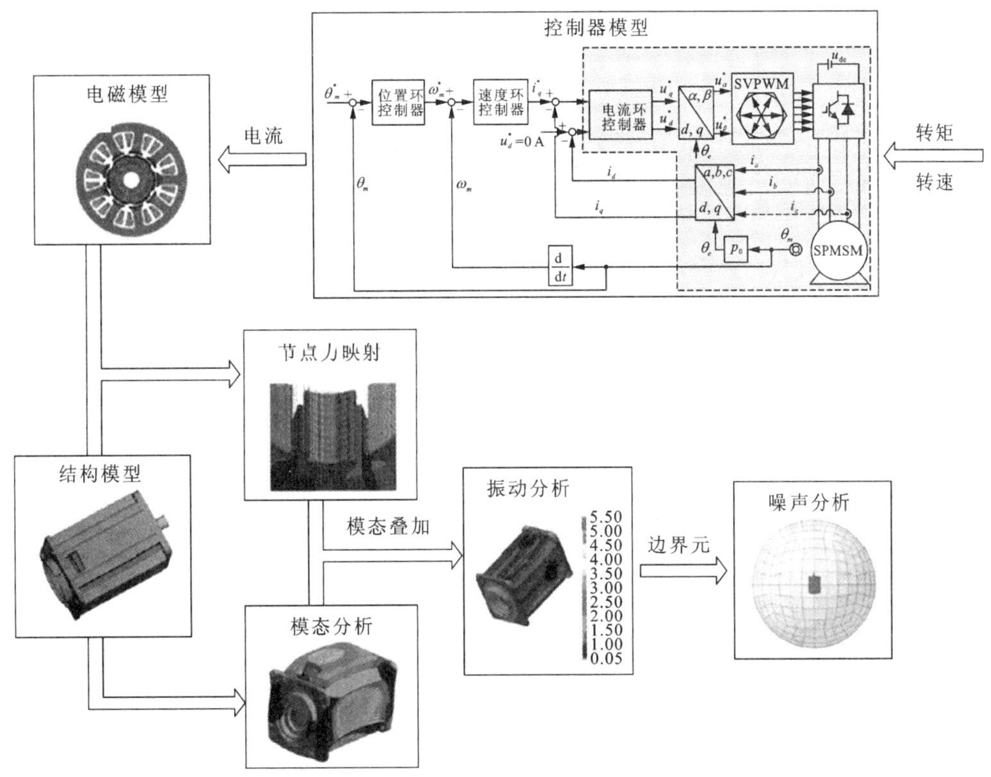

图 1.2.8　有限元法计算电磁振动的步骤

有限元法可以计算各种拓扑结构的电机的振动噪声，且在准确性上具有巨大优势，但整个过程需要建立电磁模型、结构模型乃至噪声辐射模型，所以需要更多的计算时间与计算资源。当需要分析计算多转速工况下的电机振动，或者需要进行以振动为目标的电机结构优化时，若完全使用有限元法计算将会面临巨大困难。因此，近年来兼顾计算时间与计算精度的半解析法受到关注[77-80]，其核心思想是利用实验或者有限元法得到电机在不同空间阶次电磁力激励下的机械频率响应函数，然后基于模态叠加原理来计算电机电磁振动。当工况变化时，只需要更新电磁力的信息，而不需要重复进行结构仿真便可计算得到电机电磁振动。频率响应函数的计算方法有公式法、有限元法和测试法三种。公式法需要先计算出固有频率，然后根据下式计算得到不同模态阶次的频率响应函数：

$$|H_s(\omega)| = \frac{\delta_s}{\sqrt{[1-(\omega/\omega_s)^2]^2 + [2\zeta_s(\omega/\omega_s)]^2}} \tag{1.2.8}$$

$$\varphi_s = \arctan\frac{2\zeta_s\omega/\omega_s}{1-(\omega/\omega_s)^2} \tag{1.2.9}$$

式中：$|H_s(\omega)|$ 和 φ_s 分别为 s 阶模态频率响应函数幅值和相位；δ_s 为 s 阶单位力作用下的静态变形；ω_s 和 ζ_s 分别为 s 阶模态固有频率和阻尼比。

解析法计算的频率响应函数各阶模态之间完全解耦，但实际电机结构复杂，各阶模态之间必然存在耦合，因此有学者采用结构有限元仿真来直接获得各阶模态的频率响应函数。Roivainen[81]提出了通过单位力波响应计算各阶力波激励下的频率响应函数的方法，将不同空间阶次的单位电磁力施加在简化的定子模型上，进行谐响应分析，得到频率响应函数。计算结果表明 2 阶电磁力激起的响应存在两个峰值，证明了电机各阶模态之间并不完全解耦。Böesing[45]研究了不同的定子模型和不同的电磁力施加方式对单位力波频率响应函数的影响，如图 1.2.9 所示。其中 sine 类型电磁力适用于 2-D 圆环结构，即电磁力在圆环内表面按正弦函数分布；tsine 类型电磁力适用于真实的定子结构，电磁力在所有定子齿的表面按正弦函数分布；tooth 类型电磁力则是在每个定子齿上分布一致，可以等效为一个集中于齿中心的电磁力。通过对单位力波响应结果分析发现：同一种模型下，不同类型的电磁力施加方式对频率响应函数曲线的影响不大，但定子模型对频率响应函数有较大影响。该文献最后得出结论：在利用半解析法计算电磁振动时，使用 3-D 定子模型，施加 tooth 类型电磁力的计算结果更加精确。获得频率响应函数之后，便可以根据模态叠加原理计算得到电机电磁振动，当电机工况改变时，只需更新电磁力的数据，便可快速计算出不同工况下的电磁振动。

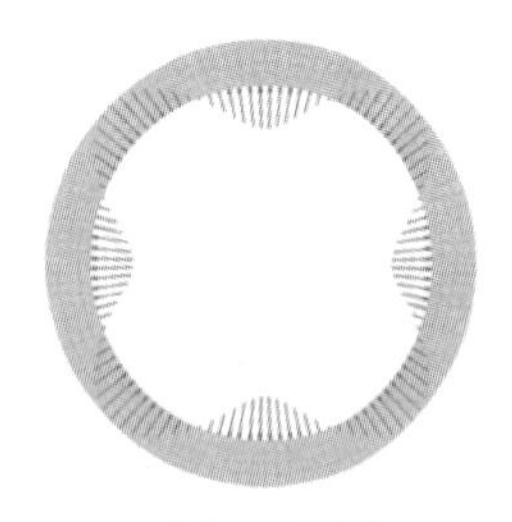

（a）2-D圆环（施加sine类型电磁力）

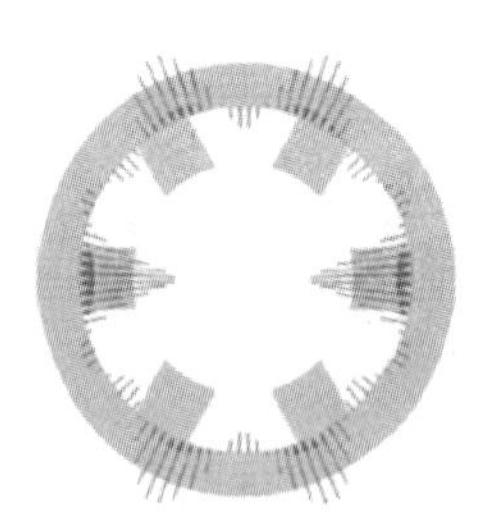

（b）2-D定子（施加sine类型电磁力）

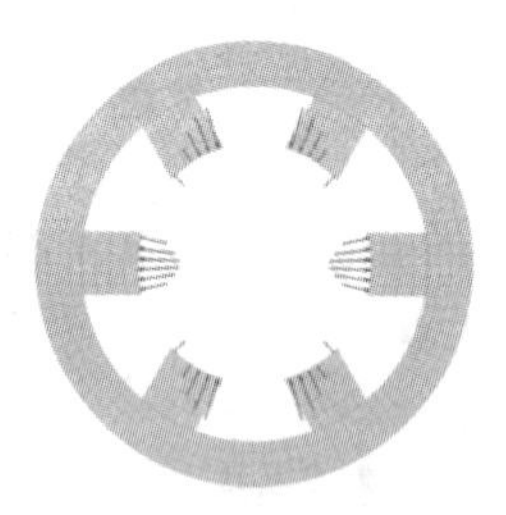

（c）2-D定子（施加tsine类型电磁力）

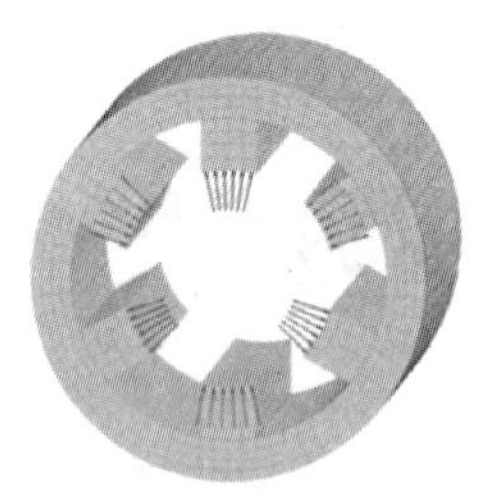

（d）3-D定子（施加tooth类型电磁力）

图 1.2.9　单位力波响应研究中使用的不同定子模型

在获得频率响应函数后，基于模态叠加原理对一台内置式永磁电机在整个速度范围内的振动进行了计算，如图 1.2.10 所示，图中 f_{sw} 为开关频率，f_m 为基波频率，圆圈表示此处的振动幅值较大。可以看到计算结果和测试结果较为接近。此外，频率响应函数还可以通过实验方法获得[82-84]，首先用力锤敲击电机的定子齿面，并通过力传感器记录力锤输出的激振动信号。同时通过安装在电机表面的加速度传感器记录输出的振动信号，然后利用模态分析软件求得相应的频率响应函数。Saito 等[82]利用测试得到的频率响应函数进行了电磁振动计算，计算结果与测试结果较为接近，但计算结果整体略微偏大。测试法得到的频率响应函数曲线与实际最为接近，但需要制造样机且操作复杂，并不适合在电磁振动计算中使用。

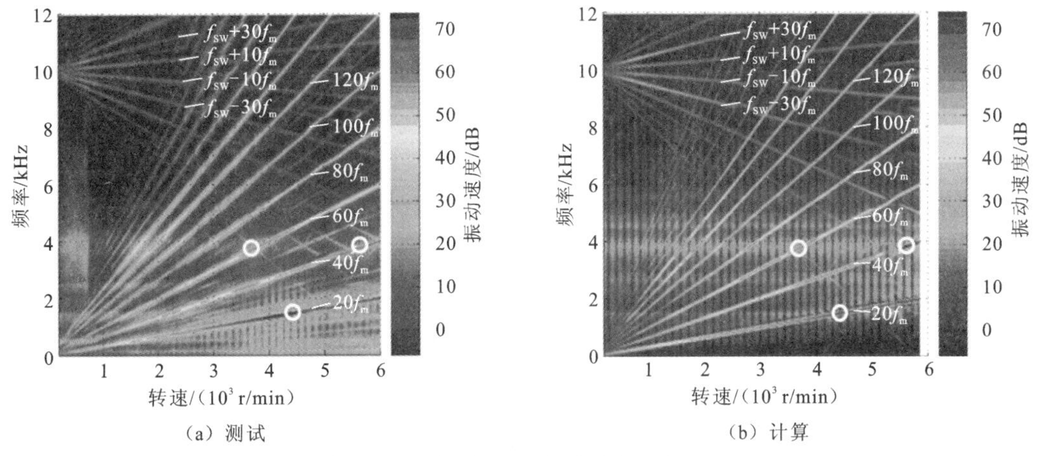

图 1.2.10　测试与计算的振动速度瀑布图

综上所述，解析法基于简化的圆柱模型，计算精度较差，但可以用来对电机电磁振动进行理论分析。有限元法计算精度最高，适用性也最广，但建模过程复杂，计算耗时，不适合电磁振动的优化与多工况的电磁振动计算。半解析法能兼顾振动计算的精度与速度，但现有振动半解析算法仍然需要电磁有限元计算提供电磁力数据，无法适应考虑 PWM 电流谐波的多工况振动快速计算与优化。

1.3　电磁振动抑制

电磁振动抑制是电机振动研究的最终目的，其技术主要包括电机本体设计优化和电机控制优化两大方面，具体分类如图 1.3.1 所示。其中本体设计优化方面包括电磁设计优化和结构设计优化，电磁设计优化的核心是优化气隙磁通密度和电磁力谐波，结构设计优化的核心则是优化固有频率，避免共振；电机控制优化方面主要是优化调制技术，其核心是通过调制方法的优化来抑制电流谐波，从而抑制电流谐波产生的振动，尤其是高频振动。

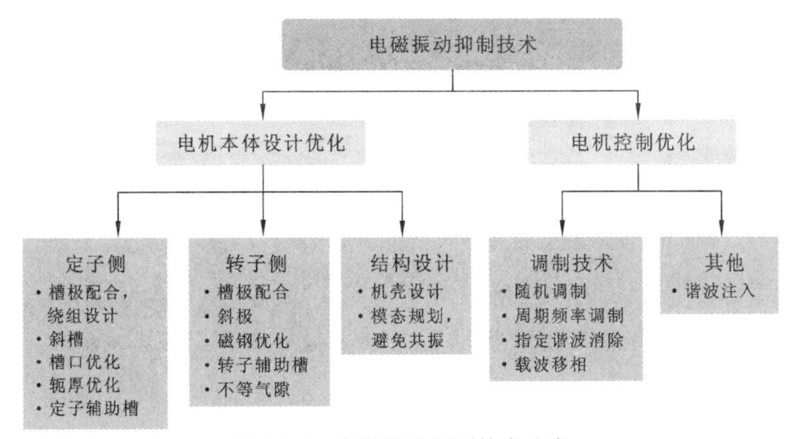

图 1.3.1　电磁振动抑制技术分类

1.3.1 电机本体设计优化

电机槽极配合和绕组设计主要是通过抑制空间磁动势谐波来达到降低电磁振动的目的，一般情况下，整数槽绕组电机的振动噪声要小于分数槽集中绕组电机，选择槽极配合时应选择槽数和极数的最大公约数较大的配合。电机定子结构参数的优化也是抑制电磁振动的重要手段，Park 等[85]对比分析了两种不同的定子斜槽结构的电磁振动抑制效果，如图 1.3.2 所示，常规斜槽和 V 形斜槽在抑制转矩脉动和径向电磁力方面效果一致，但常规斜槽会产生不平衡的轴向力，采用 V 形斜槽后可以抵消轴向力，从而抑制轴向力引起的轴向振动。

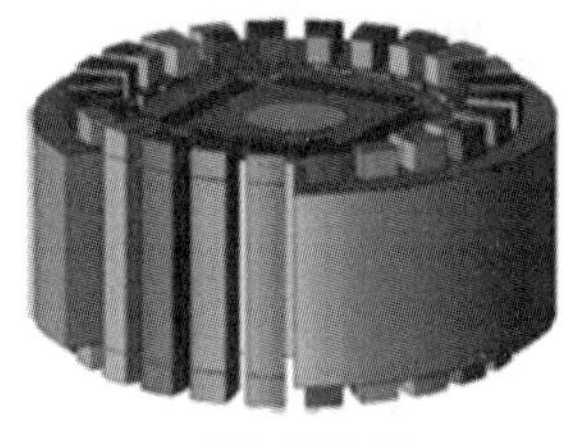
（a）不斜槽

（b）常规斜槽

（c）V形斜槽

图 1.3.2　不同类型定子斜槽

采用定子辅助槽同样可以优化气隙气场谐波，从而达到抑制振动噪声的目的。刘洋等[86]通过优化定子辅助槽的位置和尺寸参数，使得轴向磁通电机噪声下降了 3 dB（A）。Li 等[87]研究了不同形状的定子辅助槽对电机振动噪声的影响，发现矩形辅助槽对电机振动噪声的抑制效果最好。此外，诸如优化槽开口等抑制转矩脉动的方法均可用于抑制电机振动噪声。

对于永磁电机，转子侧的优化尤其是磁钢的优化是抑制电磁振动的重要手段，Lin 等[88]通过转子磁极削角和永磁体分段斜极来抑制一台分数槽集中绕组表面式电机电磁噪声，如图 1.3.3 所示。虽然斜极可以有效抑制永磁电机电磁振动噪声，但常规线性斜极方式会带来轴向力不平衡的问题，从而出现轴向振动的问题。Blum 等[89]研究了不同斜极方式下永磁电机电磁振动特性，如图 1.3.4 所示，可以看出不同的斜极方式都可以有效抑制电机电磁振动，在三种斜极方式中，低速区三种方式效果相当，高速区线性斜极效果更佳。此外，该文献还指出：线性斜极存在轴向力不平衡问题，有可能和轴向模态引起共振，从而产生额外的振动，通过 V 形斜极或者 zigzag 斜极则可以避免轴向力不平衡的问题。

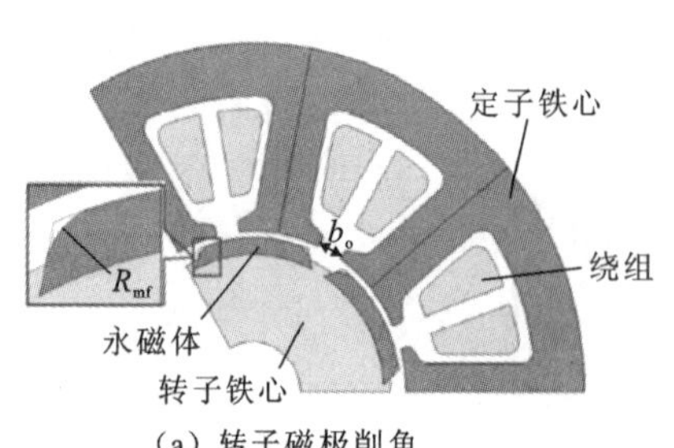

（a）转子磁极削角

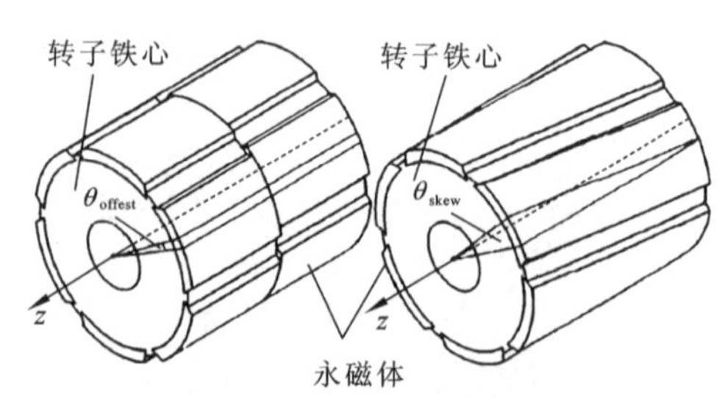

（b）永磁体分段斜极与连续斜极

图 1.3.3　转子磁极削角与分段斜极[88]

b_o：槽口宽度；R_{mf}：磁极削角半径；θ_{offest}：磁钢偏移角度；θ_{skew}：斜极角度

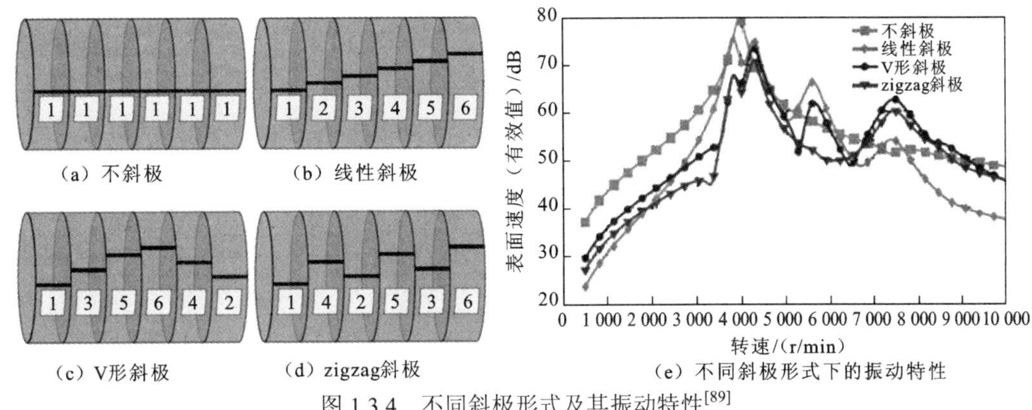

（a）不斜极　（b）线性斜极　（c）V形斜极　（d）zigzag斜极　（e）不同斜极形式下的振动特性

图 1.3.4　不同斜极形式及其振动特性[89]

同定子辅助槽一样，转子辅助槽同样可以优化气隙磁场谐波和抑制振动噪声。众多文献也对转子辅助槽对振动噪声的抑制作用进行了研究[90-92]，如图 1.3.5 所示，转子辅助槽的位置、形状和大小需要根据不同的转子结构进行优化，才能达到抑制振动噪声的目的。

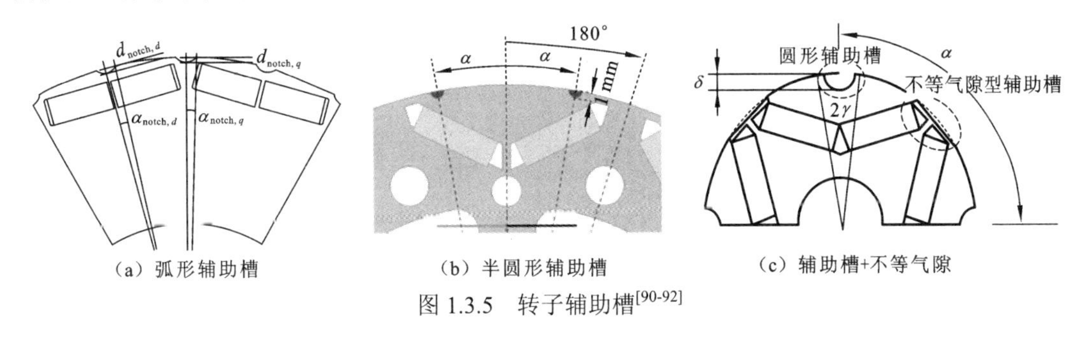

（a）弧形辅助槽　（b）半圆形辅助槽　（c）辅助槽+不等气隙

图 1.3.5　转子辅助槽[90-92]

1.3.2　调制技术优化

高频电磁振动噪声与调制引起的高频电压和电流谐波直接相关，根据帕塞瓦尔定理（Parseval’s theorem），信号在频域内的总能量等于其在时域内的总能量，因此电压谐波主要集中于载波频率附近。对于 SVPWM，其载波频率固定，所以会在载波频率及其倍频处产生较大的振动和噪声幅值。有学者将通信中的扩频技术引入电力电子变换器中，提出扩频调制（spread spectrum modulation，SSM）的概念[93,94]，其核心思想是将固定的载波频率变为时变的载波频率，通过改变载波频率将系统原有的集中于固定载波频率处的电压谐波扩展到更宽的频带范围内，在系统信号总能量不变的情况下，可以使各频带范围内的谐波幅值减小，进而减小高频振动和噪声的幅值。根据载波频率随时间变化的方式不同，扩频调制又可分为随机调制[31,32,95-102]和周期频率调制[103,104]。

随机调制的实现方式有三种，分别为随机开关调制[105]（random switching modulation，RSM）、随机脉冲宽度调制[32,98-100]和随机载波频率调制[31,96]（random carrier frequency modulation，RCFM）。其中随机开关调制是将三角载波信号替换为随机的载波信号，虽然实现简单，但对电压谐波和噪声的抑制效果不好。目前研究较多的是 RPWM 和 RCFM，RPWM 通过随机调整两个零矢量的作用时间来实现，而 RCFM 通过随机改变载波周期来实现。Kumar 等[31]将随机调制技术应用在一台感应电机上，相比于传统 SVPWM，电机的噪声频谱被分散于更宽的频率范围内，噪声幅值明显减小，如图 1.3.6 所示。

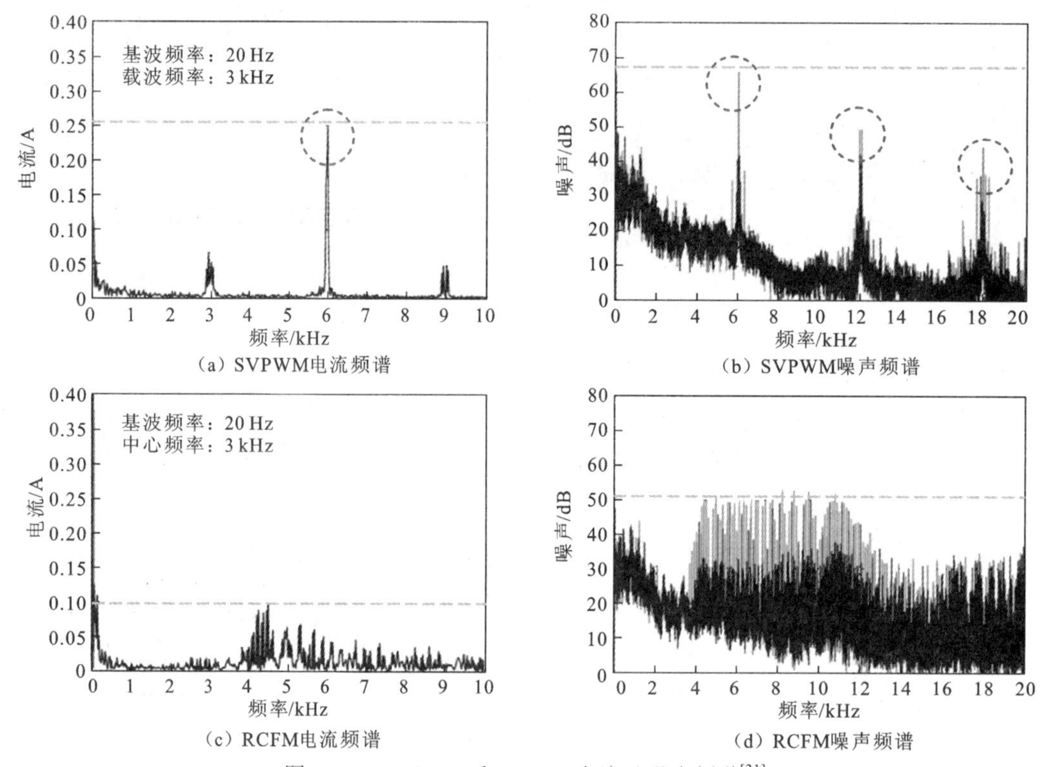

图 1.3.6　SVPWM 和 RCFM 电流及噪声频谱[31]

周期频率调制的载波频率满足 $f_{\mathrm{c}}(t)=f_0+\Delta f_{\mathrm{c}}$，其中 f_0 为中心频率，Δf_{c} 为载波频率变化量。根据载波变化的周期类型，周期频率调制又可分为三角波周期频率调制[103]、正弦波周期频率调制[104]、方波周期频率调制[105]和锯齿波周期频率调制[106]四类，如图 1.3.7 所示，四种类型的载波频率变化量满足以下关系式：

$$\Delta f_{\mathrm{c,trian}}(t)=\begin{cases}4\Delta f_{\mathrm{s}}f_{\mathrm{m}}t-\Delta f_{\mathrm{s}}, & 0\leqslant t\leqslant 1/(2f_{\mathrm{m}})\\ -4\Delta f_{\mathrm{s}}f_{\mathrm{m}}t+3\Delta f_{\mathrm{s}}, & 1/(2f_{\mathrm{m}})<t\leqslant 1/f_{\mathrm{m}}\end{cases} \tag{1.3.1}$$

$$\Delta f_{\mathrm{c,sin}}(t)=\Delta f_{\mathrm{s}}\sin(2\pi f_{\mathrm{m}}),\quad 0\leqslant t\leqslant 1/f_{\mathrm{m}} \tag{1.3.2}$$

$$\Delta f_{\mathrm{c,squre}}(t)=\begin{cases}-\Delta f_{\mathrm{s}}, & 0\leqslant t\leqslant 1/(2f_{\mathrm{m}})\\ \Delta f_{\mathrm{s}}, & 1/(2f_{\mathrm{m}})<t\leqslant 1/f_{\mathrm{m}}\end{cases} \tag{1.3.3}$$

$$\Delta f_{\mathrm{c,sawtooth}}(t)=2\Delta f_{\mathrm{s}}f_{\mathrm{m}}t-\Delta f_{\mathrm{s}},\quad 0\leqslant t\leqslant 1/f_{\mathrm{m}} \tag{1.3.4}$$

式中：Δf_{s} 为扩频宽度；f_{m} 为调制信号频率。

原庆兵[106]研究了周期频率调制技术对电机噪声的影响，并对比分析了固定开关频率调制和三种周期频率调制的噪声结果，如图 1.3.8 所示。可以看到，采用周期频率调制相比于固定开关频率调制噪声幅值显著降低，采用锯齿波周期频率调制的噪声幅值最小。需要注意的是：随机调制和周期频率调制可以显著降低噪声幅值，但整个频段内的噪声总能量不会改变；采用随机调制后，电压及电流谐波分散于整个频率范围内，可能会出现某段频率范围与电机的结构共振，从而产生额外的振动。

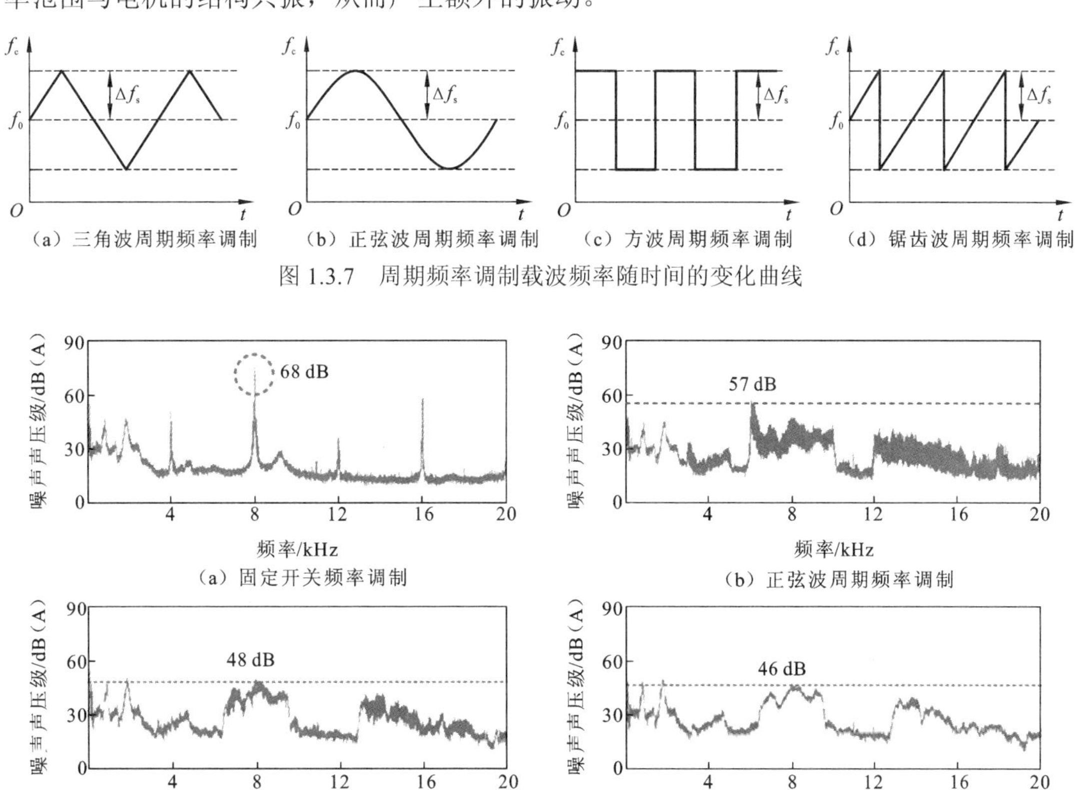

（a）三角波周期频率调制　（b）正弦波周期频率调制　（c）方波周期频率调制　（d）锯齿波周期频率调制

图 1.3.7　周期频率调制载波频率随时间的变化曲线

（a）固定开关频率调制　（b）正弦波周期频率调制　（c）三角波周期频率调制　（d）锯齿波周期频率调制

图 1.3.8　不同调制技术下的噪声结果[33]

第2章

电机电磁力波理论

作为电磁振动的激励源，电磁力波是电磁振动“源—路径—响应”三级研究体系的重要环节，它直接决定电机振动噪声的特性。全面详细的电磁力波理论分析对电磁振动的振源分析、振动抑制具有重要意义。关于电磁力波已存在大量相关研究文献和众多重要结论，但仍然存在不足之处：首先，目前关于电磁力波的研究结论都以三相电机为基础，直接应用于多相电机会出现不适用的现象，还未形成统一的电磁力谐波分析方法；其次，当前关于电磁力波及其对振动的影响的研究主要集中于径向力波，而对切向力波及其引起的振动关注较少，切向电磁力的特征也未被充分揭示，切向力波的谐波特征、引起振动的机理以及对振动的贡献有待明确；再次，电机电磁振动本质上是定子齿受力引起的，然而当前定子齿电磁力和气隙电磁力的关系尚未明确，定子齿电磁力的阶次和频率特征也未得到研究；此外，现有研究重点关注电机中非零阶电磁力，而对较为特殊的0阶电磁力及其产生电磁振动的机理鲜有研究；最后，电磁振动和转矩脉动、齿槽转矩之间的关系尚不明确，不少研究片面地认为低转矩脉动即意味着低振动噪声。

针对以上存在的不足，本章将对永磁电机电磁力波进行深入研究，旨在完善永磁电机电磁力波理论体系。首先推导统一的电磁力谐波分布表达式，并在此基础上研究切向电磁力的阶次和频率特征；其次分析定子齿对气隙电磁力的影响规律及定子齿电磁力的阶次和频率特征；最后对0阶电磁力的来源及对振动的作用进行深入分析，研究0阶切向力与电磁转矩之间的关系。

2.1 气 隙 磁 场

2.1.1 磁动势

为得到电机气隙磁通密度的表达式，需首先分析永磁体和电枢绕组的磁动势，然后用磁动势乘磁导计算气隙磁通密度。下面以表面式永磁电机为例分析永磁体的磁动势，表面式电机永磁体等效磁动势波形如图 2.1.1 所示，图中 $f_{\mathrm{n\_mag,1}}$ 正弦波为基波磁动势，$f_{\mathrm{n\_mag}}$ 方波为永磁体的合成等效磁动势。以永磁体N极轴线对齐第一相绕组轴线为坐标原点，永磁体磁动势可用傅里叶（Fourier）级数表示如下：

$$f_{\mathrm{n\_mag}}=\sum_{\mu}f_{\mathrm{m}\mu}^{\mathrm{n}}\cos(\mu\omega_1 t-\mu p\theta_{\mathrm{s}}) \tag{2.1.1}$$

式中：$f_{\mathrm{n\_mag}}$ 为永磁体产生的法向磁动势；ω_1 为基波电频率；p 为电机极对数；θ_{s} 为沿圆周机械角度；μ 为转子磁动势谐波次数。$f_{\mathrm{m}\mu}^{\mathrm{n}}$ 为第 μ 次法向磁动势的幅值，可由下式计算：

$$f_{\mathrm{m}\mu}^{\mathrm{n}}=\frac{4}{\mu\pi}\frac{B_{\mathrm{r}}h_{\mathrm{m}}}{\mu_0\mu_{\mathrm{r}}}\sin\frac{\mu\pi\alpha_{\mathrm{p}}}{2} \tag{2.1.2}$$

式中：B_{r} 为永磁体剩磁；h_{m} 为永磁体厚度；α_{p} 为永磁体极弧系数；μ_0 和 μ_{r} 分别为真空磁导率和永磁体相对磁导率。

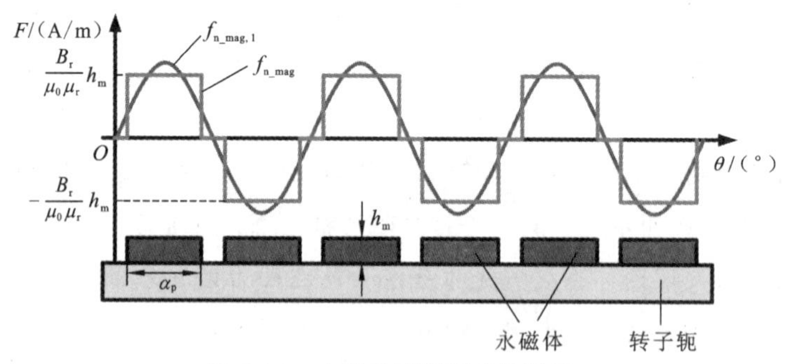

图 2.1.1 永磁体等效磁动势波形

在上述分析中，我们认为永磁体产生的磁动势方向全部为法向，但在实际电机中，由于磁性材料磁导率不均匀、漏磁以及磁场本身的有旋性，磁场在磁极之间等位置会发生扭曲，产生切向分量。下面以一个无槽电机模型来说明，如图 2.1.2 所示，该模型由一台 12 槽 10 极分数槽集中绕组表面式电机简化而来，模型中去除了定子槽，将线圈放置于与槽口对应位置的定子圆周内表面。该模型为无槽结构，排除了磁导谐波的影响，即磁导为常数，所以气隙磁通密度可以认为是永磁体或者电枢产生的磁动势。该无槽电机模型的空载磁场如图 2.1.3 所示，图中 ***B*** 表示该点磁场矢量，***r*** 表示法向分量。***θ***表示切向分量。可以看出绝大部分的磁力线方向为法向，但在磁极边缘，部分磁力线有明显的弯曲，因此在这些位置会有相对明显的气隙磁场切向分量。法向分量和切向分量同源，均由永磁体产生，因此两者具有完全相同的谐波成分，只是幅值和相位不同。基于此，永磁体磁动势的切向分量可由下式表达：

$$f_{\mathrm{t\_mag}}=\sum_{\mu} f_{\mathrm{m}\mu}^{\mathrm{t}}\sin(\mu\omega_1 t-\mu p\theta_{\mathrm{s}}) \tag{2.1.3}$$

式中：$f_{\mathrm{t\_mag}}$ 为永磁体产生的切向磁动势；$f_{\mathrm{m}\mu}^{\mathrm{t}}$ 为第 μ 次切向磁动势的幅值。

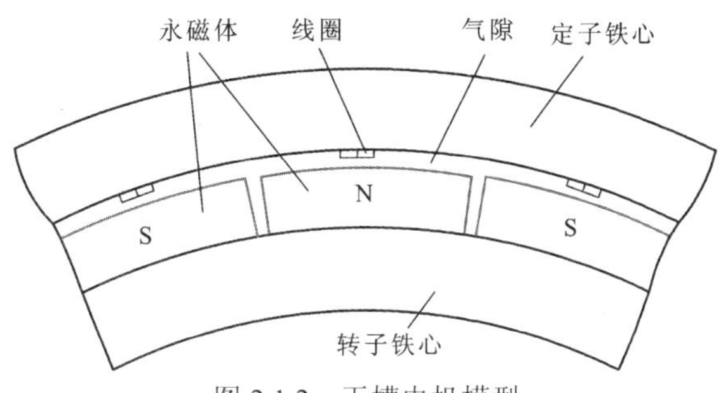

图 2.1.2　无槽电机模型

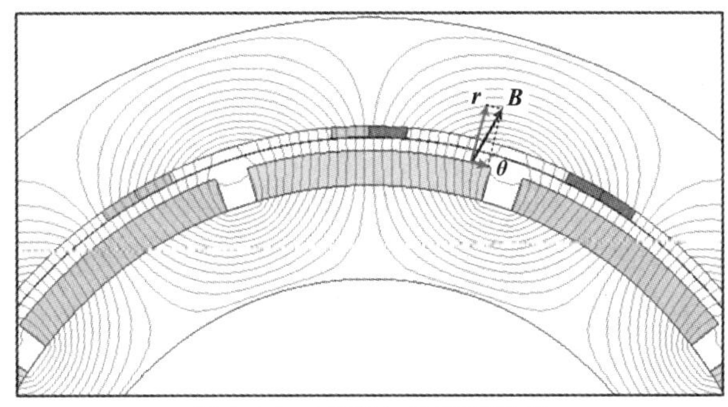

图 2.1.3　无槽电机空载磁场

本小节基于绕组函数法来分析电枢绕组产生的磁动势。绕组函数是指绕组内流过单位电流时，其产生的磁动势沿气隙圆周的空间分布函数。在进行电枢磁动势分析时，为简化分析，取一个单元电机为研究对象，对于任意极对数的电机，其单元电机数由槽数和极对数的最大公约数定义如下：

$$N_{\mathrm{t}}=\mathrm{GCD}(Q_{\mathrm{s}},p) \tag{2.1.4}$$

式中：N_{t} 为单元电机数；Q_{s} 为电机槽数；p 为电机极对数；GCD 代表最大公约数。因此，在一个单元电机内，槽数为 $Q_{\mathrm{s0}}=Q_{\mathrm{s}}/N_{\mathrm{t}}$，极对数为 $p_0=p/N_{\mathrm{t}}$。

以定子为参考系，第一相绕组轴线为坐标原点，空间相带数为 m_0 的电机第 x 相绕组函数可用傅里叶级数表示如下：

$$N_x(\theta_{\mathrm{s}})=\sum_{v_0=1}^{+\infty}\frac{2Nk_{\mathrm{p}v}k_{\mathrm{d}v}}{v_0\pi}\left|\sin\frac{v_0\pi}{2}\right|\cos v_0\left[\theta_{\mathrm{s}}-(x-1)\frac{2\pi}{m_0}\right] \tag{2.1.5}$$

式中：N 为绕组每相串联匝数；$k_{\mathrm{p}v}$ 和 $k_{\mathrm{d}v}$ 分别为节距系数和分布系数；v_0 为磁动势谐波极对数。因为磁动势函数为奇函数，所以磁动势谐波中只存在奇数对极的谐波。

永磁电机在逆变器供电下的相电流可以表示为

$$i_x = \sum_{m=0}^{+\infty}\sum_{n=-\infty}^{+\infty} I_{mn} \sin\frac{n\pi}{3}\sin\frac{(m+n)\pi}{2} \cdot \sin\left[(m\omega_c + n\omega_1)t - np_0(x-1)\frac{2\pi}{m_0} + \varphi_n\right] \tag{2.1.6}$$

式中：m 和 n 分别为载波倍数和电流谐波次数；I_{mn} 为电流幅值；φ_n 为电流相位角；ω_c 和 ω_1 分别为载波频率和基波电频率。该电流表达式可同时考虑中低频电流谐波和高频电流谐波。

基于绕组函数和相电流，单相绕组磁动势可由下式计算：

$$\begin{aligned} f_{n\_arm,x} &= N_x \cdot i_x \\ &= \frac{Nk_{p\nu}k_{d\nu}}{\nu_0\pi} I_{mn}\left|\sin\frac{\nu_0\pi}{2}\right|\sin\frac{n\pi}{3}\sin\frac{(m+n)\pi}{2} \\ &\cdot \sum_{m=0}^{+\infty}\sum_{n=-\infty}^{+\infty}\sum_{\nu_0=-\infty}^{+\infty}\sin\left[(m\omega_c + n\omega_1)t - \nu_0\theta_s + (x-1)(\nu_0 - np_0)\frac{2\pi}{m_0} + \varphi_n\right] \end{aligned} \tag{2.1.7}$$

对于相带数为 m_0 的绕组，其合成磁动势可由所有相带的磁动势叠加得到，即对式（2.1.7）中 x 从 1 到 m_0 求和：

$$\begin{aligned} f_{n\_arm} &= \sum_{x=1}^{m_0} f_{n\_arm,x} \\ &= \frac{Nk_{p\nu}k_{d\nu}}{\nu_0\pi} I_{mn}\left|\sin\frac{\nu_0\pi}{2}\right|\sin\frac{n\pi}{3}\sin\frac{(m+n)\pi}{2} \\ &\cdot \frac{\sin(\nu_0 - np_0)\pi}{\sin(\nu_0 - np_0)\pi / m_0}\sum_{m=0}^{+\infty}\sum_{n=-\infty}^{+\infty}\sum_{\nu_0=-\infty}^{+\infty}\sin[(m\omega_c + n\omega_1)t - \nu_0\theta_s + \varphi_n] \end{aligned} \tag{2.1.8}$$

从式(2.1.8)合成磁动势的表达式可以看出电枢磁动势的某一极对数的谐波存在需要满足：

$$\frac{\sin(\nu_0 - np_0)\pi}{\sin(\nu_0 - np_0)\pi / m_0} \neq 0 \tag{2.1.9}$$

根据洛必达（L'Hospital）法则可知单元电机内的磁动势谐波极对数满足：

$$\nu_0 = km_0 + np_0, \quad k,n \in \mathbb{Z} \tag{2.1.10}$$

对完整电机而言，磁动势存在的谐波极对数应满足：

$$\nu = \nu_0 \cdot N_t = kN_t m_0 + np, \quad k,n \in \mathbb{Z} \tag{2.1.11}$$

式（2.1.11）给出了适用于任意相数和槽极配合的电枢磁动势谐波统一分析方法，图 2.1.4 给出了 12 槽 10 极和 36 槽 6 极电机分别采用三相和六相绕组时的电枢磁动势有限元计算结果，有限元计算结果与理论分析公式完全相符，证明了式（2.1.11）的正确性。

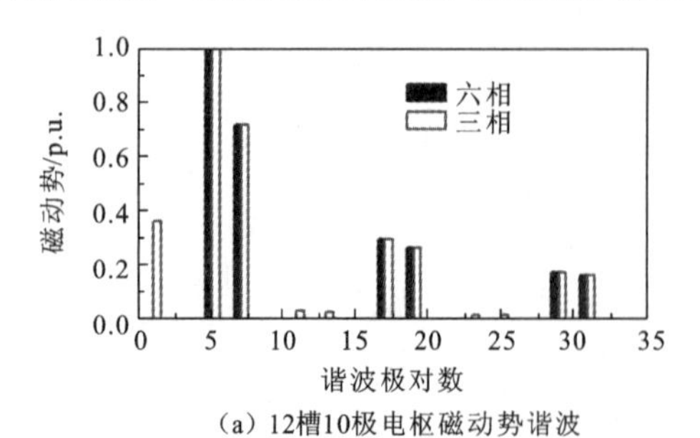

(a) 12槽10极电枢磁动势谐波

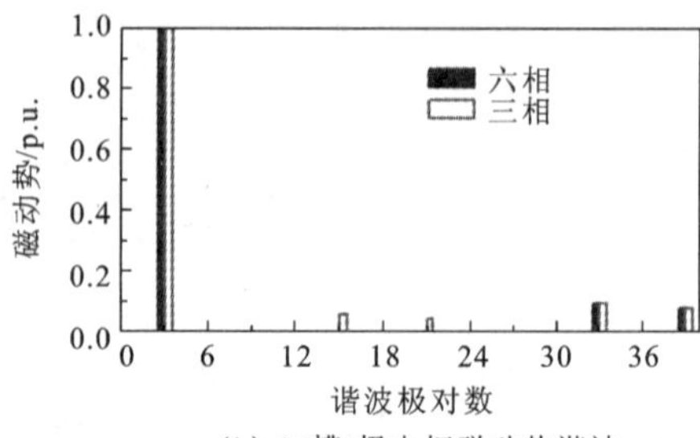

(b) 36槽6极电枢磁动势谐波

图 2.1.4　不同槽极配合、不同相数电枢磁动势谐波

与空载磁场类似，无槽电机电枢磁场同样会在线圈等位置出现明显的扭曲，从而使电枢磁动势存在切向分量，如图 2.1.5 所示。

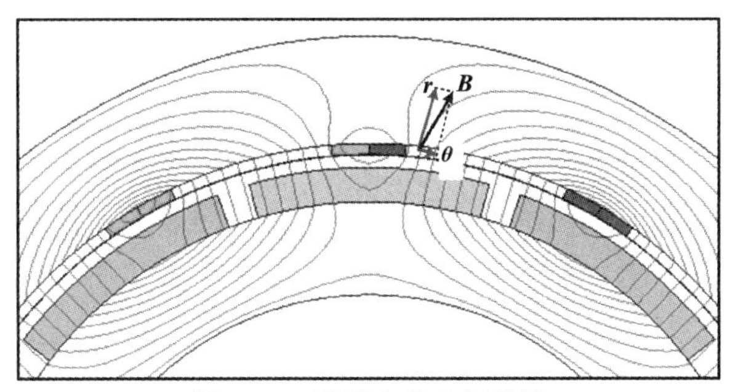

图 2.1.5　无槽电机电枢磁场

电枢法向磁场和切向磁场都由电流产生，两者同源，从而两者在谐波成分上完全一致，所以可以将法向和切向电枢磁动势简化成与式（2.1.1）永磁体磁动势相似的形式：

$$f_{\mathrm{n\_arm}} = \sum_{v} f_{\mathrm{a}v}^{\mathrm{n}} \sin[(m\omega_{\mathrm{c}} + n\omega_{1})t - v\theta_{\mathrm{s}} + \varphi_{\mathrm{n}}] \tag{2.1.12}$$

$$f_{\mathrm{t\_arm}} = \sum_{v} f_{\mathrm{a}v}^{\mathrm{t}} \cos[(m\omega_{\mathrm{c}} + n\omega_{1})t - v\theta_{\mathrm{s}} + \varphi_{\mathrm{n}}] \tag{2.1.13}$$

式中：$f_{\mathrm{n\_arm}}$ 为电枢磁动势法向分量；$f_{\mathrm{t\_arm}}$ 为电枢磁动势切向分量；$f_{\mathrm{a}v}^{\mathrm{n}}$ 为 v 对极电枢磁动势法向分量幅值；$f_{\mathrm{a}v}^{\mathrm{t}}$ 为 v 对极电枢磁动势切向分量幅值。

根据以上分析，电枢磁动势有以下特点：

（1）绕组采用星形连接，合成磁动势中不存在 3 的倍数的极对数的谐波。

（2）对于中低频谐波电流，电流谐波次数为奇数，各次谐波电流产生的磁动势谐波极对数也为奇数。

（3）对于高频谐波电流，则会产生空间谐波极对数为偶数的磁动势，但由于高频谐波电流幅值较小，一般只考虑其产生的基波磁动势。

（4）整数 k 和 n 可以使磁动势空间极对数 v 的符号为正或者为负。需要指出的是，谐波极对数本身并没有正负号，这里引入正负号只是为了表达磁动势谐波的旋转方向，其中正号代表该磁动势谐波与转子旋转方向相同，负号代表该磁动势谐波与转子旋转方向相反，若计算得出的 v 正负号均存在，则表明该磁动势谐波为空间驻波。

2.1.2　气隙磁通密度

1. 磁导函数

为进一步分析气隙磁通密度，需要在无槽模型的基础上引入磁导函数来考虑定子开槽的影响。本章中为分析切向磁通密度和切向电磁力，采用复数气隙磁导[37]来考虑齿槽效应。即定子槽通过一系列的保角变换，可以引入一个复数来表征开槽对气隙的影响，其中复数的实部代表磁导的径向分量，虚部代表磁导的切向分量，可由下式表达：

$$\boldsymbol{\lambda} = \lambda_{\mathrm{n}} + \mathrm{j}\lambda_{\mathrm{t}} \tag{2.1.14}$$

$$\lambda_{\mathrm{n}} = \lambda_0 + \sum_{k=1}^{\infty}\lambda_{\mathrm{n}k}\cos(kQ_{\mathrm{s}}\theta_{\mathrm{s}}) \tag{2.1.15}$$

$$\lambda_{\mathrm{t}} = \sum_{k=1}^{\infty}\lambda_{\mathrm{t}k}\cos(kQ_{\mathrm{s}}\theta_{\mathrm{s}}) \tag{2.1.16}$$

式中：λ_{n} 和 λ_{t} 分别为气隙磁导函数的实部和虚部；j为虚数单位；λ_0 为磁导常数项；Q_{s} 为定子槽数。

2. 空载气隙磁通密度

根据磁动势–磁导函数法，空载气隙磁通密度可以按照下式进行计算：

$$\begin{aligned}\boldsymbol{B}_{\mathrm{mag}} &= \boldsymbol{f}_{\mathrm{mag}}\cdot\boldsymbol{\lambda}^* = (f_{\mathrm{n\_mag}} + \mathrm{j}f_{\mathrm{t\_mag}})(\lambda_{\mathrm{n}} - \mathrm{j}\lambda_{\mathrm{t}})\\ &= f_{\mathrm{n\_mag}}\lambda_{\mathrm{n}} + f_{\mathrm{t\_mag}}\lambda_{\mathrm{t}} + \mathrm{j}(f_{\mathrm{t\_mag}}\lambda_{\mathrm{n}} - f_{\mathrm{n\_mag}}\lambda_{\mathrm{t}})\end{aligned} \tag{2.1.17}$$

根据式（2.1.17），空载气隙磁通密度法向和切向分量分别为

$$B_{\mathrm{n\_mag}} = f_{\mathrm{n\_mag}}\lambda_{\mathrm{n}} + f_{\mathrm{t\_mag}}\lambda_{\mathrm{t}} \tag{2.1.18}$$

$$B_{\mathrm{t\_mag}} = f_{\mathrm{t\_mag}}\lambda_{\mathrm{n}} - f_{\mathrm{n\_mag}}\lambda_{\mathrm{t}} \tag{2.1.19}$$

将式（2.1.1）、式（2.1.3）和式（2.1.14）～式（2.1.16）代入式（2.1.18）和式（2.1.19），可得法向磁通密度和切向磁通密度的傅里叶级数表达式为

$$B_{\mathrm{n\_mag}} = \sum_{\mu}\sum_{k}B_{\mathrm{m}\mu k}^{\mathrm{n}}\cos[\mu\omega_1 t - (\mu p \pm kQ_{\mathrm{s}})\theta_{\mathrm{s}}] \tag{2.1.20}$$

$$B_{\mathrm{t\_mag}} = \sum_{\mu}\sum_{k}B_{\mathrm{m}\mu k}^{\mathrm{t}}\sin[\mu\omega_1 t - (\mu p \pm kQ_{\mathrm{s}})\theta_{\mathrm{s}}] \tag{2.1.21}$$

$$B_{\mathrm{m}\mu k}^{\mathrm{n}} = \frac{f_{\mathrm{m}\mu}^{\mathrm{n}}\lambda_{\mathrm{n}k} \pm f_{\mathrm{m}\mu}^{\mathrm{t}}\lambda_{\mathrm{t}k}}{2} \tag{2.1.22}$$

$$B_{\mathrm{m}\mu k}^{\mathrm{t}} = \frac{f_{\mathrm{m}\mu}^{\mathrm{t}}\lambda_{\mathrm{n}k} \mp f_{\mathrm{m}\mu}^{\mathrm{n}}\lambda_{\mathrm{t}k}}{2} \tag{2.1.23}$$

式中：$B_{\mathrm{n\_mag}}$ 和 $B_{\mathrm{t\_mag}}$ 分别为空载气隙磁通密度的法向和切向分量；$B_{\mathrm{m}\mu k}^{\mathrm{n}}$ 和 $B_{\mathrm{m}\mu k}^{\mathrm{t}}$ 分别为空载气隙磁通密度法向和切向分量的幅值，且幅值表达式中的正负号和空间阶次的正负号按照对应位置取得。

从空载气隙磁通密度的表达式可以看到，法向分量和切向分量的谐波成分完全一致，不同在于幅值不同且相位相差 90°。空载气隙磁通密度空间阶次（谐波极对数）为 $\mu p \pm kQ_{\mathrm{s}}$，$\mu p \pm kQ_{\mathrm{s}} > 0$ 代表该空间阶次的磁通密度谐波与转子旋转方向相同，$\mu p \pm kQ_{\mathrm{s}} < 0$ 代表该空间阶次的磁通密度谐波与转子旋转方向相反。空载气隙磁通密度的时间次数为 μ，由永磁体磁动势决定。进一步对空载气隙磁通密度的来源进行分析，当 $k=0$ 时，磁通密度空间阶次为 μp，可以看出此类磁通密度谐波和无槽空载气隙磁场即永磁体磁动势谐波完全一致，说明此类磁通密度谐波由永磁体磁动势谐波和磁导常数项相互作用产生；当 $k \neq 0$ 时，此类磁通密度谐波由永磁体磁动势和磁导的谐波分量相互作用产生。

3. 电枢反应产生的气隙磁通密度

和空载气隙磁通密度类似，电枢气隙磁通密度可以按照下式计算：

$$\begin{aligned}\boldsymbol{B}_{\text{arm}} &= \boldsymbol{f}_{\text{arm}} \cdot \boldsymbol{\lambda}^* = (f_{\text{n\_arm}} + \mathrm{j}f_{\text{t\_arm}})(\lambda_{\text{n}} - \mathrm{j}\lambda_{\text{t}}) \\ &= f_{\text{n\_arm}}\lambda_{\text{n}} + f_{\text{t\_arm}}\lambda_{\text{t}} + \mathrm{j}(f_{\text{t\_arm}}\lambda_{\text{n}} - f_{\text{n\_arm}}\lambda_{\text{t}})\end{aligned} \tag{2.1.24}$$

气隙磁通密度法向和切向分量分别对应式（2.1.24）中的实部和虚部，可分别表达为

$$B_{\text{n\_arm}} = f_{\text{n\_arm}}\lambda_{\text{n}} + f_{\text{t\_arm}}\lambda_{\text{t}} \tag{2.1.25}$$

$$B_{\text{t\_arm}} = f_{\text{t\_arm}}\lambda_{\text{n}} - f_{\text{n\_arm}}\lambda_{\text{t}} \tag{2.1.26}$$

将式（2.1.12）～式（2.1.16）代入式（2.1.25）和式（2.1.26），可得电枢气隙磁通密度的傅里叶极数表达式为

$$B_{\text{n\_arm}} = \sum_{v}\sum_{k} B_{avk}^{\text{n}} \sin[(m\omega_{\text{c}} + n\omega_1)t - (v \pm kQ_{\text{s}})\theta_{\text{s}} + \varphi_{\text{n}}] \tag{2.1.27}$$

$$B_{\text{t\_arm}} = \sum_{v}\sum_{k} B_{avk}^{\text{t}} \cos[(m\omega_{\text{c}} + n\omega_1)t - (v \pm kQ_{\text{s}})\theta_{\text{s}} + \varphi_{\text{n}}] \tag{2.1.28}$$

$$B_{avk}^{\text{n}} = \frac{f_{av}^{\text{n}}\lambda_{\text{n}k} \mp f_{av}^{\text{t}}\lambda_{\text{t}k}}{2} \tag{2.1.29}$$

$$B_{avk}^{\text{t}} = \frac{f_{av}^{\text{t}}\lambda_{\text{n}k} \pm f_{av}^{\text{n}}\lambda_{\text{t}k}}{2} \tag{2.1.30}$$

式中：$B_{\text{n\_arm}}$ 和 $B_{\text{t\_arm}}$ 分别为电枢气隙磁通密度的法向和切向分量；B_{avk}^{n} 和 B_{avk}^{t} 分别为电枢气隙磁通密度法向和切向分量的幅值，且幅值表达式中的正负号和空间阶次的正负号按照对应位置取得。

通过表达式对电枢气隙磁通密度进行分析可以看出，电枢气隙磁通密度的法向分量和切向分量具有完全相同的谐波成分，不同在于幅值不同且相位相差 90°。电枢气隙磁通密度空间阶次为 $v \pm kQ_{\text{s}}$，$v \pm kQ_{\text{s}} > 0$ 代表该空间阶次的磁通密度与转子旋转方向相同，$v \pm kQ_{\text{s}} < 0$ 代表磁通密度谐波与转子旋转方向相反。电枢气隙磁通密度的频率为 $m\omega_{\text{c}} + n\omega_1$，由电流的频率决定。同样对电枢气隙磁通密度的来源进行分析，当 $k = 0$ 时，电枢产生的磁通密度空间阶次为 v，可以看出此类磁通密度谐波和电枢磁动势谐波完全一致，且满足式（2.1.11）的存在性条件，此类磁通密度谐波由电枢磁动势谐波和磁导常数项相互作用产生；当 $k \neq 0$ 时，此类磁通密度谐波由电枢磁动势和磁导的谐波分量相互作用产生。

4. 负载时合成气隙磁通密度

当不考虑铁心材料的磁饱和，即认为磁场是线性磁场时，负载时的合成气隙磁通密度可由空载气隙磁通密度和电枢反应产生的气隙磁通密度线性叠加得到，即

$$B_{\text{n\_load}} = B_{\text{n\_mag}} + B_{\text{n\_arm}} \tag{2.1.31}$$

$$B_{\text{t\_load}} = B_{\text{t\_mag}} + B_{\text{t\_arm}} \tag{2.1.32}$$

负载条件下气隙磁通密度的空间阶次、频率、幅值和来源如表 2.1.1 所示。

表 2.1.1　负载条件下气隙磁通密度的空间阶次、频率、幅值和来源

序号	空间阶次	频率	幅值	来源
1	μp	$\mu\omega_1$	$f_{m\mu}^{n}\lambda_0$	永磁体磁动势和磁导常数项
2	$\mu p \pm kQ_s$	$\mu\omega_1$	$(f_{m\mu}^{n}\lambda_{nk} \pm f_{m\mu}^{t}\lambda_{tk})/2$	永磁体磁动势和磁导谐波
3	v	$m\omega_c + n\omega_1$	$f_{av}^{n}\lambda_0$	电枢磁动势和磁导常数项
4	$v \pm kQ_s$	$m\omega_c + n\omega_1$	$(f_{av}^{n}\lambda_{nk} \pm f_{av}^{t}\lambda_{tk})/2$	电枢磁动势和磁导谐波

5. 分析结果验证

下面将通过有限元法对气隙磁通密度谐波的理论分析进行验证，采用的电机模型和基本参数分别如图 2.1.6 和表 2.1.2 所示，两台电机分别为 12 槽 10 极分数槽集中绕组电机和 36 槽 6 极整数槽绕组电机，定子外径尺寸相同，两台电机均分别采用三相绕组和六相绕组，用于验证本节气隙磁通密度的理论分析表达式适用于任意相数的电机。在本节有限元法验证中，只考虑相电流为正弦电流的情况。

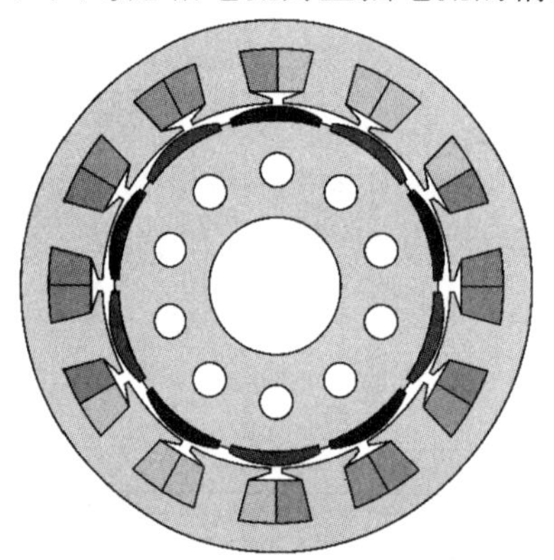

（a）12 槽 10 极分数槽集中绕组电机

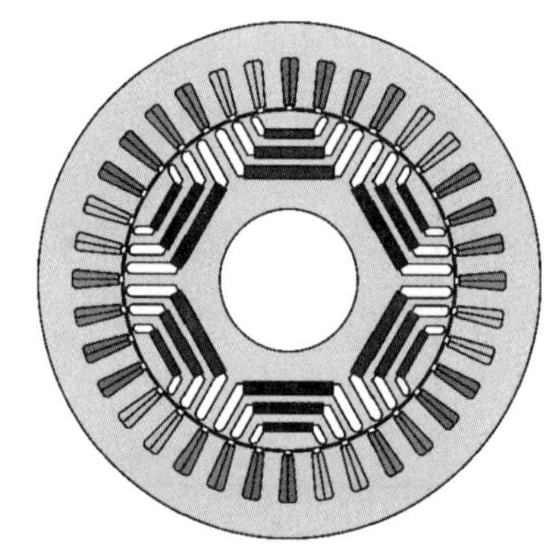

（b）36 槽 6 极整数槽绕组电机

图 2.1.6　分数槽集中绕组和整数槽绕组电机模型

表 2.1.2　分数槽集中绕组和整数槽绕组电机基本参数

参数	12 槽 10 极分数槽集中绕组电机	36 槽 6 极整数槽绕组电机
槽数	12	36
极对数	5	3
相数	三相/六相	三相/六相
定子外径/mm	124	124
铁心长度/mm	36	85
气隙长度/mm	0.5	0.5
额定转矩/（N·m）	5.4	9.6
额定转速/（r/min）	1 500	1 000
额定相电流（RMS）/A	7	5

注：RMS 指有效值。

基于表 2.1.1，12 槽 10 极分数槽集中绕组表面式电机的空载和电枢磁通密度谐波（空间阶次在 20 以内）见表 2.1.3～表 2.1.5，负载时的气隙磁通密度谐波相对于空载时增加的部分在表 2.1.4 和表 2.1.5 中加粗标识。

表 2.1.3　12 槽 10 极分数槽集中绕组电机空载气隙磁通密度谐波

磁导谐波	永磁体磁动势谐波			
	1	3	5	7
−2	〈−19,1〉	〈−9,3〉	〈+1,5〉	〈+11,7〉
−1	〈−7,1〉	〈+3,3〉	〈+13,5〉	
0	〈+5,1〉	〈+15,3〉		
1	〈+17,1〉			

注：本书约定使用“〈±*a*, *b*〉”的形式来描述二维谐波分量，其中 *a* 为空间阶次，“±”代表旋转方向与转子旋转方向相同或相反，*b* 为时间次数或频率。

表 2.1.4　三相 12 槽 10 极分数槽集中绕组电机电枢气隙磁通密度谐波

磁导谐波	电枢磁动势谐波						
	−1	+5	−7	+11	−13	+17	−19
−2		〈−19,1〉		**〈−13,1〉**		〈−7,1〉	
−1	**〈−13,1〉**	〈−7,1〉	〈−19,1〉	**〈−1,1〉**		〈+5,1〉	
0	**〈−1,1〉**	〈+5,1〉	〈−7,1〉	**〈+11,1〉**	**〈−13,1〉**	〈+17,1〉	〈−19,1〉
1	**〈+11,1〉**	〈+17,1〉	〈+5,1〉		**〈−1,1〉**		〈−7,1〉
2			〈+17,1〉		**〈+11,1〉**		〈+5,1〉

表 2.1.5　六相 12 槽 10 极分数槽集中绕组电机电枢气隙磁通密度谐波

磁导谐波	电枢磁动势谐波			
	+5	−7	+17	−19
−2	〈−19,1〉		〈−7,1〉	
−1	〈−7,1〉	〈−19,1〉	〈+5,1〉	
0	〈+5,1〉	〈−7,1〉	〈+17,1〉	〈−19,1〉
1	〈+17,1〉	〈+5,1〉		〈−7,1〉
2		〈+17,1〉		〈+5,1〉

12 槽 10 极分数槽集中绕组电机空载时的气隙磁通密度时域波形和二维谐波分析如图 2.1.7 和图 2.1.8 所示，从谐波分析可以看出，切向磁通密度幅值相对法向磁通密度幅值较小，但两者的谐波次数完全相同，和理论分析结果一致，主要谐波阶次在图 2.1.8 中标出，与表 2.1.3 比较可以看出理论分析的谐波次数与有限元计算结果一致。

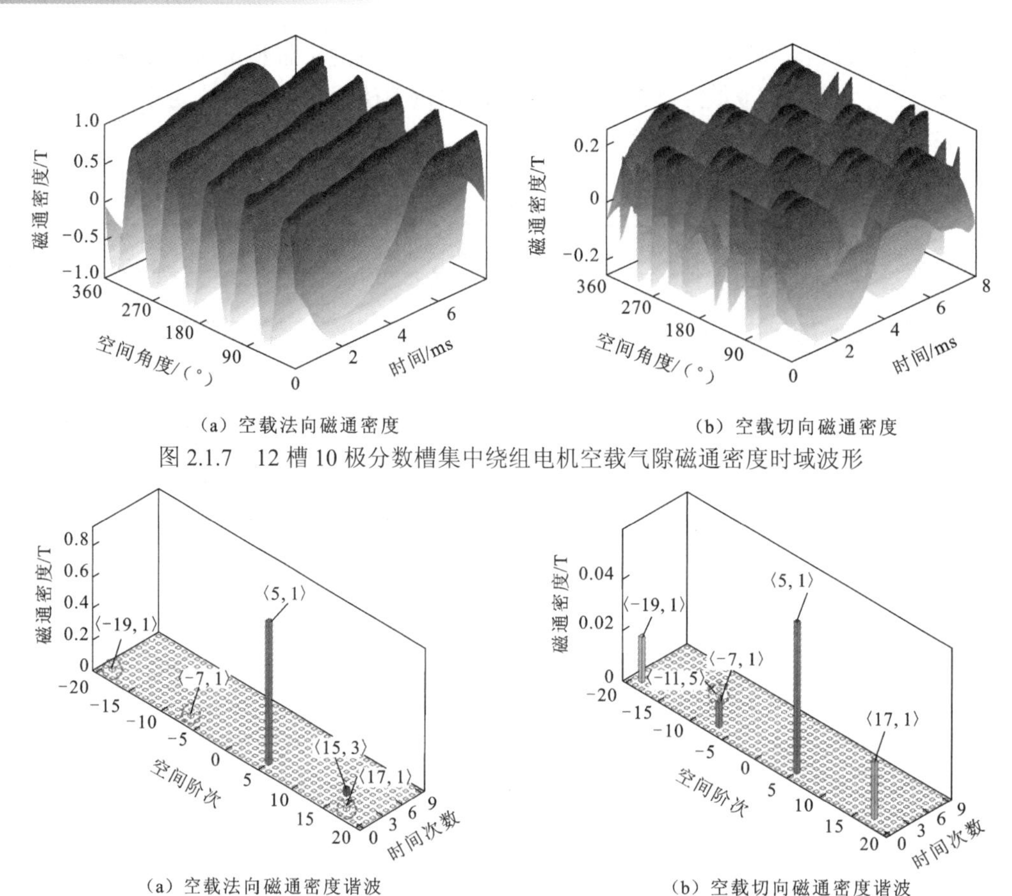

(a) 空载法向磁通密度　　(b) 空载切向磁通密度

图 2.1.7　12 槽 10 极分数槽集中绕组电机空载气隙磁通密度时域波形

(a) 空载法向磁通密度谐波　　(b) 空载切向磁通密度谐波

图 2.1.8　12 槽 10 极分数槽集中绕组电机空载气隙磁通密度谐波

负载时采用三相绕组和六相绕组的气隙磁通密度时域波形及二维谐波分析如图 2.1.9～图 2.1.12 所示，相比于空载，磁通密度谐波的幅值有所增加，法向分量和切向分量的谐波成分完全相同。图 2.1.10 和图 2.1.12 所示的磁通密度谐波与表 2.1.4 和表 2.1.5 理论分析结果一致，证明了理论分析的正确性，负载时气隙磁通密度谐波相比空载时增加的阶次在图 2.1.10 中用粗体标出，与理论结果相同。六相绕组相比三相绕组抑制了次数为 $\langle -1,1\rangle$、$\langle +11,1\rangle$ 和 $\langle -13,1\rangle$ 的磁通密度谐波，同样和理论分析结果一致。

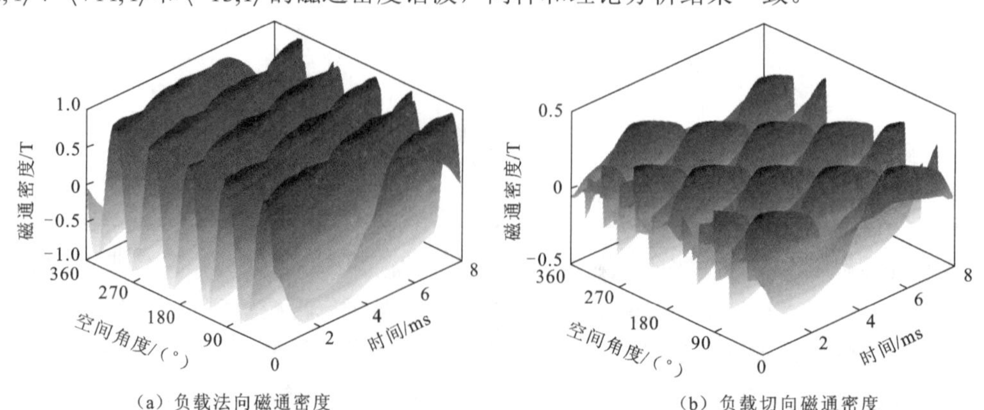

(a) 负载法向磁通密度　　(b) 负载切向磁通密度

图 2.1.9　三相 12 槽 10 极分数槽集中绕组电机负载气隙磁通密度时域波形

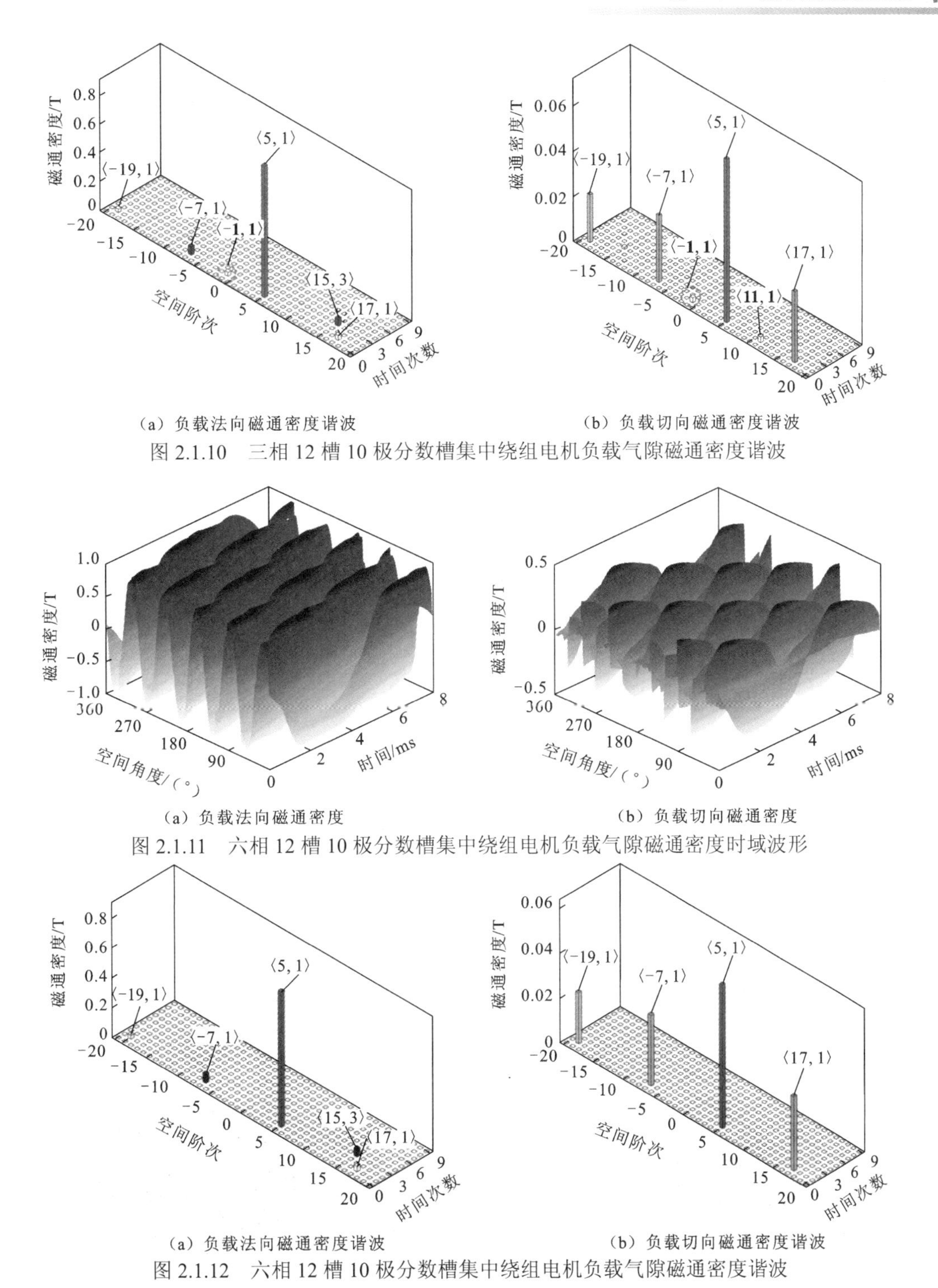

(a) 负载法向磁通密度谐波　　(b) 负载切向磁通密度谐波

图 2.1.10　三相 12 槽 10 极分数槽集中绕组电机负载气隙磁通密度谐波

(a) 负载法向磁通密度　　(b) 负载切向磁通密度

图 2.1.11　六相 12 槽 10 极分数槽集中绕组电机负载气隙磁通密度时域波形

(a) 负载法向磁通密度谐波　　(b) 负载切向磁通密度谐波

图 2.1.12　六相 12 槽 10 极分数槽集中绕组电机负载气隙磁通密度谐波

36 槽 6 极整数槽绕组电机空载和电枢气隙磁通密度谐波（空间阶次 20 以内）理论分析结果如表 2.1.6～表 2.1.8 所示，电枢磁场相对于空载磁场增加的谐波用粗体标出，有限元计算结果与理论分析结果一致。和分数槽绕组电机的气隙磁通密度谐波进行对比可以看出，整数槽绕组电机的气隙磁通密度谐波成分更加简单，且没有低于极对数的低次谐波。

表 2.1.6　36 槽 6 极整数槽绕组电机空载气隙磁通密度谐波

磁导谐波	永磁体磁动势谐波						
	1	3	5	7	9	11	13
−1			⟨−11,5⟩	⟨−15,7⟩	⟨−9,9⟩	⟨−3,11⟩	⟨+3,13⟩
0	⟨+3,1⟩	⟨+9,3⟩	⟨+15,5⟩				

表 2.1.7　三相 36 槽 6 极整数槽绕组电机电枢气隙磁通密度谐波

磁导谐波	电枢磁动势谐波						
	+3	−15	+21	−33	+39	−51	+57
−2							**⟨−15,1⟩**
−1			**⟨−15,1⟩**		⟨+3,1⟩		
0	⟨+3,1⟩	**⟨−15,1⟩**					
1				⟨+3,1⟩		**⟨−15,1⟩**	

表 2.1.8　六相 36 槽 6 极整数槽绕组电机电枢气隙磁通密度谐波

磁导谐波	电枢磁动势谐波		
	+3	−33	+39
−2			
−1			⟨+3,1⟩
0	⟨+3,1⟩		
1		⟨+3,1⟩	

图 2.1.13 和图 2.1.14 为有限元法计算所得的空载法向和切向磁通密度时域波形和谐波分析，从图中可以看出，法向和切向分量具有相同的谐波成分，有限元法计算所得的谐波和理论分析结果一致。负载时三相和六相绕组对应的气隙磁通密度时域波形和谐波分析如图 2.1.15～图 2.1.18 所示，六相绕组可以抑制次数为 ⟨−15,1⟩ 的气隙磁通密度谐波，两种绕组有限元计算所得的谐波次数与表 2.1.7 和表 2.1.8 的理论分析结果一致。

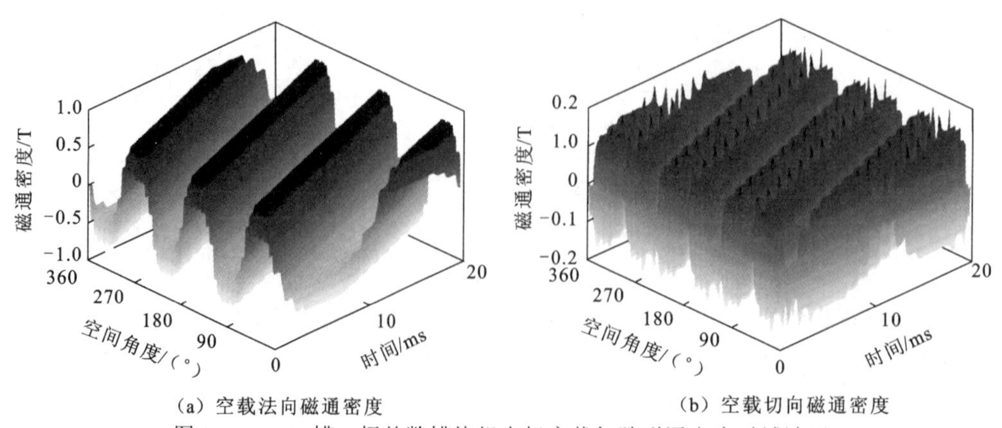

(a) 空载法向磁通密度　　(b) 空载切向磁通密度

图 2.1.13　36 槽 6 极整数槽绕组电机空载气隙磁通密度时域波形

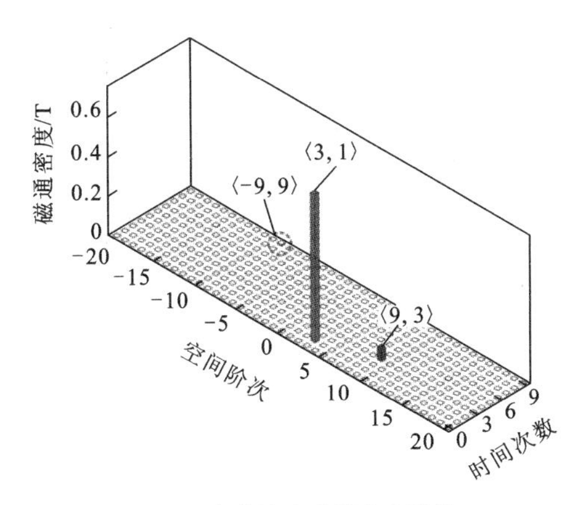

(a) 空载法向磁通密度谐波

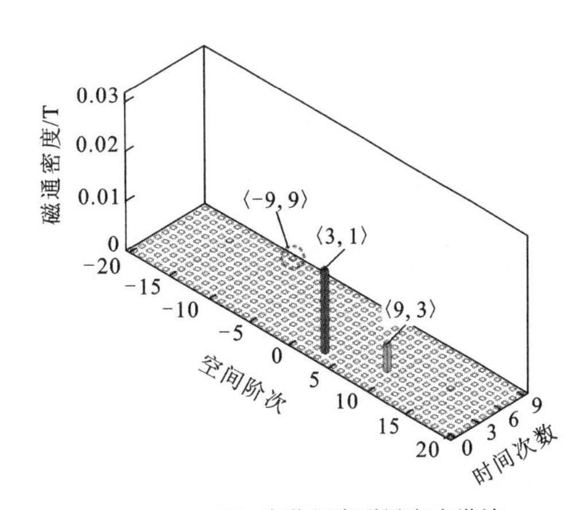

(b) 空载切向磁通密度谐波

图 2.1.14　36 槽 6 极整数槽绕组电机空载气隙磁通密度谐波

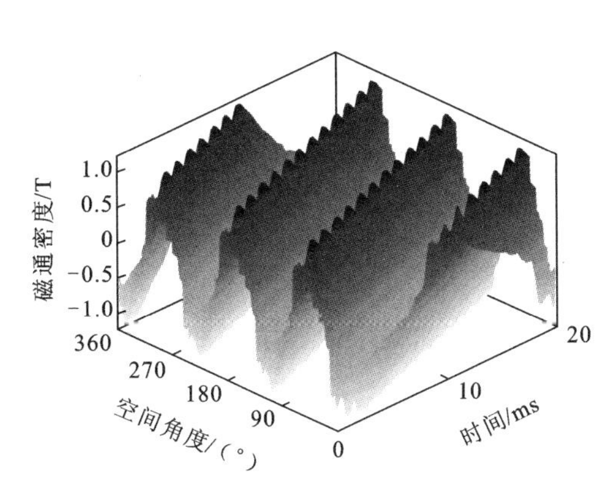

(a) 负载法向磁通密度

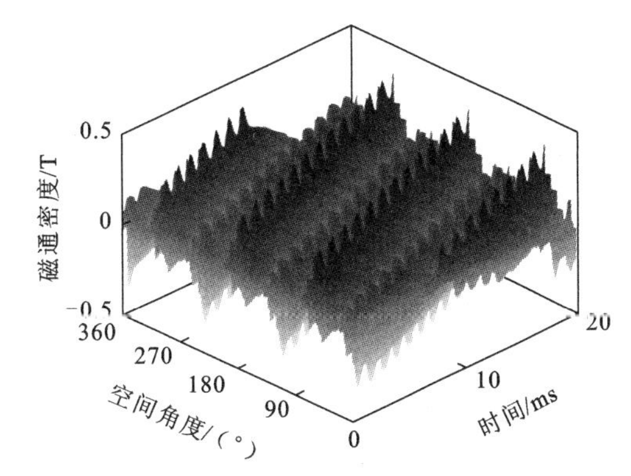

(b) 负载切向磁通密度

图 2.1.15　三相 36 槽 6 极整数槽绕组电机负载气隙磁通密度时域波形

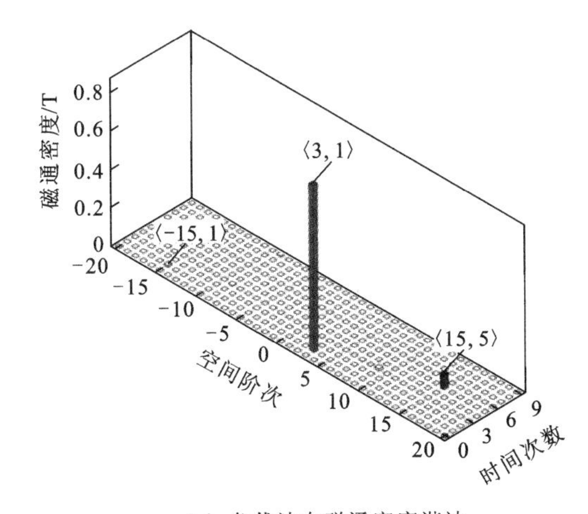

(a) 负载法向磁通密度谐波

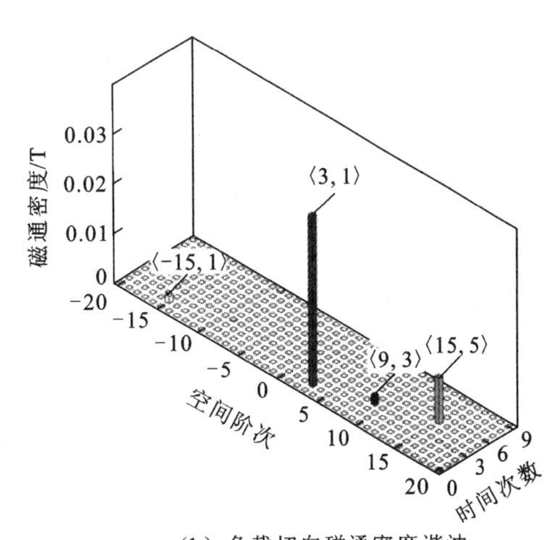

(b) 负载切向磁通密度谐波

图 2.1.16　三相 36 槽 6 极整数槽绕组电机负载气隙磁通密度谐波

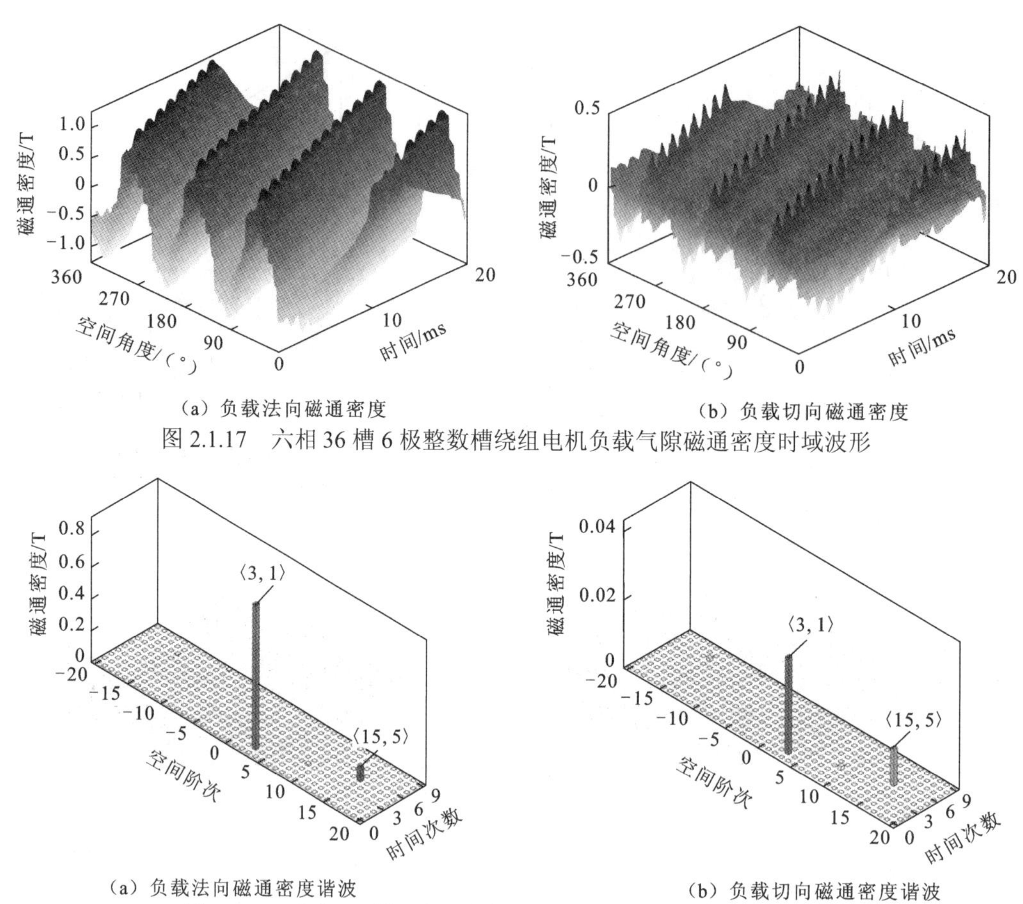

(a) 负载法向磁通密度　(b) 负载切向磁通密度

图 2.1.17　六相 36 槽 6 极整数槽绕组电机负载气隙磁通密度时域波形

(a) 负载法向磁通密度谐波　(b) 负载切向磁通密度谐波

图 2.1.18　六相 36 槽 6 极整数槽绕组电机负载气隙磁通密度谐波

2.2　气隙电磁力

2.2.1　气隙电磁力密度

获得气隙磁通密度后，可以使用麦克斯韦应力张量法计算气隙电磁力，法向和切向的气隙电磁力计算如下：

$$\sigma_n = \frac{B_n^2 - B_t^2}{2\mu_0} \tag{2.2.1}$$

$$\sigma_t = \frac{B_n B_t}{\mu_0} \tag{2.2.2}$$

式中：B_n 和 B_t 分别为法向和切向气隙磁通密度；σ_n 和 σ_t 分别为法向和切向气隙电磁力。

法向气隙电磁力的计算中包含 B_n^2 和 B_t^2 两项，如果同时将这两项代入计算，将大大增加计算的难度，前面在磁通密度分析中已经证明法向磁通密度和切向磁通密度在谐波成分上完全一致，在本章只关注电磁力谐波成分的前提下，可以将 B_t^2 项忽略而并不影响最后的分析结果，切向气隙电磁力仍然按照式（2.2.2）计算。

1. 法向气隙电磁力

将式（2.1.31）和式（2.1.32）负载法向气隙磁通密度代入式（2.2.1），并忽略切向磁通密度部分，法向气隙电磁力为

$$\sigma_{\mathrm{n}}=\frac{(B_{\mathrm{n\_mag}}+B_{\mathrm{n\_arm}})^2}{2\mu_0}=\frac{B_{\mathrm{n\_mag}}^2}{2\mu_0}+\frac{B_{\mathrm{n\_arm}}^2}{2\mu_0}+\frac{B_{\mathrm{n\_mag}}B_{\mathrm{n\_arm}}}{\mu_0}=\sigma_{\mathrm{n,m}}+\sigma_{\mathrm{n,a}}+\sigma_{\mathrm{n,ma}} \tag{2.2.3}$$

式中：$\sigma_{\mathrm{n,m}}$ 为空载磁场内部相互作用产生的气隙电磁力；$\sigma_{\mathrm{n,a}}$ 为电枢磁场内部相互作用产生的气隙电磁力；$\sigma_{\mathrm{n,ma}}$ 为空载磁场和电枢磁场相互作用产生的气隙电磁力。

从式（2.2.3）可以看出，法向气隙电磁力可以分为以下三个部分：

1）空载磁场内部谐波相互作用（空载法向气隙电磁力）

$$\sigma_{\mathrm{n,m}}=\sum_{\mu_1}\sum_{\mu_2}\sum_{k_1}\sum_{k_2}\frac{B_{\mathrm{m}\mu_1k_1}^{\mathrm{n}}B_{\mathrm{m}\mu_2k_2}^{\mathrm{n}}}{4\mu_0}\cos\{(\mu_1\pm\mu_2)\omega_1t-[(\mu_1\pm\mu_2)p+(k_1\pm k_2)Q_{\mathrm{s}}]\theta_{\mathrm{s}}\} \tag{2.2.4}$$

2）电枢磁场内部谐波相互作用

$$\begin{aligned}\sigma_{\mathrm{n,a}}=&\sum_{v_1}\sum_{v_2}\sum_{k_1}\sum_{k_2}\frac{B_{\mathrm{a}v_1k_1}^{\mathrm{n}}B_{\mathrm{a}v_2k_2}^{\mathrm{n}}}{4\mu_0}\cos\{[(m_1\pm m_2)\omega_{\mathrm{c}}+(n_1\pm n_2)\omega_1]t\\&-[(v_1\pm v_2)+(k_1\pm k_2)Q_{\mathrm{s}}]\theta_{\mathrm{s}}+\varphi_{n_1}+\varphi_{n_2}\}\end{aligned} \tag{2.2.5}$$

3）电枢磁场与永磁体磁场相互作用

$$\begin{aligned}\sigma_{\mathrm{n,ma}}=&\sum_{v}\sum_{\mu}\sum_{k_1}\sum_{k_2}\frac{B_{\mathrm{m}\mu k_1}^{\mathrm{n}}B_{\mathrm{a}vk_2}^{\mathrm{n}}}{2\mu_0}\sin\{[m\omega_{\mathrm{c}}+(n\pm\mu)\omega_1]t\\&-[(v\pm\mu p)+(k_1\pm k_2)Q_{\mathrm{s}}]\theta_{\mathrm{s}}+\varphi_{\mathrm{n}}\}\end{aligned} \tag{2.2.6}$$

2. 切向气隙电磁力

将式（2.1.31）和式（2.1.32）代入式（2.2.2），可以计算得到切向电磁力为

$$\begin{aligned}\sigma_{\mathrm{t}}&=\frac{(B_{\mathrm{n\_mag}}+B_{\mathrm{n\_arm}})(B_{\mathrm{t\_mag}}+B_{\mathrm{t\_arm}})}{\mu_0}\\&=\frac{B_{\mathrm{n\_mag}}B_{\mathrm{t\_mag}}}{\mu_0}+\frac{B_{\mathrm{n\_arm}}B_{\mathrm{t\_arm}}}{\mu_0}+\frac{B_{\mathrm{n\_mag}}B_{\mathrm{t\_arm}}+B_{\mathrm{n\_arm}}B_{\mathrm{t\_mag}}}{\mu_0}\\&=\sigma_{\mathrm{t,m}}+\sigma_{\mathrm{t,a}}+\sigma_{\mathrm{t,ma}}\end{aligned} \tag{2.2.7}$$

式中：$\sigma_{\mathrm{t,m}}$ 为空载磁场内部相互作用产生的电磁力；$\sigma_{\mathrm{t,a}}$ 为电枢磁场内部相互作用产生的电磁力；$\sigma_{\mathrm{t,ma}}$ 为空载磁场和电枢磁场相互作用产生的电磁力。

根据式（2.2.7），和法向电磁力类似，切向电磁力同样可以分为以下三类：

1）空载磁场内部谐波相互作用（空载切向气隙电磁力）

$$\sigma_{\mathrm{t,m}}=\sum_{\mu_1}\sum_{\mu_2}\sum_{k_1}\sum_{k_2}\frac{B^{\mathrm{n}}_{\mathrm{m}\mu_1k_1}B^{\mathrm{t}}_{\mathrm{m}\mu_2k_2}}{2\mu_0}\sin\{(\mu_1\pm\mu_2)\omega_1t-[(\mu_1\pm\mu_2)p+(k_1\pm k_2)Q_{\mathrm{s}}]\theta_{\mathrm{s}}\} \tag{2.2.8}$$

2）电枢磁场内部谐波相互作用

$$\begin{aligned}\sigma_{\mathrm{t,a}}=\sum_{v_1}\sum_{v_2}\sum_{k_1}\sum_{k_2}\frac{B^{\mathrm{n}}_{\mathrm{av}_1k_1}B^{\mathrm{t}}_{\mathrm{av}_2k_2}}{2\mu_0}&\sin\{[(m_1\pm m_2)\omega_{\mathrm{c}}+(n_1\pm n_2)\omega_1]t\\&-[(v_1\pm v_2)+(k_1\pm k_2)Q_{\mathrm{s}}]\theta_{\mathrm{s}}+\varphi_{n_1}+\varphi_{n_2}\}\end{aligned} \tag{2.2.9}$$

3）电枢磁场与永磁体磁场相互作用

$$\sigma_{\mathrm{t,ma}}=\sum_{v}\sum_{\mu}\sum_{k_1}\sum_{k_2}\frac{B^{\mathrm{n}}_{\mathrm{m}\mu k_1}B^{\mathrm{t}}_{\mathrm{av}k_2}}{\mu_0}\cos\{[m\omega_{\mathrm{c}}+(n\pm\mu)\omega_1]t-[(v\pm\mu p)+(k_1\pm k_2)Q_{\mathrm{s}}]\theta_{\mathrm{s}}+\varphi_{\mathrm{n}}\} \tag{2.2.10}$$

负载条件下气隙电磁力空间阶次、频率、幅值和来源如表 2.2.1 所示，从表 2.2.1 可以看出，法向和切向气隙电磁力在空间阶次和频率上谐波成分完全一致，区别在于幅值和相位不同，因此在后续分析电磁力的谐波特性时将只分析法向电磁力，其分析结论同样适用于切向电磁力。

表 2.2.1　负载条件下气隙电磁力空间阶次、频率、幅值和来源

	空间阶次	频率	幅值	来源
法向	$(\mu_1\pm\mu_2)p+(k_1\pm k_2)Q_{\mathrm{s}}$	$(\mu_1\pm\mu_2)\omega_1$	$\frac{B^{\mathrm{n}}_{\mathrm{m}\mu_1k_1}B^{\mathrm{n}}_{\mathrm{m}\mu_2k_2}}{4\mu_0}$	永磁体磁动势和定子齿槽
	$(v_1\pm v_2)+(k_1\pm k_2)Q_{\mathrm{s}}$	$(m_1\pm m_2)\omega_{\mathrm{c}}+(n_1\pm n_2)\omega_1$	$\frac{B^{\mathrm{n}}_{\mathrm{av}_1k_1}B^{\mathrm{n}}_{\mathrm{av}_2k_2}}{4\mu_0}$	电枢磁动势和定子齿槽
	$(v\pm\mu p)+(k_1\pm k_2)Q_{\mathrm{s}}$	$m\omega_{\mathrm{c}}+(n\pm\mu)\omega_1$	$\frac{B^{\mathrm{n}}_{\mathrm{m}\mu k_1}B^{\mathrm{n}}_{\mathrm{av}k_2}}{2\mu_0}$	永磁体磁动势、电枢磁动势、定子齿槽
切向	$(\mu_1\pm\mu_2)p+(k_1\pm k_2)Q_{\mathrm{s}}$	$(\mu_1\pm\mu_2)\omega_1$	$\frac{B^{\mathrm{n}}_{\mathrm{m}\mu_1k_1}B^{\mathrm{t}}_{\mathrm{m}\mu_2k_2}}{2\mu_0}$	永磁体磁动势和定子齿槽
	$(v_1\pm v_2)+(k_1\pm k_2)Q_{\mathrm{s}}$	$(m_1\pm m_2)\omega_{\mathrm{c}}+(n_1\pm n_2)\omega_1$	$\frac{B^{\mathrm{n}}_{\mathrm{av}_1k_1}B^{\mathrm{t}}_{\mathrm{av}_2k_2}}{2\mu_0}$	电枢磁动势和定子齿槽
	$(v\pm\mu p)+(k_1\pm k_2)Q_{\mathrm{s}}$	$m\omega_{\mathrm{c}}+(n\pm\mu)\omega_1$	$\frac{B^{\mathrm{n}}_{\mathrm{m}\mu k_1}B^{\mathrm{t}}_{\mathrm{av}k_2}}{\mu_0}$	永磁体磁动势、电枢磁动势、定子齿槽

2.2.2　电磁力密度谐波特性

1. 空载电磁力密度

表 2.2.1 中第一行是空载情况下的气隙电磁力，根据永磁体磁动势的对称性与周期性，

μ_1 和 μ_2 均为奇数，k_1 和 k_2 为任意整数，因此空载气隙电磁力的空间阶次可以简化为

$$r = (\mu_1 \pm \mu_2)p + (k_1 \pm k_2)Q_s = 2Cp + kQ_s, \quad C,k \in \mathbb{Z} \tag{2.2.11}$$

可以看出，空载电磁力空间阶次为极对数的偶数倍与槽数的整数倍的线性组合。当 $r > 0$ 时，代表该阶次的电磁力波旋转方向与转子转向相同；当 $r < 0$ 时，代表该阶次的电磁力波旋转方向和转子转向相反；特殊地，当 $r = 0$ 时，即 0 阶力波为空间驻波。相关文献[12]已经证明电磁力密度非零最小空间阶次为

$$\min\left|2Cp + kQ_s\right| = \mathrm{GCD}(2p, Q_s), \quad C,k \in \mathbb{Z} \tag{2.2.12}$$

空载气隙电磁力的频率可以表达如下，表明空载电磁力的频率为基波电频率的偶数倍：

$$f = (\mu_1 \pm \mu_2)\omega_1 = 2C\omega_1, \quad C \in \mathbb{Z} \tag{2.2.13}$$

2. 负载电磁力密度

如表 2.2.1 所示，负载时气隙电磁力的空间阶次和频率均包含三项，其中第一项为空载时的气隙电磁力，后两项为通入电流后引入的电磁力。电枢磁动势的空间阶次和频率与电流密切相关，所以负载气隙电磁力中由于电枢反应产生的电磁力分以下两种情况进行讨论分析：

1）正弦电流（$m = 0$，$n = 1$）

正弦电流下，表 2.2.1 第二行对应的电磁力密度的频率为 0 或 $2\omega_1$，因频率为 0 的电磁力不会产生振动，故在此不作讨论。此处仅分析频率为 2 倍基波电频率的电磁力，当 $n = 1$ 时，$v_1 + v_2 = (k_1 + k_2)m_0 N_t + 2p$ 为偶数，所以电磁力空间阶次可以简化为

$$r = (v_1 \pm v_2) + (k_1 \pm k_2)Q_s = 2C + kQ_s, \quad C,k \in \mathbb{Z} \tag{2.2.14}$$

表 2.2.1 第三行对应的气隙电磁力由永磁体磁动势、电枢磁动势和定子齿槽相互作用产生，$v \pm \mu p = km_0 N_t + (1 \pm \mu)p$ 为偶数，其空间阶次和频率满足下式：

$$r = (v \pm \mu p) + (k_1 + k_2)Q_s = 2C + kQ_s, \quad C,k \in \mathbb{Z} \tag{2.2.15}$$

$$f = m\omega_c + (n \pm \mu)\omega_1 = (1 \pm \mu)\omega_1 = 2k\omega_1, \quad k \in \mathbb{Z} \tag{2.2.16}$$

通过以上分析可得出以下结论：①当绕组通入正弦电流时，负载情况下的气隙电磁力频率为基波电频率的偶数倍；②正弦电流下，负载相对于空载引入了新的电磁力空间阶次，但并未引入新的电磁力频率；③r 的正负同样代表了电磁力波的旋转方向，和空载电磁力的判断条件一致。

2）谐波电流

实际电机在采用逆变器供电时，相电流中除基波电流以外，还含有丰富的谐波电流。具体可以将谐波电流分成两类：一类为中低频谐波电流，其频率为基波电流频率的 $6k \pm 1$ 倍，即式（2.1.6）中 $m = 0$，$n = 6k \pm 1, k \in \mathbb{Z}$；另一类则为高频电流，和载波频率密切相关，电流频率为 $m\omega_c + n\omega_1, m \in \mathbb{N}, n \in \mathbb{Z}$。由绕组理论[107]可知，磁场的旋转方向和电流的相序密切相关，正相序电流产生与转子转向相同的磁动势基波，负相序电流产生与转子转向相反的磁动势基波。为简化分析过程，作如下简化与定义：

（1）定义基波电流的相序和转子转向一致，为正转（顺时针方向），根据式（2.1.6），各频率电流谐波的相序如图 2.2.1 所示。

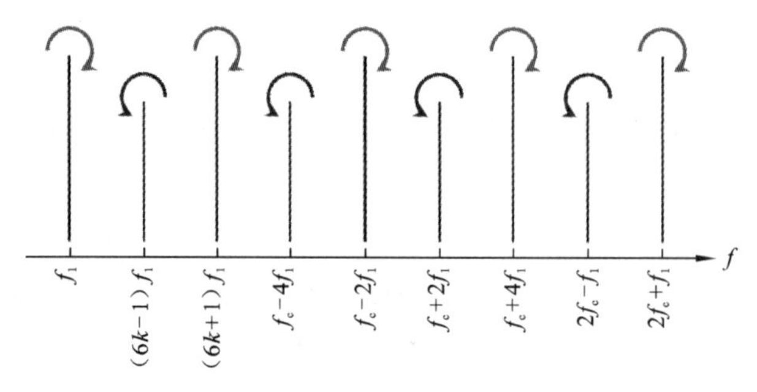

图 2.2.1　谐波电流及其相序

（2）因为谐波电流幅值远远小于基波电流幅值，其产生的电枢磁动势幅值也相对较小，所以这里近似认为谐波电流产生的电磁力主要由谐波电流产生的基波磁动势、永磁体基波磁动势和磁导常数项相互作用产生，即表 2.2.1 第三行 $|v|=p$，$\mu=1$，$k=0$。

当 $n=6k\pm1$ 时，电流为正相序（ABC），其产生的基波磁动势与转子旋转方向相同，即 $v=p$，将其代入表 2.2.1 第三行中，可以得到电磁力密度的空间阶次和频率分别为 $\langle 0,6k\omega_1\rangle$ 和 $\langle +2p,(6k+2)\omega_1\rangle$；当 $n=6k-1$ 时，电流为负相序（ACB），其产生的基波磁动势与转子转向相反，即 $v=-p$，根据表 2.2.1 第三行可得到电磁力密度空间阶次和频率分别为 $\langle -2p,(6k-2)\omega_1\rangle$ 和 $\langle 0,6k\omega_1\rangle$。

对载波及其倍频附近的高频电流谐波，根据表 2.2.1 可得其产生的高频电磁力密度的空间阶次和频率满足 $\langle \pm2p,m\omega_c+(n\pm1)\omega_1\rangle$ 或 $\langle 0,m\omega_c+(n\pm1)\omega_1\rangle$。当采用 SVPWM 调制方式时，载波及其倍频附近的边带电流谐波的主要频率有 $f_c\pm2f_1$、$f_c\pm4f_1$ 和 $2f_c\pm f_1$。基于表 2.2.1 和图 2.2.1，可得高频电磁力的主要空间阶次和频率如图 2.2.2 所示，从图中可以看出，高频谐波电流主要引起空间阶次为 0 阶和 $2p$ 阶的电磁力，其中 0 阶电磁力为空间驻波，会引起电机产生类似呼吸形式的振动。此外，根据式（1.2.6），电机的变形和模态阶次的 4 次方成反比，即电磁力的阶次越高引起的振动变形越小，对大多数驱动电机来讲 $2p\geqslant6$，所以空间阶次为 $2p$ 的高频电磁力并不是引起高频振动的主要原因。因此，对于高频振动，0 阶电磁力的影响更大，本章后续将对 0 阶电磁力进行更加深入的分析。

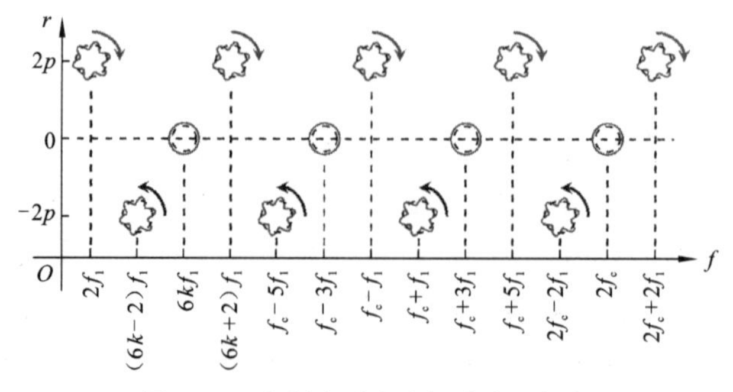

图 2.2.2　高频电磁力空间阶次和频率

3. 分析结果验证

根据表 2.2.1，12 槽 10 极分数槽集中绕组电机空载条件下的电磁力谐波理论分析结果（空间阶次在 20 以内）如表 2.2.2 所示，负载时采用三相绕组和六相绕组对应的气隙电磁力谐波理论分析结果分别如表 2.2.3 和表 2.2.4 所示。负载时相对于空载时增加的谐波次数用粗体标识，可见正弦电流条件下引入了新的电磁力空间阶次，但并未引入新的电磁力频率。

表 2.2.2　12 槽 10 极分数槽集中绕组电机空载电磁力谐波

磁导谐波	永磁体磁动势谐波			
	0	2	4	6
−2		⟨−14,2⟩	⟨−4,4⟩	⟨+6,6⟩
−1	⟨−12,0⟩	⟨−2,2⟩	⟨+8,4⟩	⟨+18,6⟩
0	⟨0,0⟩	⟨+10,2⟩	⟨+20,4⟩	
1	⟨+12,0⟩			

表 2.2.3　三相 12 槽 10 极分数槽集中绕组电机电枢电磁力谐波

磁导谐波	磁动势谐波					
	−2	4	−8	10	−14	16
−2		**⟨−20,2⟩**		⟨−14,2⟩		**⟨−8,2⟩**
−1	⟨−14,2⟩	**⟨−8,2⟩**	**⟨−20,2⟩**	⟨−2,2⟩		**⟨+4,2⟩**
0	⟨−2,2⟩	**⟨+4,2⟩**	**⟨−8,2⟩**	⟨+10,2⟩	⟨−14,2⟩	**⟨+16,2⟩**
1	⟨+10,2⟩	**⟨+16,2⟩**	**⟨+4,2⟩**	⟨−2,2⟩		
2			**⟨+16,2⟩**		⟨+10,2⟩	

表 2.2.4　六相 12 槽 10 极分数槽集中绕组电机电枢电磁力谐波

磁导谐波	磁动势谐波		
	−2	10	−14
−2		⟨−14,2⟩	
−1	⟨−14,2⟩	⟨−2,2⟩	
0	⟨−2,2⟩	⟨+10,2⟩	⟨−14,2⟩
1	⟨+10,2⟩	⟨−2,2⟩	
2			⟨+10,2⟩

12 槽 10 极分数槽集中绕组电机空载时的气隙电磁力时域波形和二维谐波分析如图 2.2.3 和图 2.2.4 所示，从谐波分析可以看出：气隙电磁力法向分量和切向分量具有完全相同的谐波成分，和理论分析一致；虽然切向磁通密度幅值相比法向磁通密度幅值较小，但是切向电磁力幅值和法向电磁力处于同一数量级水平，说明切向电磁力在振动中同样具有重要作用，不能简单地忽略。主要谐波阶次在图 2.2.4 中标出，对比表 2.2.2 可以看出，有限元法计算得出的电磁力谐波成分和理论分析结果一致，证明了理论分析结果的正确性与合理性。

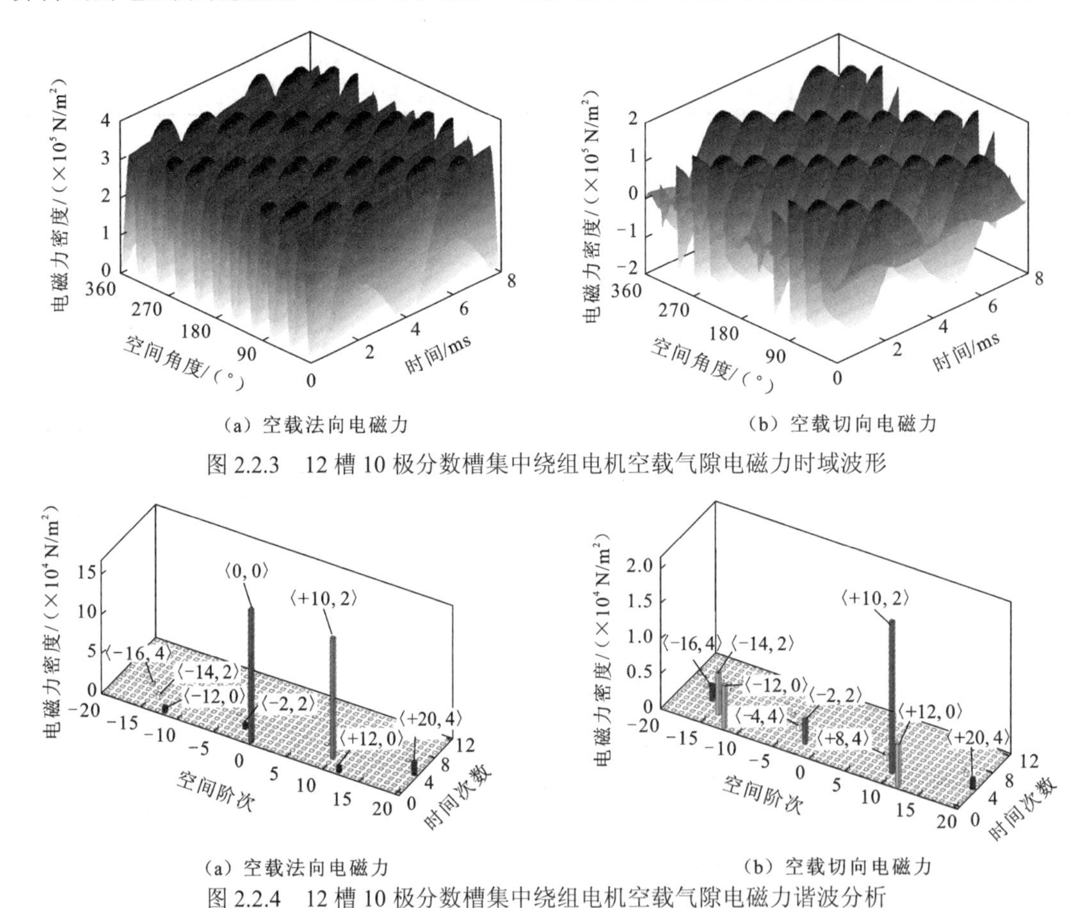

图 2.2.3 12 槽 10 极分数槽集中绕组电机空载气隙电磁力时域波形

图 2.2.4 12 槽 10 极分数槽集中绕组电机空载气隙电磁力谐波分析

负载时三相和六相绕组的气隙电磁力时域波形和谐波如图 2.2.5～图 2.2.8 所示，和空载类似，法向分量和切向分量具有完全相同的谐波成分，切向电磁力在某些谐波处甚至比法向电磁力幅值更大，进一步说明在电机电磁振动分析中不能忽略切向电磁力的影响。有限元法计算所得的两种绕组负载时电磁力的谐波成分和理论分析一致，相比于空载增加的成分也和表 2.2.3 中理论分析结果一致。此外，可以明显看到六相绕组的电磁力谐波成分要少于三相绕组。

对于 36 槽 6 极整数槽绕组电机，空载时和负载时采用三相和六相绕组的气隙电磁力谐波理论分析结果如表 2.2.5～表 2.2.7 所示，可以发现相比于分数槽集中绕组电机，整数槽绕组电机电磁力谐波成分更少，非零最低空间阶次为极数，而 12 槽 10 极分数槽集中绕组电机电磁力非零最低空间阶次为 2。空载和负载条件下有限元法计算所得的气隙电磁力

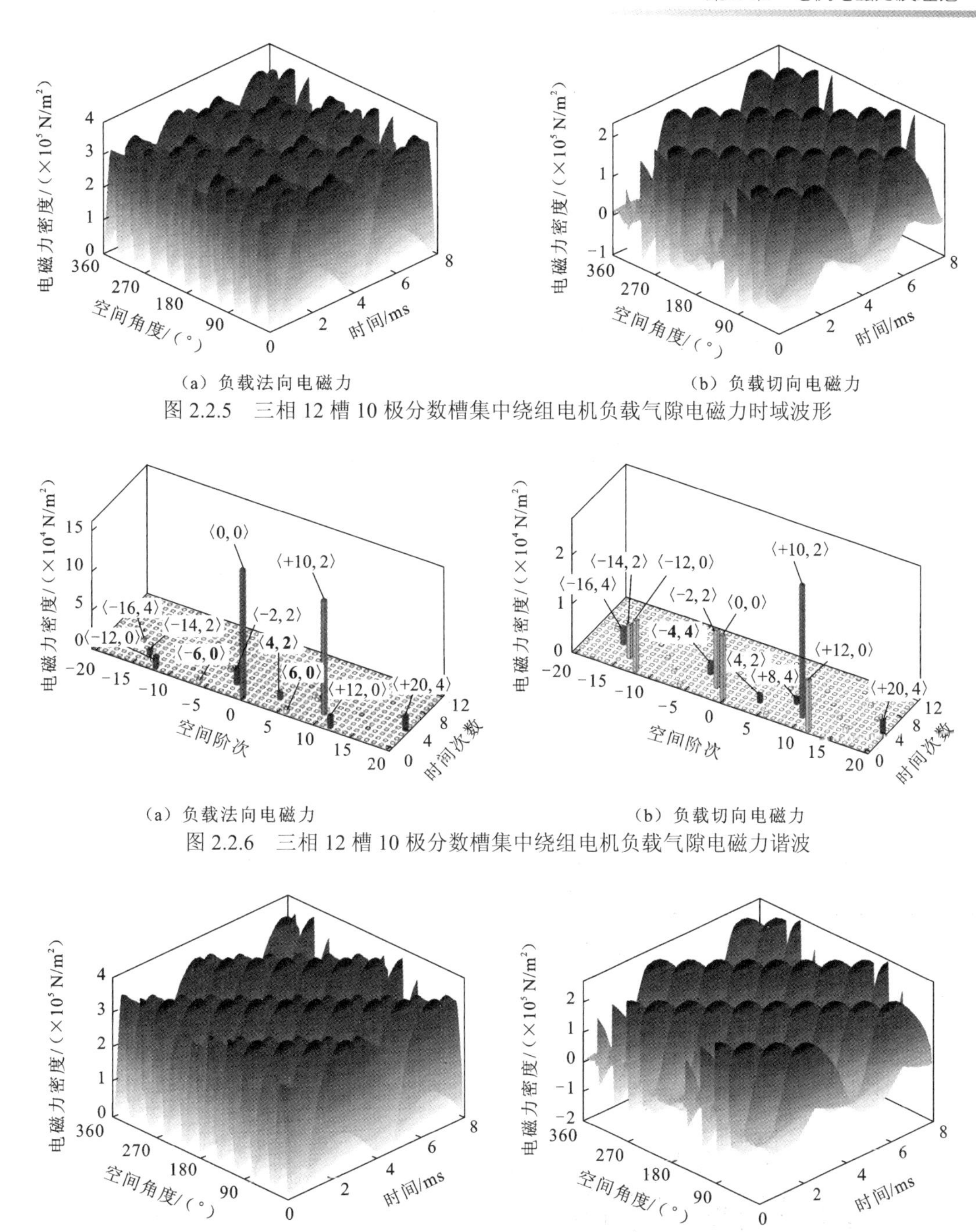

图 2.2.5　三相 12 槽 10 极分数槽集中绕组电机负载气隙电磁力时域波形

图 2.2.6　三相 12 槽 10 极分数槽集中绕组电机负载气隙电磁力谐波

图 2.2.7　六相 12 槽 10 极分数槽集中绕组电机负载气隙电磁力时域波形

的时域波形和谐波分析如图 2.2.9～图 2.2.14 所示，有限元法计算得出的电磁力谐波次数均可以在表 2.2.6 和表 2.2.7 中找到，证明了理论分析的正确性。此外可以看到，无论是六相绕组还是三相绕组，整数槽电机的电磁力谐波要明显少于分数槽集中绕组电机的电磁力谐波，而六相绕组电机的电磁力谐波也要少于三相绕组电机的电磁力谐波。

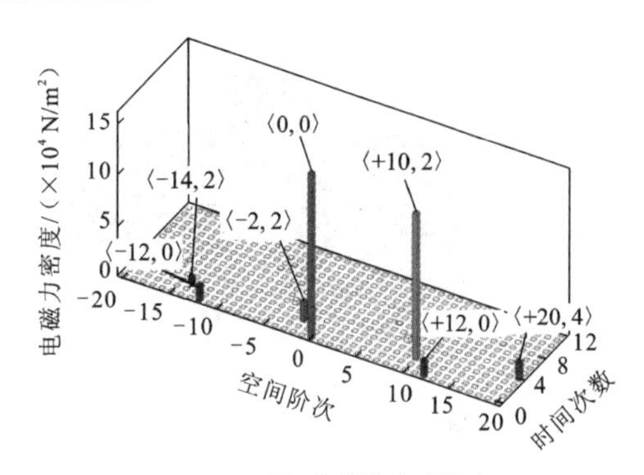

(a) 负载法向电磁力

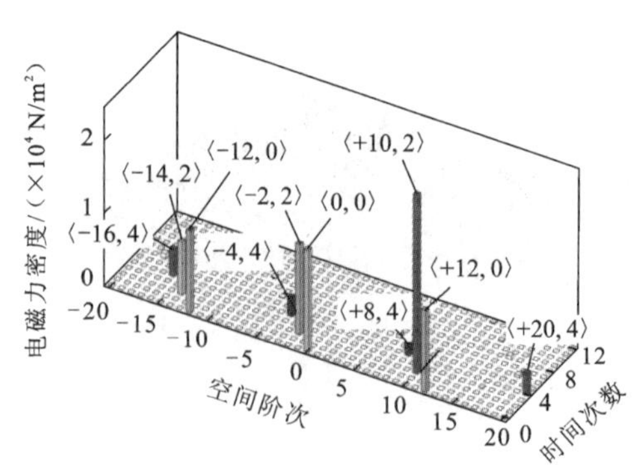

(b) 负载切向电磁力

图 2.2.8　六相 12 槽 10 极分数槽集中绕组电机负载气隙电磁力谐波

表 2.2.5　36 槽 6 极整数槽绕组电机空载电磁力谐波

磁导谐波	永磁体磁动势谐波					
	0	2	4	6	8	10
−1				⟨−18,6⟩	⟨−12,8⟩	⟨−6,10⟩
0	⟨0, 0⟩	⟨+6,2⟩	⟨+12,4⟩	⟨−18,6⟩		

表 2.2.6　三相 36 槽 6 极整数槽绕组电机负载电磁力谐波

磁导谐波	磁动势谐波					
	6	−12	24	−30	42	−48
−1			⟨−12,2⟩		⟨+6,2⟩	
0	⟨+6,2⟩	⟨−12,2⟩				
1				⟨+6,2⟩		

表 2.2.7　六相 36 槽 6 极整数槽绕组电机负载电磁力谐波

磁导谐波	磁动势谐波		
	6	−30	42
−1			⟨+6,2⟩
0	⟨+6,2⟩		
1		⟨+6,2⟩	

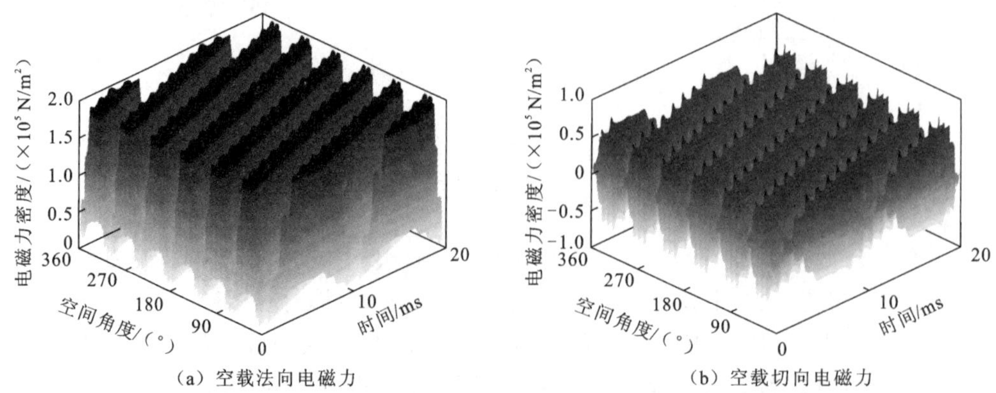

(a) 空载法向电磁力　　(b) 空载切向电磁力

图 2.2.9　36 槽 6 极整数槽绕组电机空载气隙电磁力时域波形

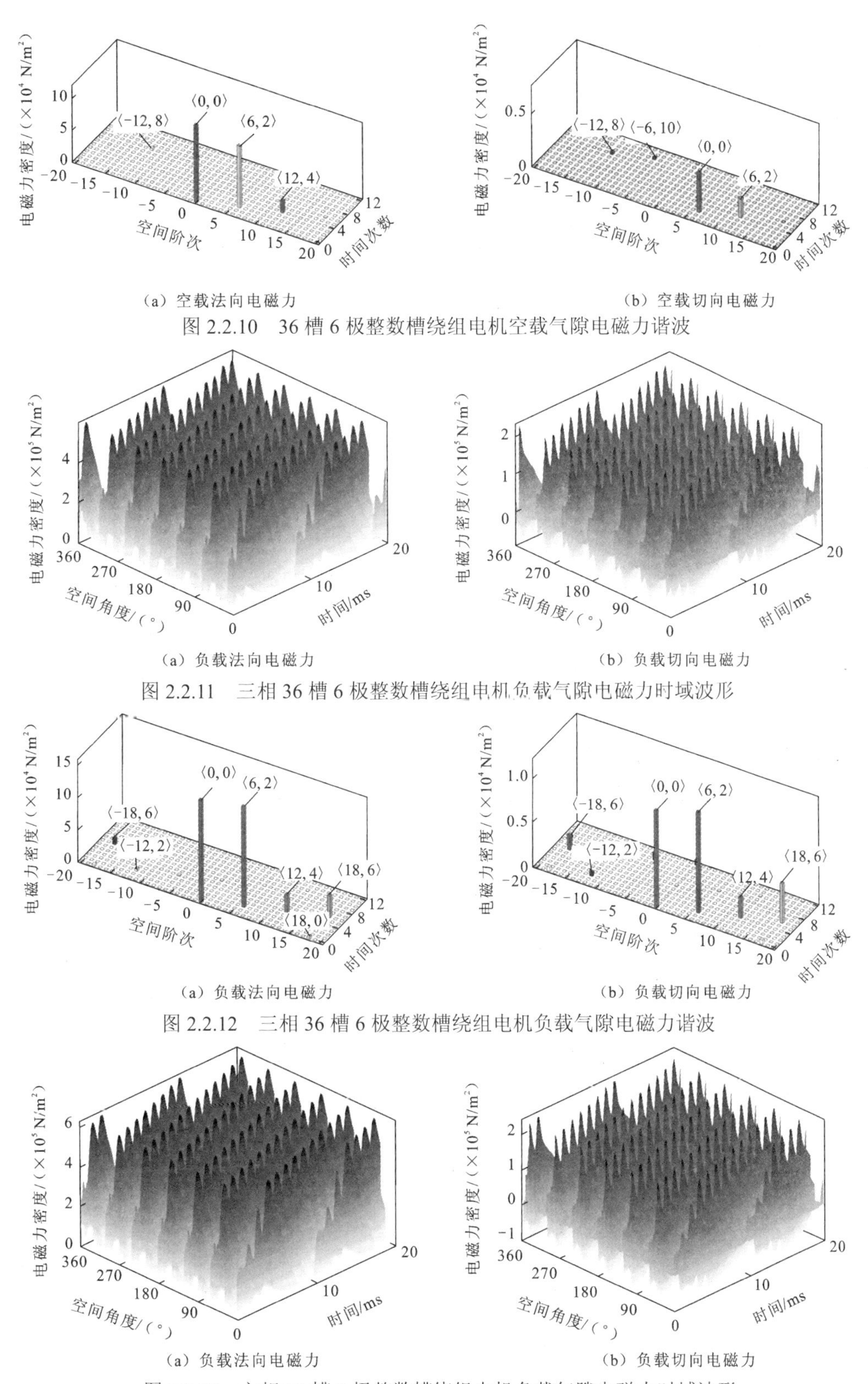

(a) 空载法向电磁力　　(b) 空载切向电磁力

图 2.2.10　36 槽 6 极整数槽绕组电机空载气隙电磁力谐波

(a) 负载法向电磁力　　(b) 负载切向电磁力

图 2.2.11　三相 36 槽 6 极整数槽绕组电机负载气隙电磁力时域波形

(a) 负载法向电磁力　　(b) 负载切向电磁力

图 2.2.12　三相 36 槽 6 极整数槽绕组电机负载气隙电磁力谐波

(a) 负载法向电磁力　　(b) 负载切向电磁力

图 2.2.13　六相 36 槽 6 极整数槽绕组电机负载气隙电磁力时域波形

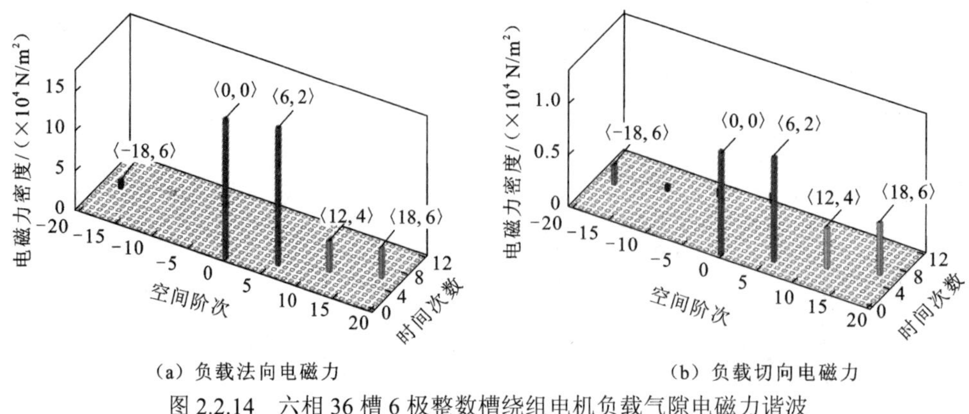

(a) 负载法向电磁力　　(b) 负载切向电磁力

图 2.2.14　六相 36 槽 6 极整数槽绕组电机负载气隙电磁力谐波

2.2.3　偏心下电磁力谐波

转子偏心将导致电机气隙不均匀，从而引起额外的不平衡电磁力，如图 2.2.15 所示。根据转子偏心后的旋转中心不同，转子偏心可以分为静态偏心和动态偏心。静态偏心的旋转中心为偏心后的转子中心，其最小气隙位置保持不变；而动态偏心的旋转中心仍为定子中心，其最小气隙位置随转子旋转发生改变。转子偏心条件下的气隙长度可以用下式表示：

$$g_{ec}=g-e_{s,d}\cos(\theta_s-\omega_{ec}t)=g[1-\varepsilon\cos(\theta_s-\omega_{ec}t)] \tag{2.2.17}$$

式中：g_{ec} 为偏心后的气隙长度；g 为正常状态下的气隙长度；$e_{s,d}$ 为静态偏心或动态偏心下的偏心距离；ω_{ec} 为气隙最小处变化的角频率，静态偏心时 $\omega_{ec}=0$，动态偏心时为转子机械旋转频率；$\varepsilon=e_{s,d}/g$ 为偏心率。

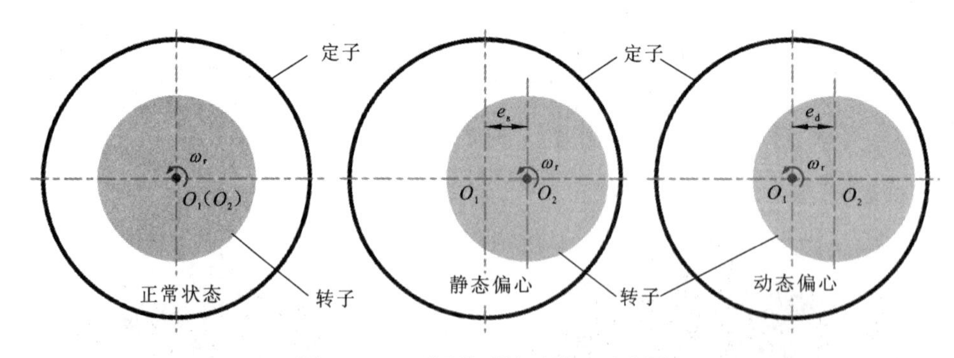

图 2.2.15　不同类型转子偏心示意图

偏心情况下的气隙磁导修正系数为

$$\begin{aligned}\lambda_{ec}(\theta_s)&\approx\frac{1}{\sqrt{1-\varepsilon^2}}+\frac{2}{\sqrt{1-\varepsilon^2}}\frac{1-\sqrt{1-\varepsilon^2}}{\varepsilon}\cos(\theta_s-\omega_{ec}t)\\&=a+b\cos(\theta_s-\omega_{ec}t)\end{aligned} \tag{2.2.18}$$

偏心引入的电磁力则可以根据下式计算：

$$\sigma_{n\_ec}=\frac{B_{n\_ec}^2-B_{t\_ec}^2}{2\mu_0}=\frac{(B_n\lambda_{ec})^2-(B_t\lambda_{ec})^2}{2\mu_0}=\frac{B_n^2-B_t^2}{2\mu_0}\cdot\lambda_{ec}^2=\sigma_n\cdot\lambda_{ec}^2 \tag{2.2.19}$$

$$\sigma_{t\_ec}=\frac{B_{n\_ec}B_{t\_ec}}{\mu_0}=\frac{B_nB_t}{\mu_0}\cdot\lambda_{ec}^2=\sigma_t\cdot\lambda_{ec}^2 \tag{2.2.20}$$

式中：σ_n、σ_t和σ_{n_ec}、σ_{t_ec}分别为正常状态和偏心条件下的法向和切向电磁力密度；B_n、B_t和B_{n_ec}、B_{t_ec}分别为正常状态和偏心条件下的法向和切向气隙磁通密度。从式（2.2.19）和式（2.2.20）可以看出，偏心条件下法向和切向电磁力密度均为正常状态下电磁力密度和磁导修正系数平方的乘积，且具有相同的谐波成分，因此在后续分析偏心引入的电磁力的具体阶次和频率时将只分析法向电磁力密度。

根据表2.2.1，电磁力密度具有如下所示的统一形式：

$$\sigma_n(\theta_s,t)=\left|\sigma_{n,uv}\right|\sum_v\sum_u\cos(v\theta_s-\omega_u t+\varphi_{uv}) \tag{2.2.21}$$

$$\sigma_t(\theta_s,t)=\left|\sigma_{t,uv}\right|\sum_v\sum_u\sin(v\theta_s-\omega_u t+\varphi_{uv}) \tag{2.2.22}$$

将式（2.2.18）、式（2.2.21）和式（2.2.22）代入式（2.2.19）和式（2.2.20）有

$$\begin{aligned}\sigma_{n\_ec}&=\sigma_n\cdot\lambda_{ec}^2=\left|\sigma_{n,uv}\right|\sum_v\sum_u\cos(v\theta_s-\omega_u t+\varphi_{uv})[a+b\cos(\theta_s-\omega_{ec}t)]^2\\&=\left(a^2+\frac{1}{2b^2}\right)\left|\sigma_{n,uv}\right|\sum_v\sum_u\cos(v\theta_s-\omega_u t+\varphi_{uv})\\&\quad+ab\left|\sigma_{n,uv}\right|\sum_v\sum_u\cos[(v\pm1)\theta_s-(\omega_u\pm\omega_{ec})t+\varphi_{uv}]\\&\quad+\frac{1}{4b^2}\left|\sigma_{n,uv}\right|\sum_v\sum_u\cos[(v\pm2)\theta_s-(\omega_u\pm2\omega_{ec})t+\varphi_{uv}]\end{aligned} \tag{2.2.23}$$

从式（2.2.23）可以看出，偏心引入的电磁力具有以下特点：

（1）与正常工况相比，偏心引入的磁通密度谐波之间相互作用产生的电磁力波阶次、频率的变化量分别为±2和$\pm2\omega_{ec}$，偏心引入的磁通密度谐波和正常情况下的磁通密度谐波相互作用产生的电磁力波阶次、频率变化量分别为±1和$\pm\omega_{ec}$。

（2）发生静态偏心时，会在正常状态下的电磁力波上引入阶次偏移量为±1和±2的电磁力波阶次，但不会引入新的频率成分；发生动态偏心时，不仅引入了新的电磁力阶次，而且会在正常状态电磁力频率附近引入间隔为1倍或2倍转子机械旋转频率的电磁力波。

2.3　齿槽结构对气隙电磁力的影响

2.3.1　定子齿电磁力计算

传统基于圆柱模型的理论认为电磁力阶次越高对电机振动的影响越小，如式（1.2.5）～式（1.2.7），变形量与电磁力的阶次的4次方成反比，4阶电磁力产生的振动变形与2阶电磁力产生的振动变形的比值为

$$\frac{Y_{4,f}^{s}}{Y_{2,f}^{s}}=\frac{(2^2-1)^2}{(4^2-1)^2}\frac{\sigma_{4,f}}{\sigma_{2,f}}=\frac{1}{25}\frac{\sigma_{4,f}}{\sigma_{2,f}} \tag{2.3.1}$$

式中：$Y_{4,f}^{s}$ 是阶次为 4、频率为 f 的电磁力作用下的静态变形；$Y_{2,f}^{s}$ 是阶次为 2、频率为 f 的电磁力作用下的静态变形；$\sigma_{4,f}$ 是阶次为 4、频率为 f 的电磁力密度；$\sigma_{2,f}$ 是阶次为 2、频率为 f 的电磁力密度。

通常情况下，同频率电磁力的幅值随着阶次的增加而减小，因此，4 阶电磁力产生的振动最高仅为 2 阶电磁力的 1/25。但该理论模型存在以下问题：

（1）该模型基于圆柱模型，并未考虑实际电机齿槽结构的影响；

（2）分析中采用的是气隙中心处的电磁力密度，而实际上电机的振动是由定子齿表面所受的电磁力引起的；

（3）气隙中的电磁力密度在空间上是连续的电磁力波，但定子齿上的电磁力在空间上并不连续，因此气隙电磁力和定子齿电磁力的谐波特征存在差异。

基于以上分析，采用圆柱模型和气隙电磁力来分析不同阶次电磁力对电机振动的影响存在局限，而直接忽略阶次较高的气隙电磁力也会引起振动计算与分析误差。因此本小节将研究定子齿槽结构对气隙电磁力的影响，并在此基础上分析定子齿电磁力的阶次和频率特征。

定子齿表面电磁力呈不均匀分布，为便于分析，首先基于力系等效变换的原理，将定子齿表面不均匀分布的电磁力等效为集中于定子齿中心的集中电磁力，如图 2.3.1 所示。为保证不均匀分布电磁力等效为集中电磁力后对定子齿的力学效果与等效前完全相同，除等效的法向和切向集中电磁力以外，还会附加一个等效的力矩。虽然将定子齿表面的不均匀分布电磁力等效为一个集中电磁力改变了定子齿电磁力的表现形式，但在力的等效过程中已经保证集中力和不均匀分布力对定子的力学效果完全相同；实际定子齿面上分布电磁力的不连续现象并未因为等效为集中力而发生改变，且不均匀分布力和集中力在整个圆周的间断次数都等于槽数。因此，采用集中力进行研究不会影响分析的结论，而且可以大大简化分析过程。

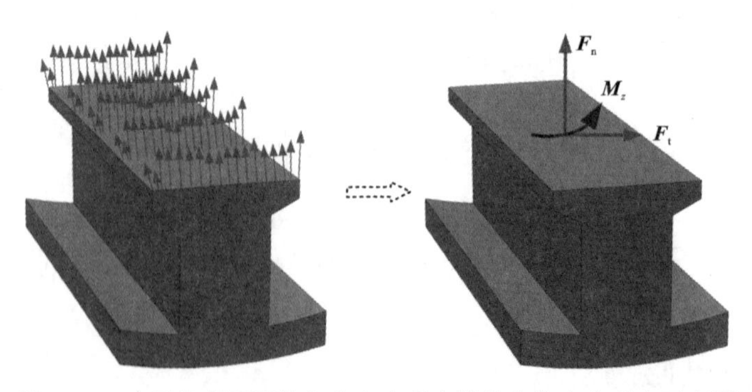

图 2.3.1　定子齿表面不均匀分布电磁力等效为集中电磁力示意图

集中电磁力的等效原理如图 2.3.2 所示，集中电磁力计算中的具体尺寸参数定义如图 2.3.3 所示。齿部中心的合力、合力矩的具体表达式为

$$\begin{aligned} F_{\mathrm{n}} &= L_{\mathrm{stk}}\int_{\theta_z-\Delta\theta/2}^{\theta_z+\Delta\theta/2}\mathrm{d}F_{\mathrm{n}}\cos(\theta_z-\theta_{\mathrm{s}})+\mathrm{d}F_{\mathrm{t}}\sin(\theta_z-\theta_{\mathrm{s}}) \\ &= L_{\mathrm{stk}}R_{\mathrm{si}}\int_{\theta_z-\Delta\theta/2}^{\theta_z+\Delta\theta/2}[\sigma_{\mathrm{n}}\cos(\theta_z-\theta_{\mathrm{s}})+\sigma_{\mathrm{t}}\sin(\theta_z-\theta_{\mathrm{s}})]\mathrm{d}\theta_{\mathrm{s}} \end{aligned} \tag{2.3.2}$$

$$\begin{aligned} F_{\mathrm{t}} &= L_{\mathrm{stk}}\int_{\theta_z-\Delta\theta/2}^{\theta_z+\Delta\theta/2}\mathrm{d}F_{\mathrm{t}}\cos(\theta_z-\theta_{\mathrm{s}})-\mathrm{d}F_{\mathrm{n}}\sin(\theta_z-\theta_{\mathrm{s}}) \\ &= L_{\mathrm{stk}}R_{\mathrm{si}}\int_{\theta_z-\Delta\theta/2}^{\theta_z+\Delta\theta/2}[\sigma_{\mathrm{t}}\cos(\theta_z-\theta_{\mathrm{s}})+\sigma_{\mathrm{n}}\sin(\theta_z-\theta_{\mathrm{s}})]\mathrm{d}\theta_{\mathrm{s}} \end{aligned} \tag{2.3.3}$$

$$M_z = L_{\mathrm{stk}}\int_{\theta_z-\Delta\theta/2}^{\theta_z+\Delta\theta/2}\mathrm{d}M_z = L_{\mathrm{stk}}R_{\mathrm{si}}^2\int_{\theta_z-\Delta\theta/2}^{\theta_z+\Delta\theta/2}[\sigma_{\mathrm{n}}\sin(\theta_z-\theta_{\mathrm{s}})-\sigma_{\mathrm{t}}\cos(\theta_z-\theta_{\mathrm{s}})]\mathrm{d}\theta_{\mathrm{s}} \tag{2.3.4}$$

式中：F_{n}，F_{t} 和 M_z 分别为集中法向电磁力、切向电磁力和合力矩；L_{stk} 为定子铁心长度；R_{si} 为定子内径；θ_z 为第 z 个齿的位置角度。

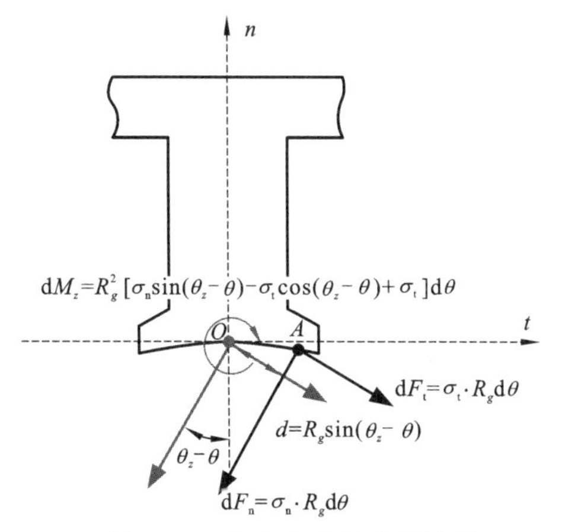

图 2.3.2 集中电磁力的等效原理

R_g 为气隙半径

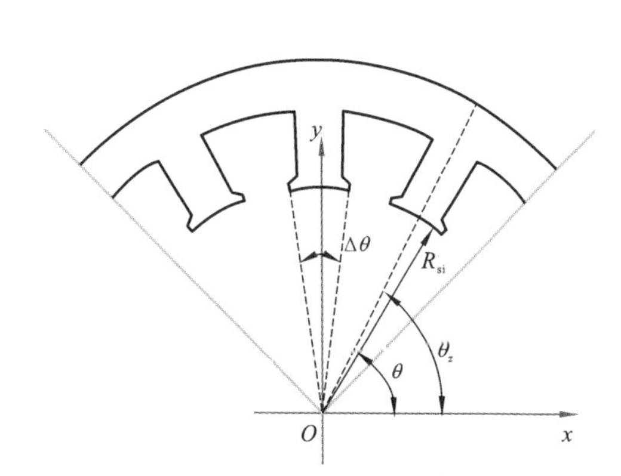

图 2.3.3 集中电磁力计算尺寸参数定义

2.3.2 定子齿电磁力谐波特性

根据 2.2 节中的计算，将式（2.2.21）和式（2.2.22）代入式（2.3.2）～式（2.3.4），可得集中电磁力的各个分量分别为

$$F_{\mathrm{n}}(z,t)=\sum_{v=0}^{+\infty}\sum_{u}\frac{2R_{\mathrm{si}}L_{\mathrm{stk}}\,|\sigma_{\mathrm{n},uv}|}{v+1}\sin\frac{(v+1)\Delta\theta}{2}\cos\left(z\cdot\frac{2\pi v}{Q_{\mathrm{s}}}-\omega_u t+\varphi_{uv}\right) \tag{2.3.5}$$

$$F_{\mathrm{t}}(z,t)=\sum_{v=0}^{+\infty}\sum_{u}\frac{2R_{\mathrm{si}}L_{\mathrm{stk}}\,|\sigma_{\mathrm{t},uv}|}{v+1}\sin\frac{(v+1)\Delta\theta}{2}\cos\left(z\cdot\frac{2\pi v}{Q_{\mathrm{s}}}-\omega_u t+\varphi_{uv}\right) \tag{2.3.6}$$

$$M_z(z,t)=\sum_{v=0}^{+\infty}\sum_{u}2R_{\mathrm{si}}^2L_{\mathrm{stk}}\left|\sigma_{\mathrm{t},uv}\right|\left[\frac{2}{v}\sin\frac{v\Delta\theta}{2}-\frac{1}{v+1}\sin\frac{(v+1)\Delta\theta}{2}\right]\sin\left(z\cdot\frac{2\pi v}{Q_{\mathrm{s}}}-\omega_u t+\varphi_{uv}\right) \tag{2.3.7}$$

可以看出，集中力的各分量之间具有完全相同的谐波特性，这点和气隙电磁力的特点是一致的，但和气隙电磁力明显的区别在于，位置变量由空间角度 θ_z 变为定子齿的位置 z，其中 $z\in[1,Q_{\mathrm{s}}]$，电磁力的空间阶次发生变化，但是其时间频率和气隙电磁力一致。为分析电磁

力的谐波特性，一般采用二维离散数据的傅里叶变换，在之前分析中已经得出定子齿槽结构只改变电磁力的空间阶次并不改变电磁力的频率的结论，所以在这里使用一维的离散傅里叶变换对集中电磁力的空间阶次进行分析。一维离散傅里叶变换的标准表达式如下：

$$X_k=\frac{1}{N}\sum_{n=0}^{N-1}x(n)\mathrm{e}^{-\mathrm{j}\frac{2\pi nk}{N}} \tag{2.3.8}$$

$$x(n)=\sum_k\left|X_k\right|\cos\left(k\frac{2\pi n}{N}\right) \tag{2.3.9}$$

式中：X_k 为经傅里叶变换后信号的频域数据，k 为变换后的谐波阶次；$x(n)$ 为离散信号的时域数据，其数据点数为 N。

对于集中的法向电磁力，将式（2.3.5）代入式（2.3.8）替换 $x(n)$，得到其傅里叶变换为

$$\begin{aligned}F_{\mathrm{n},k}&=\frac{1}{Q_{\mathrm{s}}}\sum_{z=0}^{Q_{\mathrm{s}}-1}F_{\mathrm{n}}(z,t)\cos\left(k\cdot\frac{2\pi z}{Q_{\mathrm{s}}}\right)\\&=\sum_{z=0}^{Q_{\mathrm{s}}-1}\sum_{v=0}^{+\infty}\sum_{u}A_{\mathrm{n},uv}\cos\left(v\cdot\frac{2\pi z}{Q_{\mathrm{s}}}-\omega_u t+\varphi_{uv}\right)\cos\left(k\cdot\frac{2\pi z}{Q_{\mathrm{s}}}\right)\\&=\sum_{z=0}^{Q_{\mathrm{s}}-1}\sum_{v=0}^{+\infty}\sum_{u}A_{\mathrm{n},uv}\cos\left[(v\pm k)\frac{2\pi z}{Q_{\mathrm{s}}}-\omega_u t+\varphi_{uv}\right]\\&=\sum_{v=0}^{+\infty}\sum_{u}A_{\mathrm{n},uv}\frac{\sin(v\pm k)\pi}{\sin[(v\pm k)\pi/Q_{\mathrm{s}}]}\cos(\omega_u t-\varphi_{uv})\end{aligned} \tag{2.3.10}$$

$$A_{\mathrm{n},uv}=\frac{2R_{\mathrm{si}}L_{\mathrm{stk}}\,|\sigma_{\mathrm{n},uv}|}{v+1}\sin\frac{(v+1)\Delta\theta}{2} \tag{2.3.11}$$

由式(2.3.10)和式(2.3.11)可知，只有当 $\sin[(v\pm k)\pi/Q_{\mathrm{s}}]=0$，即 $k=v\pm mQ_{\mathrm{s}},m\in\mathbb{N}$ 时，经傅里叶变换后的谐波才不为零。由于定子齿的个数是有限的，集中电磁力的空间采样频率最大只能为定子齿数 Q_{s}，根据采样定理，傅里叶变换的最大分析频率为采样频率的一半，即 $|k|=|v\pm mQ_{\mathrm{s}}|\leqslant Q_{\mathrm{s}}/2$。

将集中法向电磁力写为如式（2.3.9）时域傅里叶级数的形式为

$$\begin{aligned}F_{\mathrm{n}}(z,t)=&\sum_{|k|=0}^{Q_{\mathrm{s}}/2}\sum_{v=0}^{+\infty}\sum_{u}\frac{2R_{\mathrm{si}}L_{\mathrm{stk}}\,|\sigma_{\mathrm{n},uv}|}{v+1}\sin\frac{(v+1)\Delta\theta}{2}\\&\cdot\cos\left(k\frac{2\pi}{Q_{\mathrm{s}}}z-\omega_u t+\varphi_{uv}\right),\quad k=v-mQ_{\mathrm{s}},m\in\mathbb{Z},z\in[1,Q_{\mathrm{s}}]\end{aligned} \tag{2.3.12}$$

式中：将 m 从自然数扩展到整数后，集中电磁力空间阶次简化为 $k=v-mQ_{\mathrm{s}}$，当 $k>0$ 时，代表该阶次的集中电磁力波与相应的空间阶次为 v 的气隙电磁力转向相同，反之则相反。通过之前的分析可知，集中切向电磁力和合力矩与法向力具有相同的谐波特性，在此不再赘述。

以上分析结论表明空间阶次 v 的气隙电磁力传递到定子齿上后，电磁力空间阶次由 v 变为 $v-mQ_{\mathrm{s}}$，但电磁力的频率不变。这意味着某些高阶的气隙电磁力传递到定子齿上后会呈现出低阶特性，从而引起较大的振动。

2.3.3　气隙与定子齿间的电磁力传递

本小节将对气隙与定子齿间电磁力的传递机理进行分析。文献[73]针对分数槽集中绕组电机从采样定理角度阐述了定子齿对气隙电磁力的调制作用，但只针对出现的现象进行了定性的分析和仿真验证，并未进行严格的数学证明。接下来将从采样的角度来解释齿槽结构对气隙电磁力空间阶次的影响。气隙电磁力到定子齿电磁力的传递可以看作定子齿对气隙电磁力的采样过程，如图 2.3.4 所示，采样信号可以看作周期为定子齿距 α_t、宽度为 $\Delta\theta$ 的矩形脉冲序列。由于电机定子槽数有限，采样函数为有限脉冲序列，为简化分析，采用周期延拓的方式将采样函数拓展为无限脉冲序列，具体数学表达式为

$$s(\theta_s)=\sum_{z=-\infty}^{+\infty}\delta\left(\theta_s - z\frac{2\pi}{Q_s}\right),\quad \theta_s\in\left[-\frac{\Delta\theta}{2},\frac{\Delta\theta}{2}\right] \tag{2.3.13}$$

式中：$\delta(x)$ 为单位冲激函数，其定义为

$$\delta(x)=\begin{cases}1, & x=0\\ 0, & x\neq 0\end{cases} \tag{2.3.14}$$

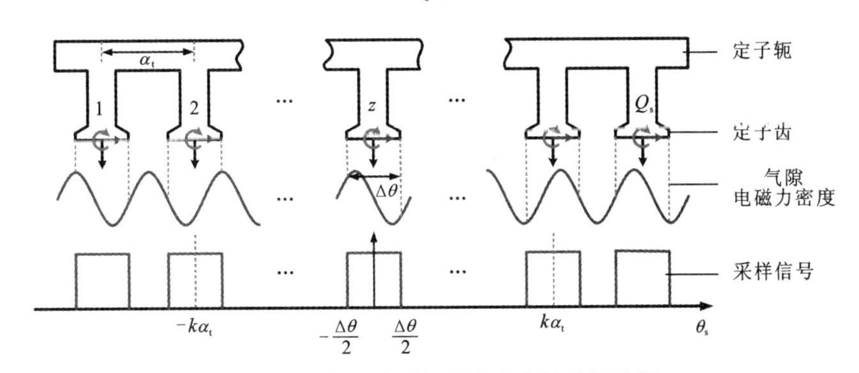

图 2.3.4　定子齿对气隙电磁力的采样过程

原始信号为气隙中电磁力密度 $\sigma_{n,\nu}(\theta_s)$，经周期性的矩形脉冲采样后输出的信号为

$$F_n(\theta_s)=\sigma_{n,\nu}(\theta_s)\cdot s(\theta_s) \tag{2.3.15}$$

式中：$F_n(\theta_s)$ 为气隙电磁力密度经定子齿采样后的电磁力。对式（2.3.15）做傅里叶变换，并根据频域卷积定理有

$$\begin{aligned}F_{n,k}&=\mathcal{F}[F_n(\theta_s)]=\mathcal{F}[\sigma_{n,\nu}(\theta_s)\cdot s(\theta_s)]=\frac{1}{2\pi}\mathcal{F}[\sigma_{n,\nu}(\theta_s)]*\mathcal{F}[s(\theta_s)]\\&=\frac{1}{2\pi}\mathcal{F}[\sigma_{n,\nu}(\theta_s)]*\left[2\pi\sum_{m=-\infty}^{+\infty}\frac{\Delta\theta}{\alpha_t}Sa\left(\frac{mQ_s\Delta\theta}{2}\right)\delta(\nu-mQ_s)\right]\\&=\mathcal{F}\left[\sigma_{n,\nu}\left(z\frac{2\pi}{Q_s}\right)\right]*\delta(\nu-mQ_s)=\frac{\Delta\theta}{\alpha_t}\sum_{m=-\infty}^{+\infty}Sa\left(\frac{mQ_s\Delta\theta}{2}\right)\sigma_{n,\nu}(\nu-mQ_s)\end{aligned} \tag{2.3.16}$$

式中：$\mathcal{F}[f(x)]$ 代表函数 $f(x)$ 的傅里叶变换；$*$代表卷积；$Sa(x)=\dfrac{\sin x}{x}$ 为抽样函数。由

式（2.3.16）可知，原始信号经矩形脉冲序列采样后的频率为 $v-mQ_s$。根据采样定理[108]，对于一个有限带宽的模拟信号 $x_a(t)$，其频谱的最高频率为 f_{max}，对 $x_a(t)$ 采样时，若保证采样频率 $f_s > 2f_{max}$，则可由采样信号完全恢复出原始模拟信号。也就是当采样频率小于等于原始信号最大频率的 2 倍时，采样信号相比原始信号会发生混叠。因此 m 的取值应满足下式：

$$m = \mathrm{Int}\left(\frac{v}{Q_s}+0.5\right)\&\left|v-mQ_s\right| \leqslant \frac{Q_s}{2} \tag{2.3.17}$$

式中：Int 表示取整操作，即只保留小数点前面的整数部分；&表示且，意味着需要同时满足其左、右两个条件。

当 $v<Q_s/2$，即采样频率大于原始信号频率的 2 倍时，$m=0$，$v-mQ_s=v$，经定子齿采样后的电磁力阶次与原始气隙电磁力空间阶次相同，气隙电磁力未发生空间阶次混叠；当 $v \geqslant Q_s/2$，即采样频率小于等于原始信号频率的 2 倍时，$m \geqslant 1$，经定子齿采样后的电磁力阶次为 $v-mQ_s$，气隙电磁力发生空间阶次混叠。

以上分析表明：由于定子齿不连续，气隙电磁力传递到定子齿后会发生空间阶次的混叠，从而导致气隙电磁力和定子齿电磁力的空间阶次不同。针对上述分析结果，使用图 2.1.6 所示电机来验证相关结论。对于 12 槽 10 极分数槽集中绕组电机，空间阶次为 2 和 10 的气隙电磁力和传递到定子齿上的集中电磁力沿定子圆周的空间分布如图 2.3.5 所示，其中空间阶次为 2 的气隙电磁力为非零解最低阶电磁力，阶次为 10 的气隙电磁力则为极数阶电磁力，幅值最大。从图 2.3.5 中可以看出：2 阶气隙电磁力阶次小于槽数的 1/2，传递到定子齿上后仍为 2 阶，空间阶次未发生改变；而 10 阶气隙电磁力阶次大于槽数的 1/2，传递到定子齿后空间阶次变为 2，且和原 10 阶气隙电磁力的旋转方向相反，和式（2.3.17）的理论分析结果一致。此外可以看到由 10 阶气隙电磁力等效而来的 2 阶集中电磁力比由 2 阶气隙电磁力等效而来的 2 阶集中电磁力幅值更大，因此 10 阶气隙电磁力同样会使定子产生较大的变形。

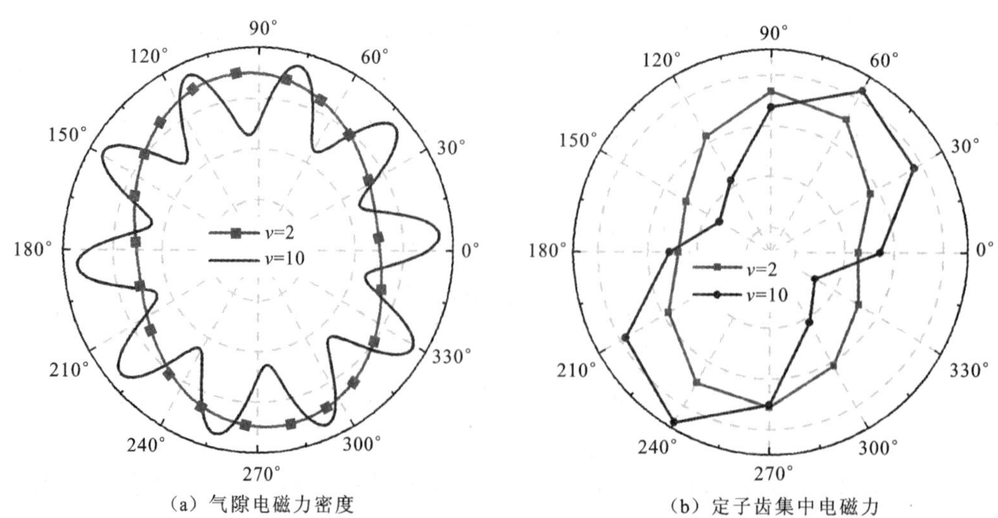

（a）气隙电磁力密度　（b）定子齿集中电磁力

图 2.3.5　12 槽 10 极分数槽集中绕组电机气隙电磁力密度和定子齿集中电磁力

对于 36 槽 6 极整数槽绕组电机，6 阶和 36 阶气隙电磁力和传递到定子齿后的集中电磁力沿圆周分布如图 2.3.6 所示，其中 6 阶气隙电磁力为非零最低阶次，同时也是极数阶，幅值最大。从图 2.3.6 中可以看出：6 阶气隙电磁力的阶次远小于槽数的 1/2，因此传递到定子齿后空间阶次仍为 6；而 36 阶电磁力空间阶次大于槽数的 1/2，传递到定子齿后空间阶次变为 0，和式（2.3.17）的结论一致。

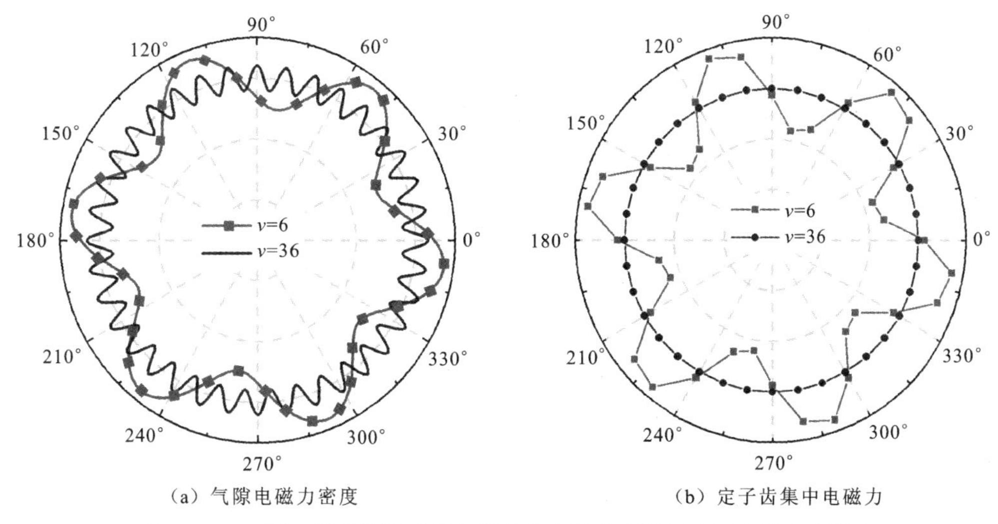

（a）气隙电磁力密度　　（b）定子齿集中电磁力

图 2.3.6　36 槽 6 极整数槽绕组电机气隙电磁力密度和定子齿集中电磁力

综上所述，对于任意有齿槽的电机，空间阶次为 v 的气隙电磁力传递到定子齿上后，电磁力空间阶次由 v 变为 $v-mQ_s$，但电磁力的频率不变。该现象说明高阶次的气隙电磁力传递到定子齿上后会变成低阶次的集中电磁力，从而产生较大振动。因此，高阶次的气隙电磁力同样可能对振动有较大影响，在振动计算与分析中不可忽略，使用定子齿集中力的加载方式可以提高振动分析与计算的准确性。研究定子齿槽结构对气隙电磁力的影响，为后续电磁振动计算中电磁激振力的计算与处理提供了理论基础。

2.4　0 阶电磁力

2.4.1　0 阶电磁力的产生机理

现有关于电磁力的研究主要关注的是空间阶次不为零的电磁力，对 0 阶电磁力的关注较少，主要原因有：①常规单工作点的伺服和工业电机的 0 阶固有频率较高，而 0 阶电磁力的频率较低，很难与 0 阶模态发生作用产生较大的振动噪声；②0 阶电磁力的幅值一般较小，且频率集中于低频段。因此对于传统的伺服和工业电机而言，0 阶电磁力对振动的影响可以忽略。但对具有宽调速范围的电机而言，0 阶模态更容易与 0 阶电磁力相互作用发生共振[36]，且高频电磁力的主要阶次为 0 阶和 $2p$ 阶，因此 0 阶的高频电磁力将会引起

高频振动和噪声。由式（1.2.5）和式（1.2.6）可得 0 阶电磁力引起的变形和其他电磁力引起的变形的比值为

$$\frac{Y_{0,f}^{\mathrm{s}}}{Y_{m,f}^{\mathrm{s}}}=\frac{h_{\mathrm{y}}^{2}}{12R_{\mathrm{y}}^{2}}\frac{\sigma_{0,f}}{\sigma_{m,f}}(m^{2}-1)^{2},\quad m\geqslant 2 \tag{2.4.1}$$

从式（2.4.1）可以看出，随着 m 的增加，0 阶电磁力引起的变形越来越显著。对于极数较高的整数槽电机，其非零最低阶电磁力为 $2p$ 阶，代入式（2.4.1）可得 0 阶电磁力产生的振动和 $2p$ 阶电磁力产生的振动比值为 $(4p^{2}-1)^{2}\sigma_{0,f}/\sigma_{2p,f}$。若槽极配合为 48 槽 8 极，该比值为 $3\,969\sigma_{0,f}/\sigma_{2p,f}$，可以看出 0 阶电磁力引起的振动非常显著。

从噪声方面考虑，基于圆柱模型可计算出不同阶次的电磁力作用下的声辐射效率，结果表明：0阶电磁力与2阶、4阶等低阶电磁力几乎有同等的声辐射效率，且在整个频率范围内声辐射效率都处于较高的水平，进一步说明了 0 阶电磁力在振动噪声中的重要性。基于以上分析，0 阶电磁力及 0 阶模态对整数槽电机振动噪声有着重要影响，因此有必要对 0 阶电磁力进行深入分析。

和其他电磁力一样，0 阶电磁力同样有法向分量和切向分量，但相比其他阶次的电磁力，0 阶电磁力的频率特征、作用方式以及引起的振动形式都有明显不同，是电磁力波中较为特殊的存在。其中 0 阶径向力波为空间驻波，会使定子铁心发生类似呼吸形式的内外收缩变形；而 0 阶切向力虽然和 0 阶径向力具有相同的阶次和频率特征，且同样为空间驻波，但 0 阶切向力主要引起定子齿的摆动与扭转变形，对径向变形的贡献很小。本节将首先分析 0 阶电磁力的频率特征，然后在此基础上研究 0 阶切向电磁力与电机转矩的关系。

2.4.2 0 阶电磁力的频率特征

由式（2.3.12）和（2.3.17）可知，0 阶电磁力的来源有两类：一类为气隙 0 阶电磁力，传递到定子齿后仍为 0 阶；另一类为空间阶次为槽数倍数的气隙电磁力，传递到定子齿后变为 0 阶。下面分别针对空载和负载情况进行具体分析。由于径向力波和切向力波具有相同的阶次和频率特征，本小节将只分析 0 阶径向力的频率特性。

1. 空载情况

由表 2.2.1 可知，空载时气隙电磁力的阶次和频率为

$$\begin{cases}\langle(\mu_1\pm\mu_2)p,(\mu_1\pm\mu_2)\omega_1\rangle & \text{(a)}\\ \langle(\mu_1\pm\mu_2)p+kQ_{\mathrm{s}},(\mu_1\pm\mu_2)\omega_1\rangle & \text{(b)}\end{cases} \tag{2.4.2}$$

其中(a)为永磁体磁动势之间相互作用，(b)为永磁体磁动势和气隙磁导相互作用。

当 $(\mu_1\pm\mu_2)p=0$ 时，空载气隙电磁力可表示为 $\langle 0,0\rangle$ 和 $\langle kQ_{\mathrm{s}},0\rangle$，此时电磁力频率为 0，为静态力，不会引起电机的振动。

当 $(\mu_1\pm\mu_2)p+kQ_{\mathrm{s}}=0$ 时，气隙电磁力可表示为 $\langle 0,kQ_{\mathrm{s}}/p\omega_1\rangle$ 和 $\langle kQ_{\mathrm{s}},kQ_{\mathrm{s}}/p\omega_1\rangle$，考虑到永磁体磁动势均为奇数次谐波，所以 $\mu_1\pm\mu_2=2c, c\in\mathbb{Z}$，进一步可得

$$c = -i\frac{Q_s}{2p} = -i\frac{Q_s / \mathrm{GCD}(Q_s, 2p)}{2p / \mathrm{GCD}(Q_s, 2p)} \tag{2.4.3}$$

可以看出，当且仅当 $i = k \cdot 2p / \mathrm{GCD}(Q_s, 2p)$ 时，c 才为整数，因此有

$$\mu_1 \pm \mu_2 = k\frac{2Q_s}{\mathrm{GCD}(Q_s, 2p)} = k\frac{\mathrm{LCM}(Q_s, 2p)}{p},\quad k \in \mathbb{Z} \tag{2.4.4}$$

此时空载气隙电磁力为 $\langle kQ_s, k \cdot \mathrm{LCM}(Q_s, 2p)\omega_{\mathrm{mec}}\rangle$ 和 $\langle 0, k \cdot \mathrm{LCM}(Q_s, 2p)\omega_{\mathrm{mec}}\rangle$，其中 ω_{mec} 为转子机械旋转频率。0 阶气隙电磁力传递到定子齿后仍为 0 阶，kQ_s 阶气隙电磁力传递到定子齿后阶次变为 $(k-m)Q_s$，当 $k=m$ 时同样会产生 0 阶电磁力。综上所述，空载情况下，定子齿上 0 阶电磁力有两类来源：一类是气隙 0 阶电磁力，另一类是气隙 kQ_s 阶电磁力。这两类 0 阶电磁力的幅值如下：

$$F_{v=mQ_s} = \frac{2R_{\mathrm{si}}L_{\mathrm{stk}}}{mQ_s+1}\sin\left[\frac{(mQ_s+1)\Delta\theta}{2}\right]\frac{f_{\mathrm{m}\mu_1}f_{\mathrm{m}\mu_2}\lambda_0^2}{4\mu_0} \tag{2.4.5}$$

$$F_{v=0} = 2R_{\mathrm{si}}L_{\mathrm{stk}}\sin\left(\frac{\Delta\theta}{2}\right)\frac{f_{\mathrm{m}\mu_1}f_{\mathrm{m}\mu_2}\lambda_0\lambda_k}{4\mu_0} \tag{2.4.6}$$

两类 0 阶电磁力的幅值比值为

$$\frac{F_{v=mQ_s}}{F_{v=0}} = \frac{\sin(mQ_s+1)\Delta\theta/2}{(mQ_s+1)\sin\Delta\theta/2}\frac{\lambda_0}{\lambda_k} = \frac{\sin[(mQ_s+1)/Q_s(1-b_{\mathrm{so}})\pi]}{(mQ_s+1)\sin[(1-b_{\mathrm{so}})\pi/Q_s]}\frac{\lambda_0}{\lambda_k} \tag{2.4.7}$$

式中：b_{so} 为槽开口系数。为简化计算，令 $m=1$，$k=1$，$b_{\mathrm{so}}=0.2$，该比值随槽数的变化曲线如图2.4.1所示，可以看出随着槽数的增加，空间阶次为 kQ_s 的气隙电磁力传递到定子齿后形成的 0 阶电磁力逐步大于由 0 阶气隙电磁力传递到定子齿产生的 0 阶电磁力，说明当槽数大于 32 后，kQ_s 阶气隙电磁力成为定子齿 0 阶电磁力的主要来源。

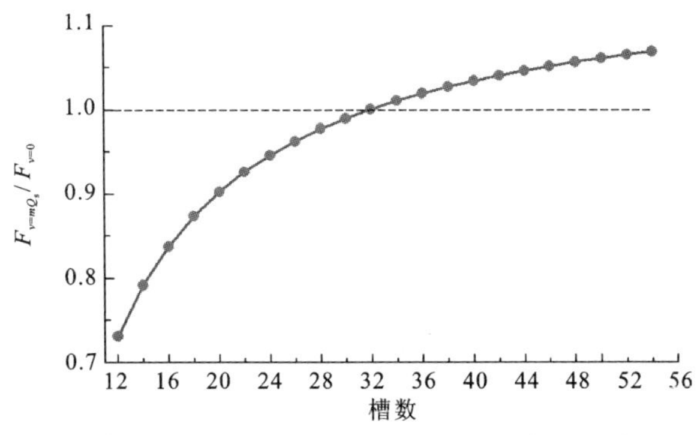

图 2.4.1 两类 0 阶电磁力的幅值比值随槽数的变化

2. 负载情况

负载情况和空载情况类似，定子齿上 0 阶电磁力的来源也有两类：一类是气隙 0 阶电磁力，另一类是气隙 kQ_s 阶电磁力。在之前的分析中已知高频电磁力以 0 阶和 $2p$ 阶为主要成分，因此定子齿上的 0 阶高频电磁力来源于气隙中的 0 阶高频电磁力，其频率为 $m\omega_{\mathrm{c}}+(n\pm1)\omega_1$。下面将重点分析中低频 0 阶定子齿电磁力。

根据表 2.2.1，负载情况下，电枢磁场、永磁体磁场及磁导相互作用产生的电磁力是气隙电磁力的主要成分，因此负载条件下中低频的主要气隙电磁力为

$$\begin{cases}\langle(v\pm\mu p),(n\pm\mu)\omega_1\rangle & \text{(a)}\\ \langle(v\pm\mu p)+iQ_s,(n\pm\mu)\omega_1\rangle & \text{(b)}\end{cases} \tag{2.4.8}$$

若 $v\pm\mu p=0$，结合式（2.1.11），有

$$n\pm\mu=\frac{km_0N_t}{p} \tag{2.4.9}$$

电机每极每相槽数可按下式计算：

$$q=\frac{Q_s}{2mp}=\frac{N}{d},\quad \mathrm{GCD}(N,d)=1 \tag{2.4.10}$$

式中：m 为电机的相数，注意与相带数 m_0 区别。可以证明，单元电机数 N_t 与每极每相槽数之间存在如下关系：

$$N_t=\frac{p}{d} \tag{2.4.11}$$

将式（2.4.11）代入式（2.4.9）有

$$\frac{n\pm\mu}{m_0}d=k,\quad k\in\mathbb{Z} \tag{2.4.12}$$

由式（2.4.10）可知，d 非 3 的倍数，且 $n\pm\mu$ 为偶数，因此有 $n\pm\mu=km_0$，对于三相电机有 $n\pm\mu=6k$，对于六相电机则有 $n\pm\mu=12k$。因此，当 $v\pm\mu p=0$ 时，中低频 0 阶气隙电磁力可表示为 $\langle 0,km_0\omega_1\rangle$，空间阶次为 iQ_s 的电磁力可表示为 $\langle iQ_s,km_0\omega_1\rangle$，这两类气隙电磁力传递到定子齿后均表现为 0 阶电磁力，频率为 $km_0\omega_1$。

若 $(v\pm\mu p)+iQ_s=0$，结合式（2.4.10）和式（2.1.11），可得

$$km_0+(n\pm\mu)d=-iQ_s/N_t \tag{2.4.13}$$

根据电机的对称性可知以下关系成立：

$$\frac{Q_s}{N_t}=\frac{Q_s}{\mathrm{GCD}(p,Q_s)}=k_1m_0 \tag{2.4.14}$$

将式（2.4.14）代入式（2.4.13），可得

$$\frac{n\pm\mu}{m_0}=-ik_1-k=k_2,\quad k_2\in\mathbb{Z} \tag{2.4.15}$$

可以看到所得式和式（2.4.12）类似，同样可得 $n\pm\mu=km_0$，0 阶气隙电磁力和 iQ_s 阶气隙电磁力的频率均为 $km_0\omega_1$，两类电磁力传递到定子齿后同样都表现为 0 阶电磁力，频率为 $km_0\omega_1$。因此，负载情况下定子齿上 0 阶电磁力无论其来源如何，其频率均为 $km_0\omega_1$。

综上所述，定子齿上 0 阶电磁力来源于气隙 0 阶电磁力和气隙 kQ_s 阶电磁力，其频率特征总结如表 2.4.1 所示。

表 2.4.1　定子齿上 0 阶电磁力频率及来源

	频率	来源（气隙电磁力密度）
空载	$k \cdot \mathrm{LCM}(Q_s, 2p)\omega_{\mathrm{mec}}$	$\langle 0, k \cdot \mathrm{LCM}(Q_s, 2p)\omega_{\mathrm{mec}} \rangle$
	$k \cdot \mathrm{LCM}(Q_s, 2p)\omega_{\mathrm{mec}}$	$\langle kQ_s, k \cdot \mathrm{LCM}(Q_s, 2p)\omega_{\mathrm{mec}} \rangle$
负载	$km_0\omega_1$	$\langle 0, km_0\omega_1 \rangle$
	$km_0\omega_1$	$\langle kQ_s, km_0\omega_1 \rangle$

2.4.3　0 阶切向电磁力与电磁转矩的关系

根据麦克斯韦应力张量法，对气隙切向电磁力沿定子圆周进行积分，即可得到电机的电磁转矩，这也是电磁转矩的物理本质，空载情况下积分所得则为齿槽转矩。麦克斯韦应力张量法在积分时与积分路径的半径无关，所以采用气隙中心线处的圆柱面进行积分，其积分表达式为

$$T_{\mathrm{em}} = R_{\mathrm{ag}}^2 L_{\mathrm{stk}} \int_0^{2\pi} [\sigma_{\mathrm{t,m}}(\theta_s, t) + \sigma_{\mathrm{t,a}}(\theta_s, t) + \sigma_{\mathrm{t,ma}}(\theta_s, t)] \mathrm{d}\theta_s \tag{2.4.16}$$

式中：R_{ag} 为气隙平均半径；积分表达式中三项分别对应电磁转矩的三个不同来源，具体表达式分别为式（2.2.8）、式（2.2.9）和式（2.2.10）。

第一项对应齿槽转矩，具体积分表达式如下：

$$\begin{aligned} T_{\mathrm{cog}} &= \sum_{\mu_1}\sum_{\mu_2}\sum_{k_1}\sum_{k_2} R_{\mathrm{ag}}^2 L_{\mathrm{stk}} \int_0^{2\pi} \frac{B_{\mathrm{m}\mu_1 k_1}^{\mathrm{n}} B_{\mathrm{m}\mu_2 k_2}^{\mathrm{t}}}{2\mu_0} \sin\{(\mu_1 \pm \mu_2)\omega_1 t \\ &\quad - [(\mu_1 \pm \mu_2)p + (k_1 \pm k_2)Q_s]\theta_s\} \mathrm{d}\theta_s \\ &= \sum_{\mu_1}\sum_{\mu_2}\sum_{k_1}\sum_{k_2} 2\pi R_{\mathrm{ag}}^2 L_{\mathrm{stk}} \frac{B_{\mathrm{m}\mu_1 k_1}^{\mathrm{n}} B_{\mathrm{m}\mu_2 k_2}^{\mathrm{t}}}{2\mu_0} \sin(\mu_1 \pm \mu_2)\omega_1 t \end{aligned} \tag{2.4.17}$$

由三角函数性质可知，只有当 $(\mu_1 \pm \mu_2)p + (k_1 \pm k_2)Q_s = 0$ 时，式（2.4.17）积分才不为 0，即只有 0 阶气隙切向电磁力才能产生转矩，齿槽转矩的谐波和 0 阶气隙切向电磁力的时间谐波一致，也和 0 阶径向电磁力时间谐波一致，如式（2.4.4），与用能量法分析得到的结果一致。

第二项对应磁阻转矩，计算的积分表达式如下（此处不考虑高频电流）：

$$\begin{aligned} T_{\mathrm{rel}} &= \sum_{v_1}\sum_{v_2}\sum_{k_1}\sum_{k_2} R_{\mathrm{ag}}^2 L_{\mathrm{stk}} \int_0^{2\pi} \frac{B_{\mathrm{av}_1 k_1}^{\mathrm{n}} B_{\mathrm{av}_2 k_2}^{\mathrm{t}}}{2\mu_0} \sin\{(n_1 \pm n_2)\omega_1 t \\ &\quad - [(v_1 \pm v_2) + (k_1 \pm k_2)Q_s]\theta_s \pm \varphi_{n_1} \pm \varphi_{n_2}\} \mathrm{d}\theta_s \\ &= \sum_{v_1}\sum_{v_2}\sum_{k_1}\sum_{k_2} 2\pi R_{\mathrm{ag}}^2 L_{\mathrm{stk}} \frac{B_{\mathrm{av}_1 k_1}^{\mathrm{n}} B_{\mathrm{av}_2 k_2}^{\mathrm{t}}}{2\mu_0} \sin[(n_1 \pm n_2)\omega_1 t \pm \varphi_{n_1} \pm \varphi_{n_2}] \end{aligned} \tag{2.4.18}$$

和齿槽转矩类似，同样只有气隙切向电磁力可以产生转矩，即 $(v_1 \pm v_2) + (k_1 \pm k_2)Q_s = 0$，磁阻转矩频率同样和 0 阶气隙切向电磁力频率一致，当频率为 0 时产生平均转矩，频率不为

0 时则产生转矩脉动，转矩脉动的频率为 $km_0\omega_1$，对于三相电机为 $6k\omega_1$，六相电机则为 $12k\omega_1$。

第三项由电枢磁场和永磁体磁场相互作用部分的积分表达式如下（同样不考虑高频电流）：

$$\begin{aligned}T_{\mathrm{ma}}&=\sum_{\nu}\sum_{\mu}\sum_{k_1}\sum_{k_2}R_{\mathrm{ag}}^2L_{\mathrm{stk}}\int_0^{2\pi}\frac{B_{\mathrm{m}\mu k_1}^{\mathrm{n}}B_{\mathrm{a}\nu k_2}^{\mathrm{t}}}{\mu_0}\cos\{(n\pm\mu)\omega_1 t\\&\quad-[(\nu\pm\mu p)+(k_1\pm k_2)Q_{\mathrm{s}}]\theta_{\mathrm{s}}+\varphi_{\mathrm{n}}\}\mathrm{d}\theta_{\mathrm{s}}\\&=\sum_{\nu}\sum_{\mu}\sum_{k_1}\sum_{k_2}2\pi R_{\mathrm{ag}}^2L_{\mathrm{stk}}\cos[(n\pm\mu)\omega_1 t+\varphi_{\mathrm{n}}]\end{aligned}\tag{2.4.19}$$

当 $(\nu\pm\mu p)+(k_1\pm k_2)Q_{\mathrm{s}}=0$ 时，产生恒定转矩和转矩脉动，转矩脉动的频率推导见式（2.4.13）～式（2.4.15），也为 $km_0\omega_1$，对于三相电机为 $6k\omega_1$，六相电机则为 $12k\omega_1$。

综上所述，通过麦克斯韦应力张量法对电磁转矩进行分析，可以得出以下结论：

（1）无论是齿槽转矩、磁阻转矩还是负载时的电磁转矩，都只由 0 阶气隙切向电磁力产生，其余电磁力不参与转矩生成，而电磁振动则是电机内所有空间阶次和频率电磁力的共同作用。因此，转矩脉动和电磁振动之间并没有明确的对应关系，即低转矩脉动（或低齿槽转矩）并不意味着低振动噪声。

（2）齿槽转矩的谐波次数满足 $k\cdot\mathrm{LCM}(Q_{\mathrm{s}},2p)/p$，转矩脉动的谐波次数则满足 $km_0\omega_1$，对于三相电机为 $6k\omega_1$，六相电机则为 $12k\omega_1$。

第3章 》》

电磁振动计算

永磁电机的电磁振动是一个集电磁、结构、声学于一体的多物理场耦合问题，电磁振动计算不仅是对电机进行电磁振动分析与评价的必要手段，也是进行振源识别和振动抑制的基础。随着理论研究的深入与商业有限元软件的发展，电机电磁振动计算方法取得了长足的发展与进步。然而随着电机应用场景和需求的改变，现有电磁振动计算方法存在的短板和不足仍然存在，具体表现在：①有限元方法虽然可以对电磁振动进行较为准确的分析，但分析过程复杂，涉及电磁、结构等多物理场的精确建模，加之计算量大、耗时长，不适合在设计的初始阶段对电机电磁振动进行评估与优化；②已有的电磁振动半解析计算方法都只是将有限元计算中的结构谐响应分析用解析法替代，而耗时较长的电磁场计算和结构建模部分仍然严重依赖有限元和测试数据；③现有电磁振动解析计算方法为简化计算过程，在计算时忽略了切向电磁力，而切向电磁力与径向电磁力在数值上处于同一数量级水平，忽略切向电磁力会造成较大的计算误差。此外，传统的振动解析计算方法直接以气隙电磁力作为输入，且一般只考虑阶次较低的气隙电磁力。但考虑到定子齿的影响，高阶气隙电磁力传递到定子齿后会呈现出低阶特性，同样会引起较大振动，进而影响电磁振动计算的精度。

针对现有电磁振动计算方法存在的问题，本章提出一种基于线性叠加原理的永磁电机电磁振动快速计算方法，可以实现对永磁电机多转速工况下电磁振动的快速预测与评估。整个计算流程包括三部分：气隙磁通密度计算、电磁力计算和电磁振动计算。

本章首先研究基于虚拟磁动势的磁导计算方法，基于槽磁动势函数和槽矩阵的电枢磁动势计算方法，并提出电磁力快速计算方法；然后基于复合材料理论，计算铁心和绕组的等效材料参数；其后基于有限元法计算电机的固有频率并进行实验验证；再基于单位力波响应研究不同阶次径向力波和切向力波对振动的影响，计算电机的频率响应函数，总结并提出振动线性叠加计算方法；接下来基于振动线性叠加原理，计算不同工况下内置式永磁电机的振动，并进行实验验证；最后基于提出的振动计算方法研究切向力和0阶力对振动的贡献。

3.1 电磁力半解析计算

电磁力半解析计算包括磁通密度计算和电磁力计算两部分。在磁通密度计算部分，引入槽矩阵与槽磁动势函数，可根据任意时刻的相电流瞬时值实时计算出气隙磁动势，基于磁动势-磁导函数法计算出气隙磁通密度。在气隙磁通密度的基础上利用麦克斯韦应力张量法计算气隙电磁力，通过积分得到定子齿集中电磁力并作为激振源用于振动的计算。本节的研究对象为一台 36 槽 6 极内置式永磁电机，模型如图 2.1.6（b）所示，其尺寸参数详见表 2.1.2。

3.1.1 磁导函数

气隙磁场的谐波主要来源于磁动势（包括电枢磁动势和永磁体磁动势）谐波和齿槽结构的相互作用，为准确描述齿槽效应，本小节提出一种基于虚拟磁动势的磁导函数计算方法。同时为计算切向磁场，同样引入在第 2 章中已经介绍过的复数磁导。

根据式（2.1.14）～式（2.1.16），并用转子磁导代表内置式电机转子凸极效应，可得定转子磁导为

$$\boldsymbol{\lambda}^{s,r}=\lambda_n^{s,r}+j\lambda_t^{s,r} \tag{3.1.1}$$

式中：$\boldsymbol{\lambda}^{s,r}$ 为定转子气隙磁导复矢量，上标 s 和 r 分别代表定子和转子，下标 n 和 t 则分别代表法向和切向磁导分量。

如图 3.1.1 和图 3.1.2 所示建立静态有限元仿真模型，分别用于计算定子和转子的磁导。以计算定子磁导函数为例，首先建立图 3.1.1（a）所示的无槽模型，并在气隙中人为增加一个虚拟的恒定磁动势源，此时可以计算出气隙中心线处的法向和切向气隙磁通密度，分别记为 $B_{n,slotless}$ 和 $B_{t,slotless}$；再建立如图 3.1.1（b）所示的有槽定子模型，同样附加恒定的虚拟磁动势，计算气隙中心线处的法向和切向气隙磁通密度，分别记为 $B_{n,slot}^s$ 和 $B_{t,slot}^s$。已知有槽模型的气隙磁通密度等于无槽模型的气隙磁通密度和磁导函数共轭的乘积，即

$$\begin{aligned}B_{n,slot}^s+jB_{t,slot}^s&=(B_{n,slotless}+jB_{t,slotless})\times(\lambda_n^s-j\lambda_t^s)\\&=B_{n,slotless}\lambda_n^s+B_{t,slotless}\lambda_t^s+j(B_{t,slotless}\lambda_n^s-B_{n,slotless}\lambda_t^s)\end{aligned} \tag{3.1.2}$$

等式两边实部和虚部对应相等，可以得到关于定子磁导法向和切向分量的二元线性方程组，进而求得定子磁导法向和切向分量为

$$\lambda_n^s=\frac{B_{n,slot}^sB_{n,slotless}+B_{t,slot}^sB_{t,slotless}}{B_{n,slotless}^2+B_{t,slotless}^2} \tag{3.1.3}$$

$$\lambda_t^s=\frac{B_{n,slot}^sB_{t,slotless}-B_{t,slot}^sB_{n,slotless}}{B_{n,slotless}^2+B_{t,slotless}^2} \tag{3.1.4}$$

对转子采取同样的方法，如图 3.1.2 所示，可得转子磁导的计算公式为

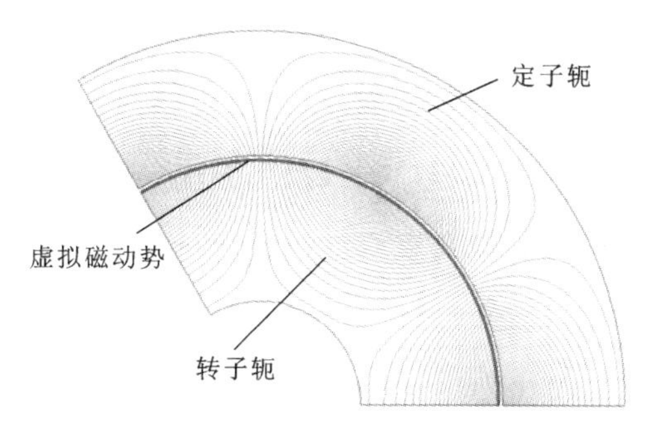

（a）无槽有限元模型

（b）有槽定子有限元模型

图 3.1.1　定子磁导计算有限元模型

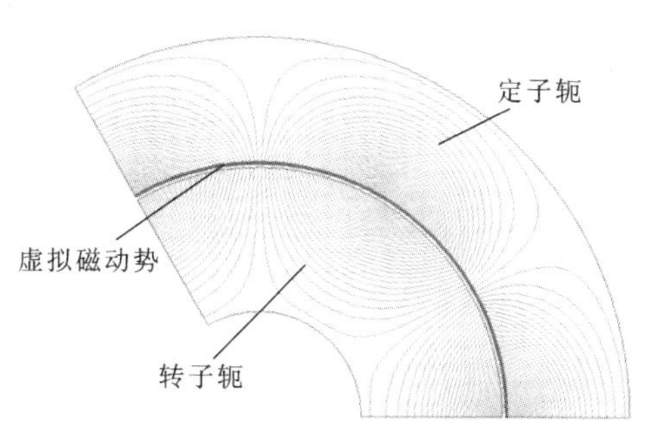

（a）无槽有限元模型

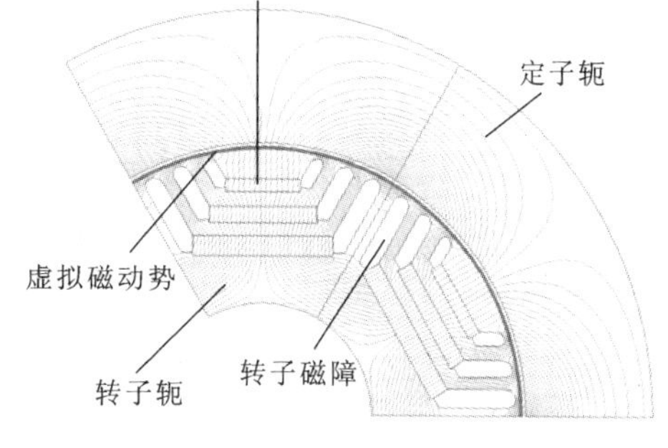

（b）有槽转子有限元模型

图 3.1.2　转子磁导计算有限元模型

$$\lambda_{\mathrm{n}}^{\mathrm{r}}=\frac{B_{\mathrm{n,slot}}^{\mathrm{r}}B_{\mathrm{n,slotless}}+B_{\mathrm{t,slot}}^{\mathrm{r}}B_{\mathrm{t,slotless}}}{B_{\mathrm{n,slotless}}^{2}+B_{\mathrm{t,slotless}}^{2}} \tag{3.1.5}$$

$$\lambda_{\mathrm{t}}^{\mathrm{r}}=\frac{B_{\mathrm{n,slot}}^{\mathrm{r}}B_{\mathrm{t,slotless}}-B_{\mathrm{t,slot}}^{\mathrm{r}}B_{\mathrm{n,slotless}}}{B_{\mathrm{n,slotless}}^{2}+B_{\mathrm{t,slotless}}^{2}} \tag{3.1.6}$$

可见定转子磁导具有相似的计算表达式，两者的区别在于定子磁导只是空间位置的函数，而转子磁导由于转子自身旋转，不仅是空间位置的函数，也是时间的函数。静态有限元计算的是 $t=0$ 时刻的磁导，根据电机的周期性与对称性，其余时刻可根据下式计算得到：

$$\boldsymbol{\lambda}_{t=t_i}^{\mathrm{s}}(\theta_{\mathrm{s}})=\boldsymbol{\lambda}_{t=0}^{\mathrm{s}}(\theta_{\mathrm{s}}) \tag{3.1.7}$$

$$\boldsymbol{\lambda}_{t=t_i}^{\mathrm{r}}(\theta_{\mathrm{s}})=\boldsymbol{\lambda}_{t=0}^{\mathrm{r}}(\theta_{\mathrm{s}}-\omega_{\mathrm{mec}}t) \tag{3.1.8}$$

下面以定子磁导计算为例说明使用该方法时引入复数气隙磁导的必要性。如图 3.1.3 所示为定子有槽和无槽情况下的气隙法向和切向磁通密度波形，可以看出，由于磁场是有旋场，气隙磁通密度必存在过零点的位置，如果不考虑切向磁导，当使用有槽气隙磁通密度和无槽气隙磁通密度的比值来计算气隙磁导时，在过零点位置必然会出现很大误差。但可以观察到切向磁通密度和法向磁通密度存在 90° 相位差，当法向磁通密度过零点时，切向磁通密度为最大值或最小值，引入复数磁导后，如式（3.1.3）～式（3.1.6）所示，分母为无槽时法向磁通密度和切向磁通密度的平方和，避免了分母为 0 引起的计算误差，从而解决了有限元计算磁导的问题。

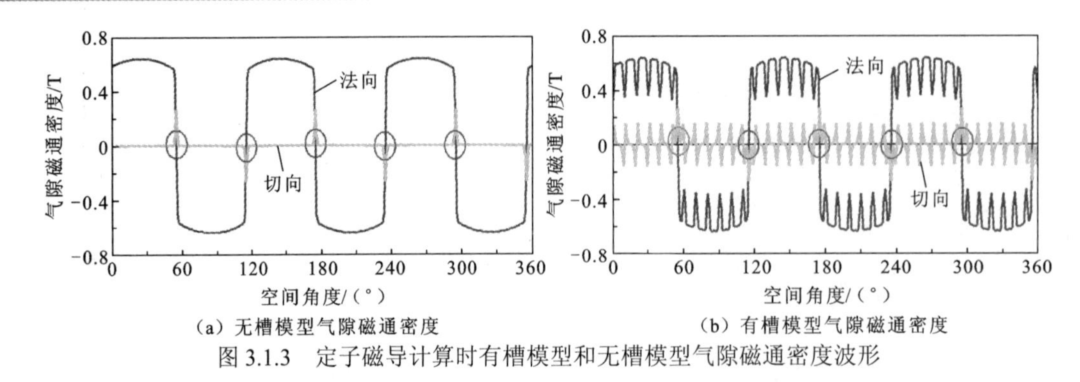

图 3.1.3　定子磁导计算时有槽模型和无槽模型气隙磁通密度波形

基于式(3.1.3)~式(3.1.6)，计算得到在$t=0$时刻的定子和转子磁导及其谐波，图 3.1.4 所给出的是一个单元电机内的磁导波形及谐波。可以看出，定转子磁导法向分量存在直流分量，而切向分量则不存在；定子磁导的谐波次数为槽数的整数倍，而转子磁导的谐波次数则和转子磁障的设计有关，如图 3.1.2(b)所示，转子磁障槽靠近气隙的端部极度饱和，因此磁障端部相当于开槽的效果。对于本章中使用的 6 极内置式电机，相邻两极之间的部分饱和最为严重，因此转子磁导谐波的最低空间阶次为 6，同时三层磁障槽导致一个单元电机内磁障端部有 12 个，所以转子磁导的 12 次空间谐波也较大。此外，转子磁极数为偶数，所以转子磁导的频率为基波电频率的偶数倍。

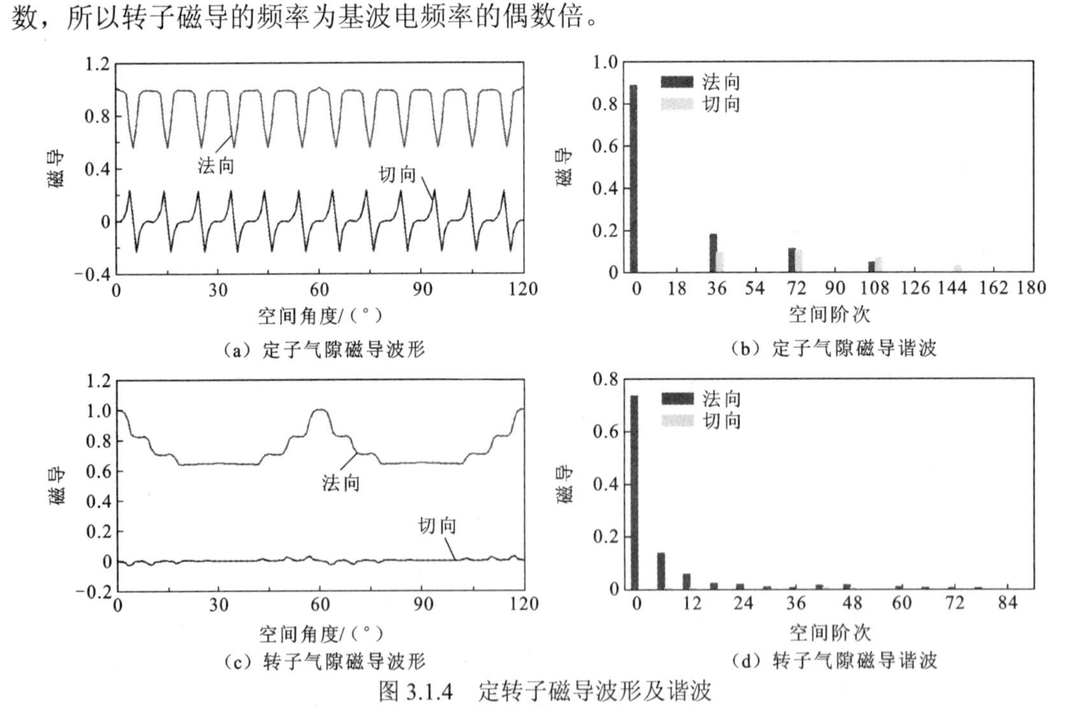

图 3.1.4　定转子磁导波形及谐波

综上所述，定转子磁导可用傅里叶级数表示为

$$\lambda_{\mathrm{n}}^{\mathrm{s}}(\theta_{\mathrm{s}})=\lambda_{0}^{\mathrm{s}}+\sum_{k_{\mathrm{s}}=1}^{\infty}\lambda_{k_{\mathrm{s}},\mathrm{n}}^{\mathrm{s}}\cos(k_{\mathrm{s}}Q_{\mathrm{s}}\theta_{\mathrm{s}}) \tag{3.1.9}$$

$$\lambda_{\mathrm{t}}^{\mathrm{s}}(\theta_{\mathrm{s}})=\sum_{k_{\mathrm{s}}=1}^{\infty}\lambda_{k_{\mathrm{s}},\mathrm{t}}^{\mathrm{s}}\sin(k_{\mathrm{s}}Q_{\mathrm{s}}\theta_{\mathrm{s}}) \tag{3.1.10}$$

$$\lambda_{\mathrm{n}}^{\mathrm{r}}(\theta_{\mathrm{s}})=\lambda_{0}^{\mathrm{r}}+\sum_{k_{\mathrm{r}}=1}^{\infty}\lambda_{k_{\mathrm{r}},\mathrm{n}}^{\mathrm{r}}\cos(k_{\mathrm{r}}\cdot 2p\theta_{\mathrm{s}}+k_{\mathrm{r}}\cdot 2\omega_{1}t) \tag{3.1.11}$$

$$\lambda_{\mathrm{t}}^{\mathrm{r}}(\theta_{\mathrm{s}})=\sum_{k_{\mathrm{r}}=1}^{\infty}\lambda_{k_{\mathrm{r}},\mathrm{t}}^{\mathrm{r}}\sin(k_{\mathrm{r}}\cdot 2p\theta_{\mathrm{s}}+k_{\mathrm{r}}\cdot 2\omega_{1}t) \tag{3.1.12}$$

根据式（3.1.7）和式（3.1.8），转子气隙磁导在一个周期内的波形和谐波如图 3.1.5 所示，可以看出转子气隙磁导是时间和空间位置的二元函数，有限元计算的谐波次数和理论分析一致。

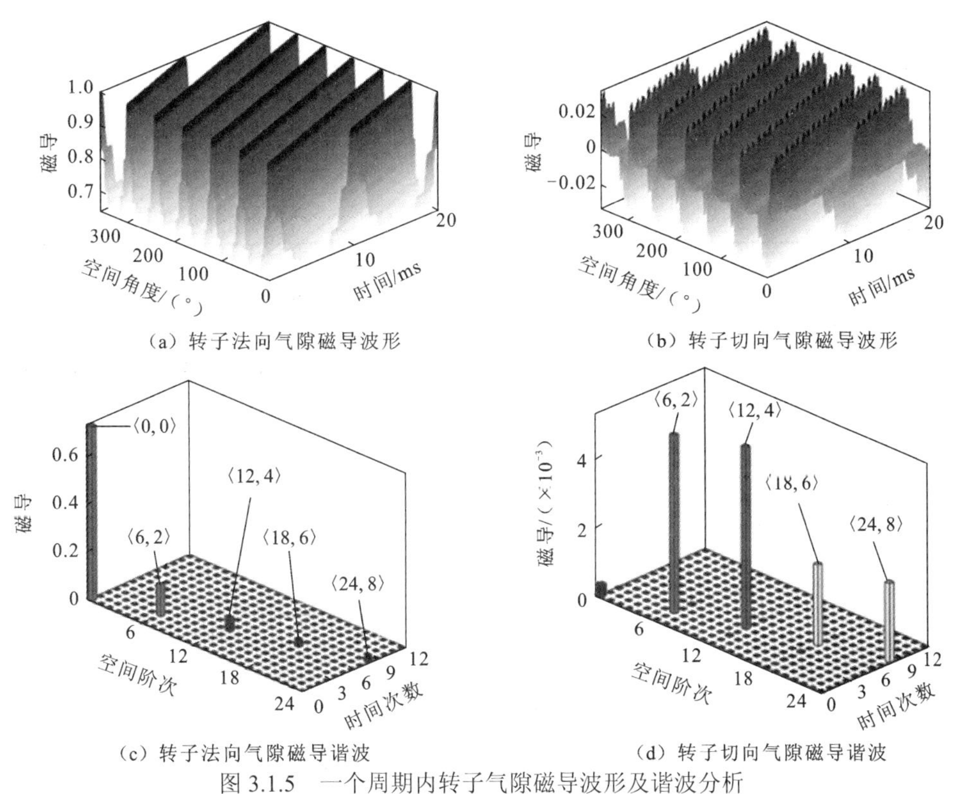

（a）转子法向气隙磁导波形　（b）转子切向气隙磁导波形

（c）转子法向气隙磁导谐波　（d）转子切向气隙磁导谐波

图 3.1.5　一个周期内转子气隙磁导波形及谐波分析

3.1.2　电枢磁动势

电枢磁动势计算的常规算法是绕组函数法，如式（2.1.7）和式（2.1.8）所示。但采用每相绕组函数计算时，如果电流为非正弦电流，则需要先对电流做傅里叶分解，然后计算每个频率下的电流产生的磁动势，再进行级数求和，这种计算方法必然会造成相当一部分电流谐波被忽略，从而产生计算误差。本小节中计算电枢磁动势时，采用槽内导体产生的磁动势函数，基于此只需计算出任意时刻每个槽内的电流大小就可以计算出电枢磁动势的时域波形，而不需要关注具体的电流成分。

当槽内为单位电流，导体匝数为 1 时，槽内导体产生的磁动势如图 3.1.6（a）中，每个槽内只有一层绕组，每个槽产生的磁动势的幅值为 1，将每个槽产生的磁动势沿圆周对应位置相加即可计算出合成的磁动势。一般电机槽内绕组为双层绕组，如图 3.1.6（b）中 2 号槽所示，此时可以将其等效为单层绕组通 2 倍的电流，同样将每个槽产生的磁动势叠加，可以计算出合成的磁动势。考虑到导体在槽内的分布，磁动势在 $\Delta\theta$ 范围内为一斜坡。综上所述，单位电流单位导体在第 q 个槽内产生的磁动势沿圆周的分布函数可用下式计算：

$$N_q(\theta_s)=\begin{cases}0, & 0\leqslant\theta_s<\theta_q-\dfrac{\Delta\theta}{2}\\ \dfrac{1}{\Delta\theta}(\theta_s-\theta_q)+\dfrac{1}{2}, & \theta_q-\dfrac{\Delta\theta}{2}\leqslant\theta_s<\theta_q+\dfrac{\Delta\theta}{2}\\ 1, & \theta_q+\dfrac{\Delta\theta}{2}\leqslant\theta_s\leqslant 2\pi\end{cases} \tag{3.1.13}$$

式中：θ_q 为第 q 个槽中心的空间位置，可由下式计算：

$$\theta_q=(q-1)\frac{2\pi}{Q_s} \tag{3.1.14}$$

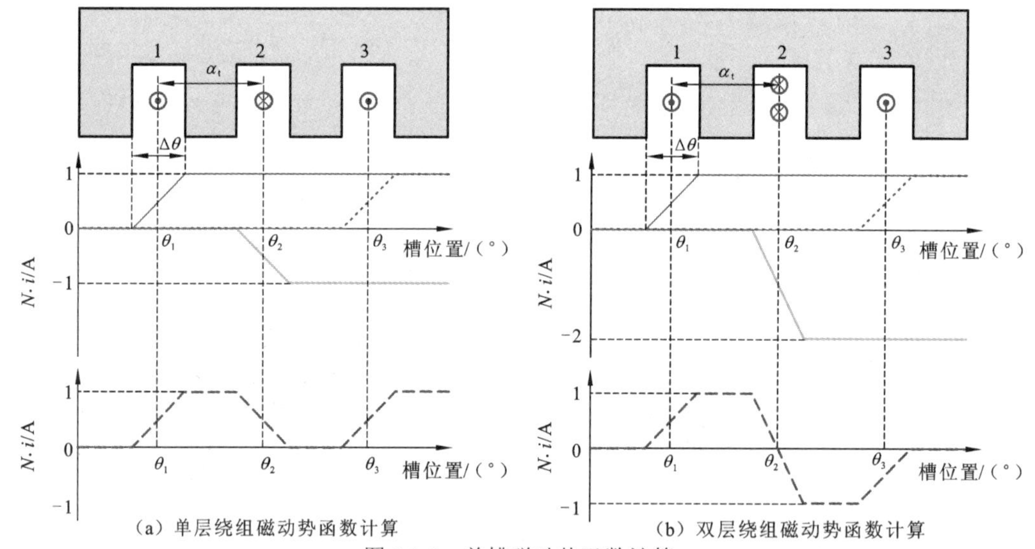

图 3.1.6　单槽磁动势函数计算

为计算各个槽内的电流大小，本小节引入槽矩阵的概念，即用 1 个二维矩阵来描述每个槽内的导体分属哪一相。以六相 36 槽 6 极双层绕组为例，其一个极距内的槽矩阵如图 3.1.7 所示。当绕组连接为短距绕组时，每个槽内上下层绕组分属不同相，以第一个槽为例，若上下层绕组分别属于 A_1 和 A_2 相，则将下面槽矩阵中 A_1 和 A_2 对应的横行中分别为记为 0.5，表明该槽中 A_1 和 A_2 相各有一层绕组；若该槽内上下层绕组属同一相，则将槽矩阵中该相对应的横行记为 1，如图 3.1.7（b）所示。此外，槽矩阵中正负号代表该绕组是正接还是反接。显然槽矩阵的维度是 $m\times Q_s$，其中 m 为相数，Q_s 为电机槽数，且对于槽极数和绕组连接方式确定的电机，槽矩阵唯一确定。获得槽矩阵后，可以非常简便地计算得到任意时刻各个槽内的电流，令任意 t 时刻各相电流的瞬时值为 $[i_{A_1},i_{B_1},i_{C_1},i_{A_2},i_{B_2},i_{C_2}]$，短距绕组第一个槽内该时刻的电流为 $(0.5i_{A_1}+0.5i_{A_2})\times 2$，其中 2 为双层绕组，整距绕组第一个槽内该时刻电流为 $2i_{A_1}$，因此对任意 t 时刻，每个槽内的电流可按下式计算：

$$\underbrace{\boldsymbol{I}_{\text{slot}}}_{1\times Q_s}=\underbrace{\boldsymbol{I}_{\text{ph},t}}_{1\times m}\cdot\underbrace{\boldsymbol{M}_{\text{slot}}}_{m\times Q_s}\tag{3.1.15}$$

式中：$\boldsymbol{I}_{\text{slot}}=[i_1,i_2,\cdots,i_q,\cdots,i_{Q_s}]$为槽电流矩阵，维度为$1\times Q_s$；$\boldsymbol{I}_{\text{ph},t}=[i_a,i_b,\cdots,i_m]$为$t$时刻相电流瞬时值矩阵，维度为$1\times m$；$\boldsymbol{M}_{\text{slot}}$为槽矩阵，维度为$m\times Q_s$。

综合式（3.1.13）～式（3.1.15），任意时刻电枢磁动势可按下式计算：

$$f_{\text{arm}}=\sum_{q=1}^{Q_s}N_q(\theta_s)\cdot i_q\cdot N\cdot n_{\text{layer}}\tag{3.1.16}$$

式中：N为绕组匝数；n_{layer}为绕组层数。

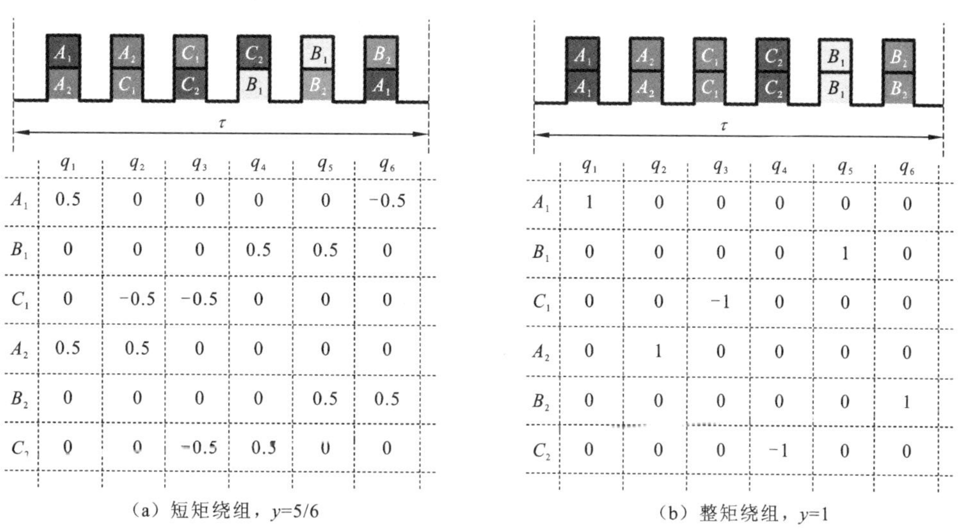

	q_1	q_2	q_3	q_4	q_5	q_6
A_1	0.5	0	0	0	0	−0.5
B_1	0	0	0	0.5	0.5	0
C_1	0	−0.5	−0.5	0	0	0
A_2	0.5	0.5	0	0	0	0
B_2	0	0	0	0	0.5	0.5
C_2	0	0	−0.5	0.5	0	0

（a）短矩绕组，y=5/6

	q_1	q_2	q_3	q_4	q_5	q_6
A_1	1	0	0	0	0	0
B_1	0	0	0	0	1	0
C_1	0	0	−1	0	0	0
A_2	0	1	0	0	0	0
B_2	0	0	0	0	0	1
C_2	0	0	0	−1	0	0

（b）整矩绕组，y=1

图 3.1.7　六相 36 槽 6 极绕组连接及槽矩阵

本小节使用的六相 36 槽 6 极双层绕组电机匝数为 14，额定相电流有效值为 5 A，在$t=0$时刻根据式（3.1.16）计算的磁动势如图 3.1.8 所示，可以看出有限元计算结果和解析法的计算结果非常吻合，各次谐波的幅值也非常接近，谐波极对数主要为 3、33、39 等，和式（2.1.11）理论分析的结果一致。

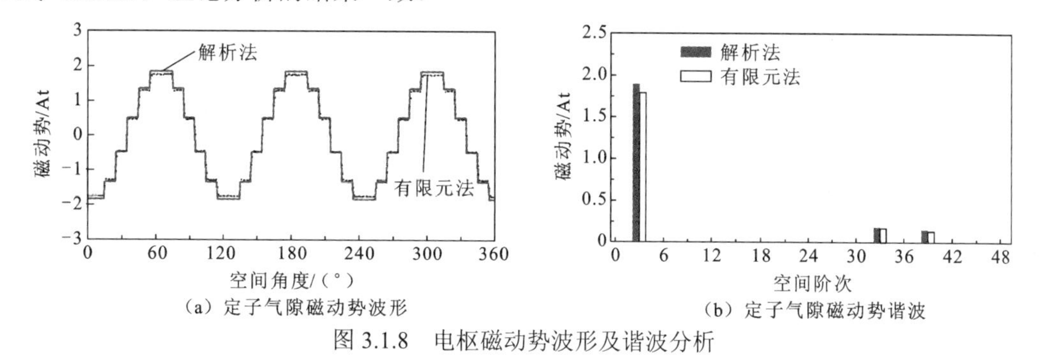

（a）定子气隙磁动势波形　　（b）定子气隙磁动势谐波

图 3.1.8　电枢磁动势波形及谐波分析

3.1.3　气隙磁通密度

空载和电枢气隙磁通密度可按式（2.1.17）和式（2.1.24）计算，其中转子磁动势由静态有限元仿真获得。$t=0$ 时刻气隙磁通密度计算结果如图 3.1.9 和图 3.1.10 所示，可以看出半解析法计算的气隙磁场和有限元法计算的结果较为吻合。且使用半解析法计算时，仅需使用静态有限元仿真计算磁导和转子磁动势，相比于纯有限元法计算用时大幅减少。

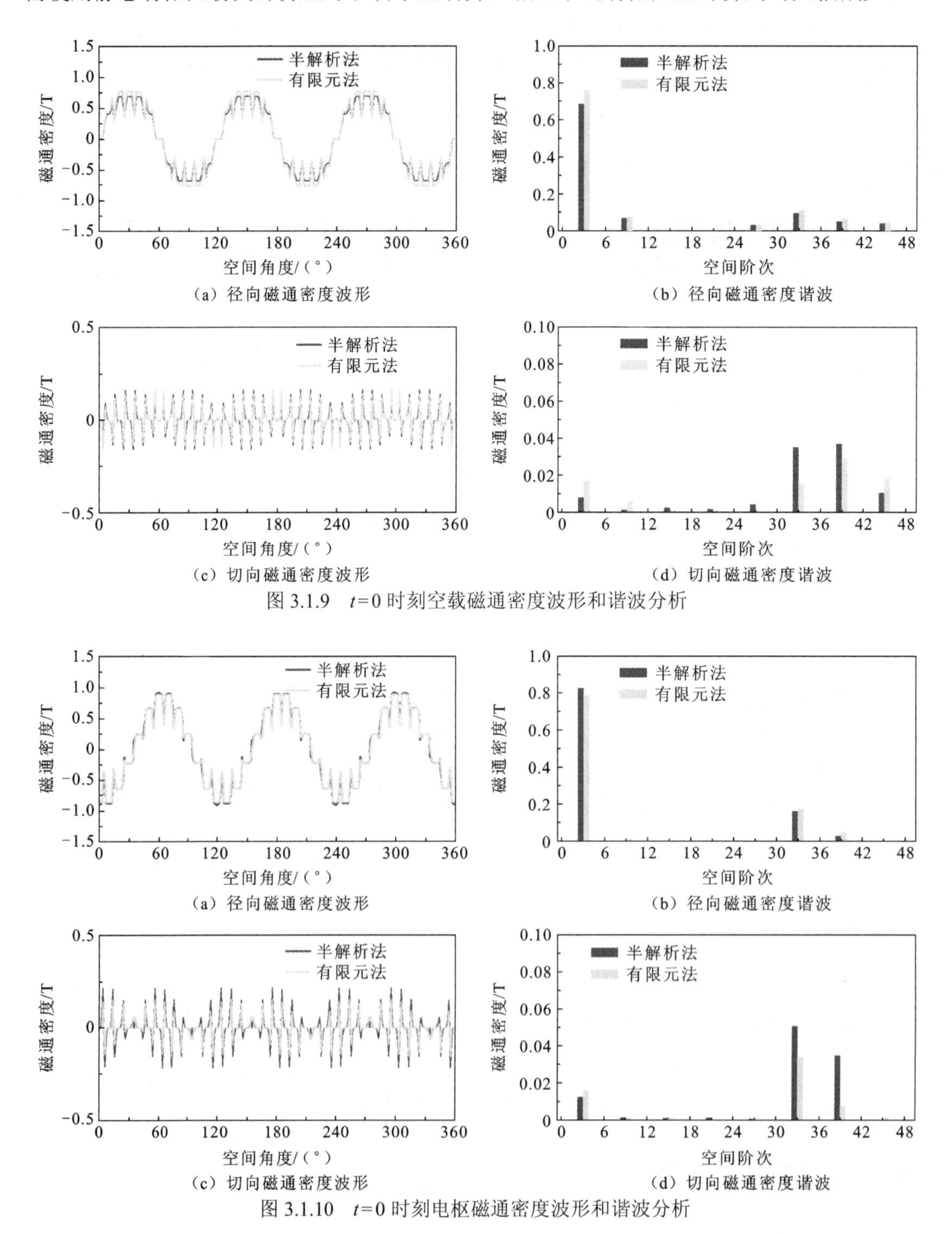

图 3.1.9　$t=0$ 时刻空载磁通密度波形和谐波分析

图 3.1.10　$t=0$ 时刻电枢磁通密度波形和谐波分析

在计算得到$t=0$时刻的气隙磁通密度后，其余时刻则可利用磁场的周期性快速得到，额定转速下负载径向和切向气隙磁通密度波形及二维谐波如图3.1.11所示。在图3.1.11（a）中，曲面为半解析法计算得到的气隙磁通密度，圆点为有限元法计算得到的气隙磁通密度，可以看出半解析法计算结果与有限元计算结果高度吻合。通过进一步对气隙磁场进行二维傅里叶分析可以看出，两者各阶次谐波也高度一致，证明所提出的半解析方法的准确性。

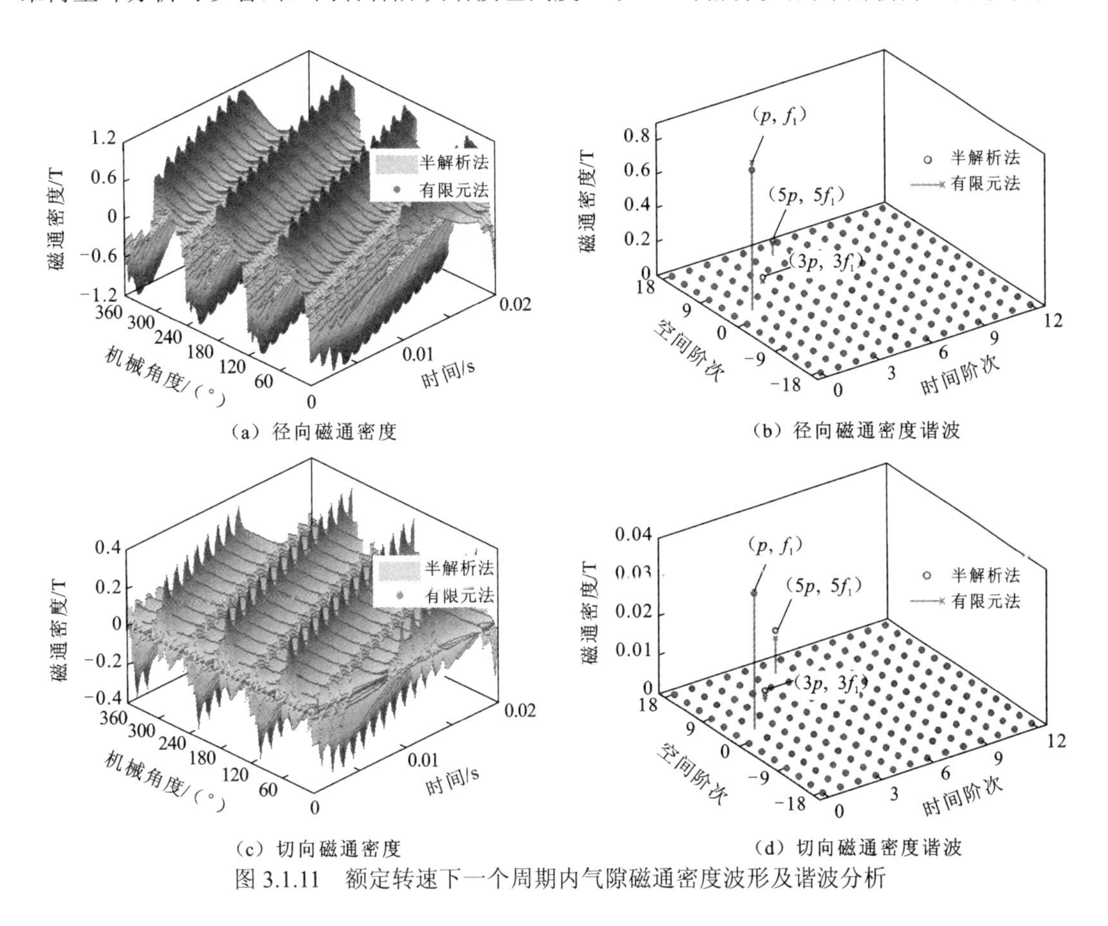

图3.1.11 额定转速下一个周期内气隙磁通密度波形及谐波分析

3.1.4 定子齿电磁力

从第2章的分析可知，电磁振动计算中若直接使用气隙电磁力作为激励源加载，齿槽结构的影响将会造成计算误差。因此在本章的振动计算方法中采用定子齿集中电磁力的加载方式，作用于定子齿中心的集中电磁力可根据式（2.3.2）～式（2.3.4）计算，其中气隙电磁力由麦克斯韦应力张量法计算得到，第一个定子齿所受集中电磁力如图3.1.12所示。

通过对比可以看出，半解析法计算结果能较好地吻合有限元结果，但存在一定的误差。产生误差的主要原因如下：

（1）麦克斯韦力是由磁路上磁导率变化引起的，即麦克斯韦力主要产生于介质交界面处。额定负载下电机磁力线与定子齿表面麦克斯韦力矢量如图3.1.13所示，从图3.1.13（a）

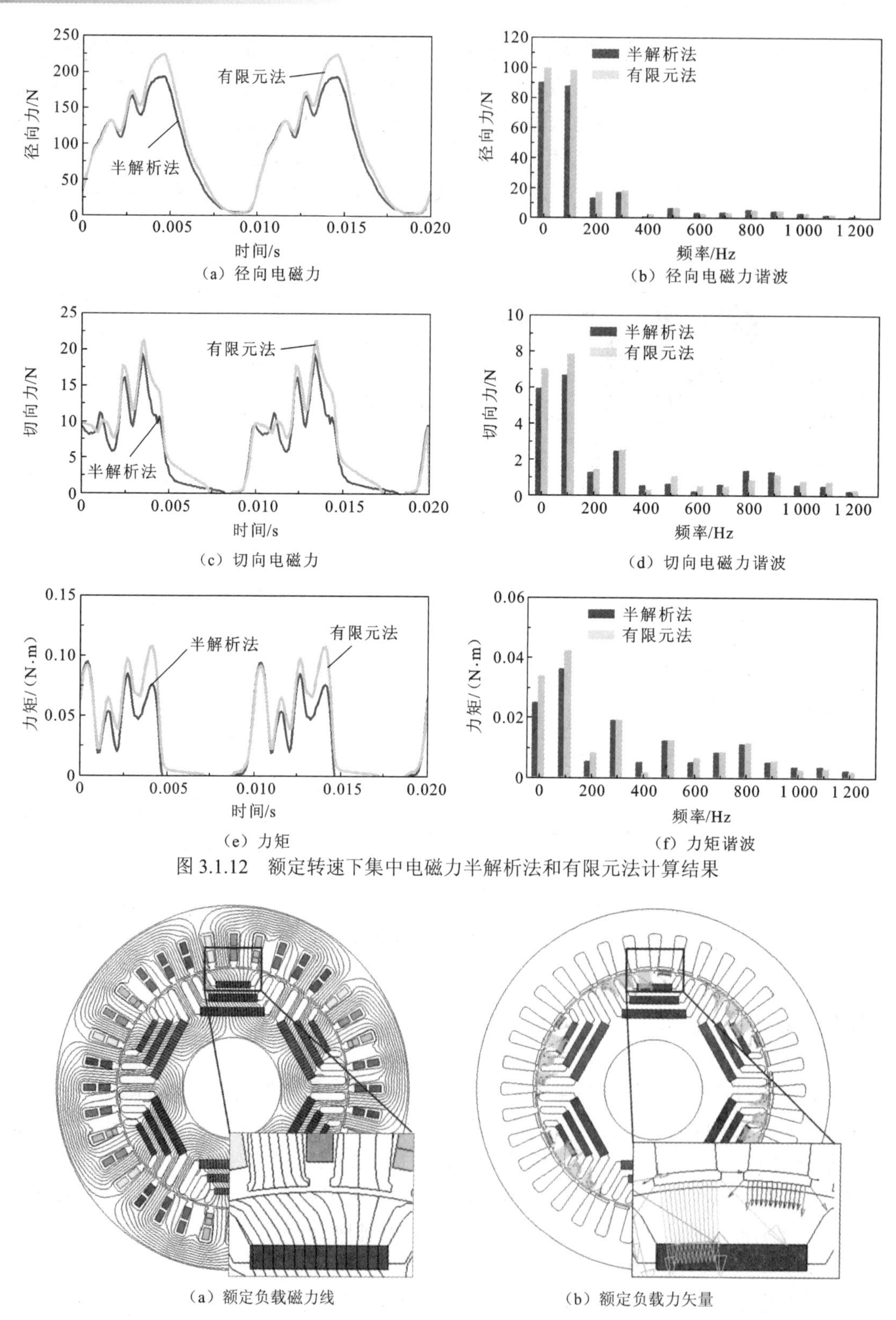

（a）径向电磁力

（b）径向电磁力谐波

（c）切向电磁力

（d）切向电磁力谐波

（e）力矩

（f）力矩谐波

图 3.1.12　额定转速下集中电磁力半解析法和有限元法计算结果

（a）额定负载磁力线

（b）额定负载力矢量

图 3.1.13　额定负载工况下磁力线及力矢量

电机的磁力线分布可以看出，在定子槽口处存在磁力线，也就意味着在定子槽口同样存在磁场，但是在图 3.1.13（b）中定子槽口并不存在麦克斯韦力矢量，所以在使用气隙磁场积分得到集中电磁力时，槽口处积分得到的电磁力与实际值存在误差。

（2）在本章中，集中电磁力是通过气隙中心线上的气隙电磁力密度积分得到的，而实际气隙中心线电磁力密度和定子齿表面电磁力密度存在差异[109]，从而导致本章中计算得到的电磁力与有限元结果存在误差，但是对于小气隙的电机，这种误差可以忽略不计。

综上所述，气隙电磁力密度积分计算定子齿集中电磁力相比有限元虽存在误差，但精度可以满足电磁振动计算的需要，而积分法的计算时间大约只需要有限元法计算时间的2%，因此在后续的计算中仍将采用气隙电磁力密度积分计算集中电磁力。

3.1.5 高频电磁力

变频调速永磁电机高频振动对整个电机的振动噪声水平有着重要影响，而高频电磁力的计算则是准确评估高频振动的核心。根据奈奎斯特（Nyquist）定理和香农（Shannon）采样定理，为避免信号的频率混叠，采样频率至少是最大分析频率的 2 倍。然而这只能保证信号的频率不发生混叠，如果要同时保证采样之后的信号幅值也不出现明显失真，其采样频率应至少为最大分析频率的 10 倍，即 $f_s \geqslant 10 f_{max}$，其中 f_s 和 f_{max} 分别为采样频率和最大分析频率。因此，一个周期内的采样点数 $N = T \cdot f_s \geqslant 10 f_{max} / f_1$，其中 T 为周期，f_1 为基波频率。由第 2 章对高频电磁力的谐波特性分析可知，高频电磁力的主要频率成分集中于载波频率及其倍频附近，如 $f_c \pm f_1$、$f_c \pm 3f_1$ 和 $2f_c \pm 2f_1$ 等。本节中采用的内置式永磁电机，其基波频率为 50 Hz，载波频率为 8 kHz，即使只分析到 1 倍的载波频率附近，采样点数也至少为 1 600，如果使用有限元计算将耗费大量的计算时间。

本章提出的电磁力半解析计算方法在计算高频电磁力时具有以下明显优势：

（1）整个计算过程中除磁导和永磁体磁动势的计算需要进行静态有限元计算以外，其余均采用解析法计算，极大地缩短了计算时间。

（2）采用时域计算的方式，计算过程中并不需要关心电流具体的谐波成分，只需要根据任意时刻的电流瞬时值，按式（3.1.15）和式（3.1.16）计算便可得出磁动势，进而可计算出磁通密度和电磁力。

在额定 1 000 r/min 及 9.6 N·m 工况下，实验测得的实际相电流波形及频谱如图 3.1.14 所示，主要的高频谐波电流频率为 $f_c \pm 2f_1$ 和 $2f_c \pm f_1$，其中 f_c 为载波频率。将实际测试的电流波形作为输入，根据本章提出的电磁力半解析计算方法，可以快速计算出气隙磁场和电磁力。如图 3.1.15 和图 3.1.16 所示，为了验证半解析计算方法的准确性，同时给出了有限元输入实际电流的气隙磁场和集中电磁力计算结果，从图中可以看出半解析法几乎与有限元法计算结果一致，但计算时间大大缩短，通过半解析法计算高频磁场及电磁力所需要的时间不到有限元法计算所用时间的 1%。

综上所述，本节提出的电磁力半解析计算方法可以准确并快速计算任何时刻、任意频率范围的电磁力。值得注意的是，虽然本节的方法是基于一台内置式电机提出的，但其同样适用于其他结构的电机，只需再次通过静态有限元仿真更新磁导和永磁体磁动势的数据即可。

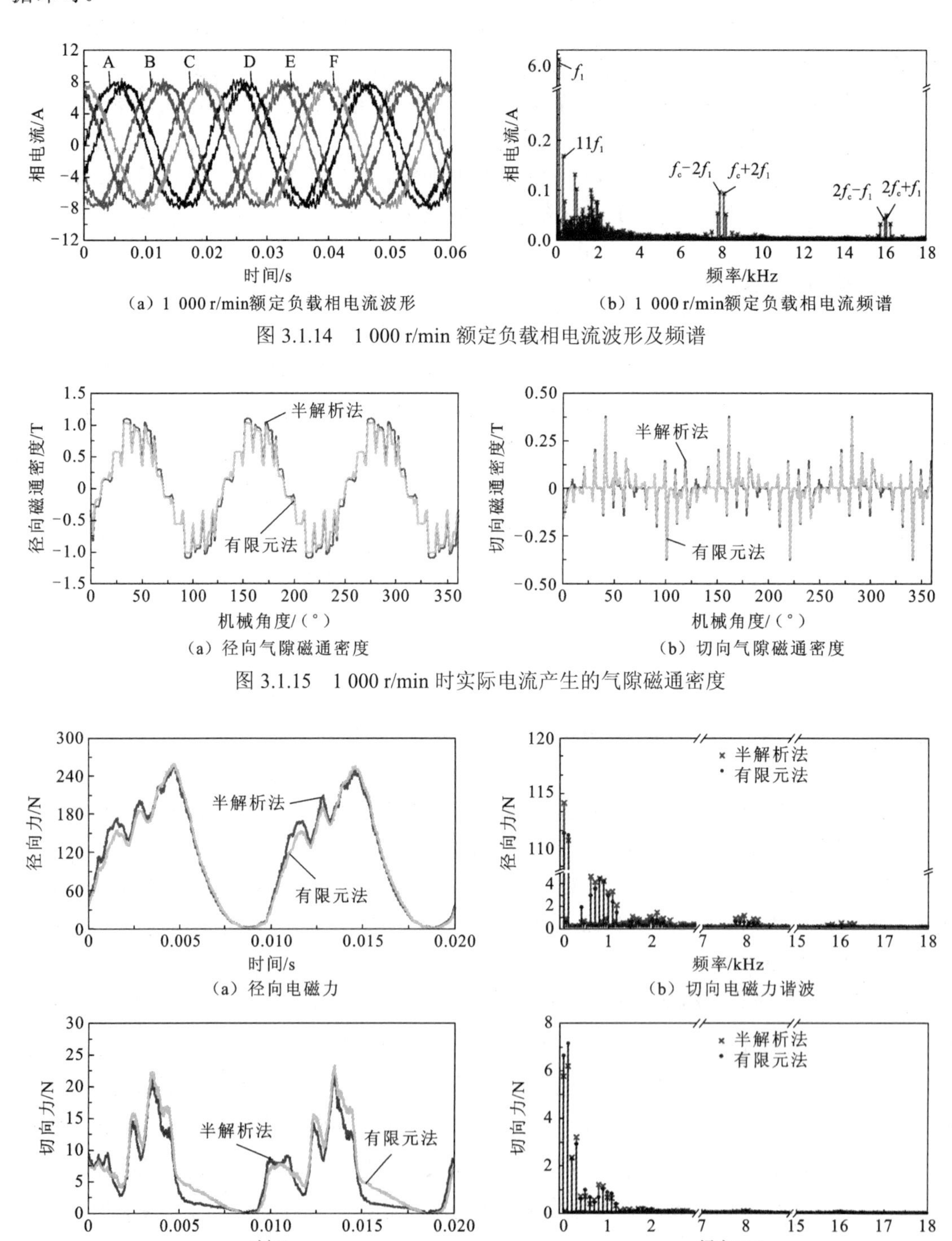

（a）1 000 r/min额定负载相电流波形

（b）1 000 r/min额定负载相电流频谱

图 3.1.14　1 000 r/min 额定负载相电流波形及频谱

（a）径向气隙磁通密度

（b）切向气隙磁通密度

图 3.1.15　1 000 r/min 时实际电流产生的气隙磁通密度

（a）径向电磁力

（b）切向电磁力谐波

（c）切向电磁力

（d）切向电磁力谐波

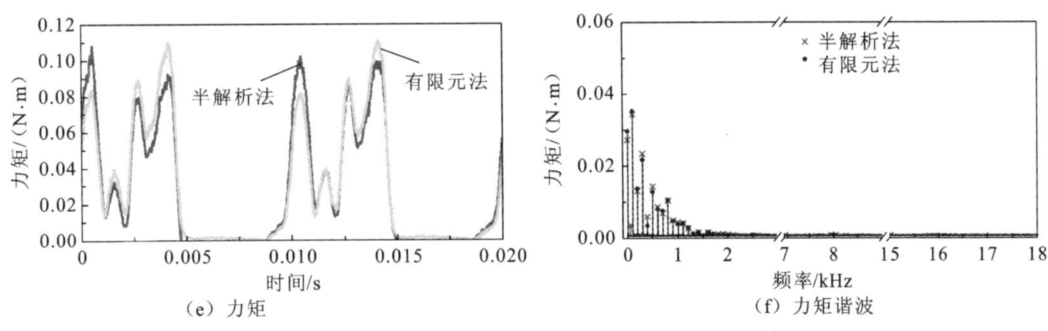

（e）力矩　　（f）力矩谐波

图 3.1.16　1 000 r/min 实际电流产生的集中电磁力

3.2　电机机械结构特性与振动传递机理

电机机械结构特性是电磁振动计算的另一关键环节，其核心是材料参数的确定和固有频率的计算，本节将对定子铁心及绕组材料的正交异性、固有频率的计算方法进行研究，并通过模态实验进行验证。内置式电机三维结构模型如图 3.2.1 所示，具体尺寸参数详见表 2.1.2。

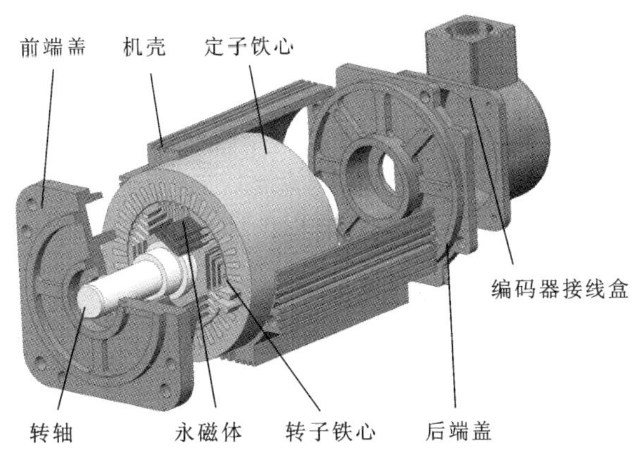

图 3.2.1　内置式电机三维结构模型

3.2.1　铁心及绕组的正交异性

对于由硅钢片叠压而成的定子铁心而言，叠压系数不同代表着各叠片之间的压力不同，造成铁心在叠压方向的材料参数（弹性模量、剪切模量和泊松比）与非叠压方向有很大的不同，呈现出明显的正交异性。绕组由多根并绕导体环绕在定子齿上，导致其在环绕方向和截面方向也呈现出正交异性，同时绕组在浸漆之后，其表面会形成坚固的漆膜，此时的材料属性和实体铜也有很大的不同。如图 3.2.2 所示，硅钢片沿 z 方向叠压，叠压系数与层间绝缘的存在，导致叠压后的铁心在 z 方向的材料参数与 x、y 方向具有明显差异，

而定子铁心在 x-y 平面内由于对称性，其材料参数相同，这种现象称为材料的正交异性，对定子铁心的固有频率等产生重要影响。各方向材料参数之间的关系可表示为

$$E_x = E_y \neq E_z \tag{3.2.1}$$

$$G_{xz} = G_{yz} \neq G_{xy} \tag{3.2.2}$$

$$P_{xz} = P_{yz} \neq P_{xy} \tag{3.2.3}$$

$$G_{xy} = \frac{E_x}{2(1+P_{xy})} \tag{3.2.4}$$

式中：E、G 和 P 分别为杨氏模量、剪切模量和泊松比。可以看出正交异性材料具有 5 个独立的材料参数。

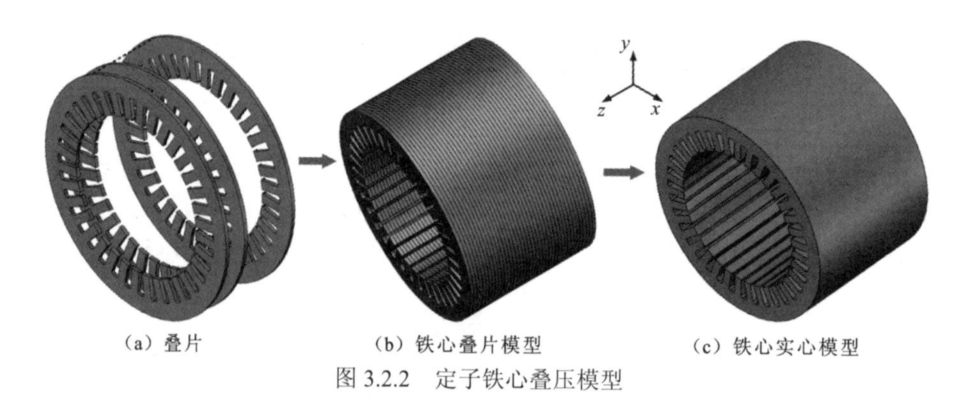

（a）叠片　（b）铁心叠片模型　（c）铁心实心模型

图 3.2.2　定子铁心叠压模型

从图 3.2.2 可以看出，定子铁心属于典型的层压板结构，具有较强的结构线性度。因此对定子铁心等效材料参数可采用复合材料的参数计算方法进行计算[110]，在 z 方向各叠片与层间绝缘之间所受应力相同，其杨氏模量可按照 Reuss 串联模型[110]计算如下：

$$E_z = \left(\frac{\chi_1}{E_1} + \frac{\chi_2}{E_2} \right)^{-1} \tag{3.2.5}$$

式中：E_1 和 E_2 分别为两种材料的杨氏模量；χ_1 和 χ_2 分别为两种材料所占的比例。

绕组和定子铁心一样具有类似的特性，如图 3.2.3 所示，绕组在环绕方向和截面方向的材料参数同样存在正交异性。

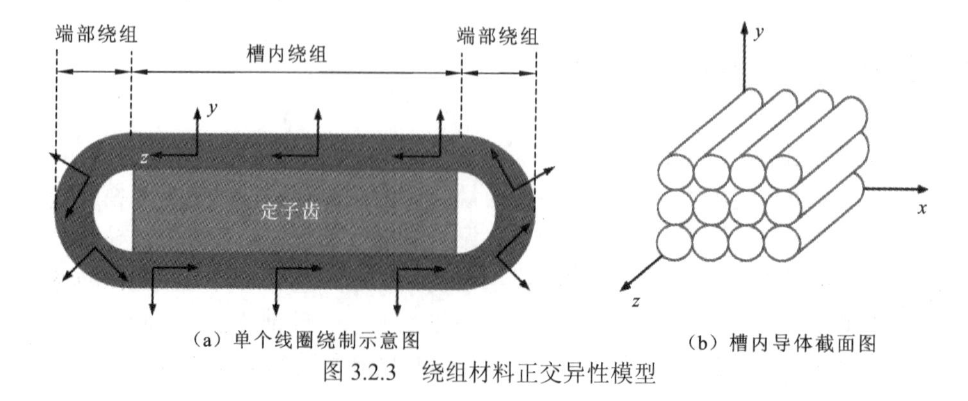

（a）单个线圈绕制示意图　（b）槽内导体截面图

图 3.2.3　绕组材料正交异性模型

在 x-y 平面内，叠片与层间绝缘承受相同外部载荷，两者的应变是相同的，因此其杨氏模量可按照开尔文-沃伊特（Kelvin-Voight）并联模型[110]计算如下：

$$E_x = E_y = \chi_1 E_1 + \chi_2 E_2 \tag{3.2.6}$$

其余参数可按照类似的方式进行计算：

$$P_{xy} = \chi_1 P_1 + \chi_2 P_2 \tag{3.2.7}$$

$$G_{xz} = G_{yz} = \left[\frac{2\chi_1(1+P_1)}{E_1} + \frac{2\chi_2(1+P_2)}{E_2} \right]^{-1} \tag{3.2.8}$$

$$P_{xz} = P_{yz} = P_{xy}\frac{E_z}{E_x} \tag{3.2.9}$$

$$G_{xy} = \frac{E_x}{2(1+P_{xy})} \tag{3.2.10}$$

对于绕组而言，槽内导体的分布比较散乱，不像硅钢片一样非常规则，因此绕组结构不具有线性度。并且浸漆、灌封等工艺使得绕组材料组成以及各种材料之间的相互作用关系极其复杂，尤其是截面所在平面（x-y 平面）的等效参数无法简单地使用复合材料的理论来计算。有研究表明：绕组 x-y 平面的弹性模量近似为铜的标称参数的 1%，x-y 平面内绕组材料特性表现为各向同性，其泊松比取 0.3，与标称参数一致，其余方向的材料参数参照复合材料理论进行计算。叠压铁心的两种材料占比由硅钢片的叠压系数决定，本章中使用的内置式电机硅钢片厚度为 0.5 mm，叠压系数为 0.95；铜的占比则需要根据槽满率、所用铜线的线径及漆膜厚度估算。硅钢片、铜和层间绝缘（聚酯树脂）的标称参数如表 3.2.1 所示，定子铁心、绕组和机壳/端盖等效材料参数可根据式（3.2.5）～式（3.2.10）计算得出，如表 3.2.2 所示。

表 3.2.1　硅钢片、铜和层间绝缘的标称参数

参数	硅钢片	铜	层间绝缘
杨氏模量 E/GPa	205	110	3
泊松比 P	0.25	0.3	0.3
密度 ρ / (kg / m^3)	7 600	6 260	1 300

表 3.2.2　定子铁心、绕组和机壳/端盖等效材料参数

参数	定子铁心	绕组	机壳/端盖（铝）
ρ / (kg/m^3)	7 285	5 268	2 770
E_x、E_y/GPa	195	1.1	71
E_z/GPa	46.9	88.6	71
G_{xy}/GPa	77.8	5.2	26.7
G_{xz}、G_{yz}/GPa	18.2	34.1	26.7
P_{xy}	0.253	0.3	0.33
P_{xz}、P_{yz}	0.06	0.04	0.33

3.2.2 电机模态分析

在计算出电机各零部件等效材料参数后，通过有限元模态分析可以计算出电机各阶模态振型与固有频率，电机各零部件结构有限元模型如图 3.2.4 所示，有限元建模过程中对实际电机做以下简化。

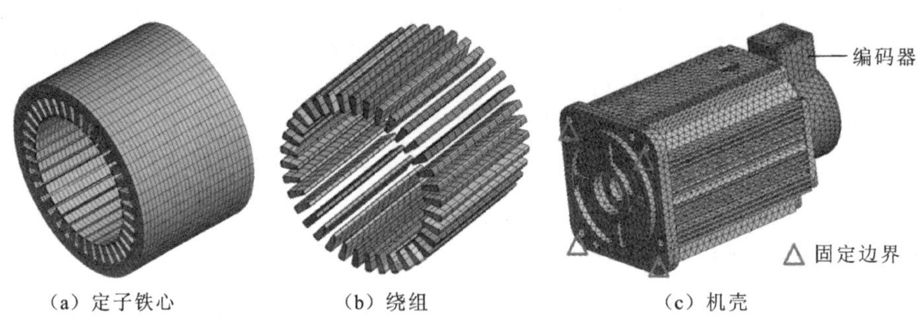

（a）定子铁心　　（b）绕组　　（c）机壳

图 3.2.4　电机各零部件结构有限元模型

（1）定子铁心：铁心在有限元建模时采用实体模型，叠压特性用材料参数来体现。

（2）绕组：绕组建模同样采用实体模型，忽略绕组端部，将其质量等效转换后附加到槽内绕组上。考虑绕组在浸漆和灌封后和定子齿连为一体，在有限元模型中绕组和定子齿接触采用绑定连接。

（3）考虑电机为法兰安装，机壳固定边界为端盖底面。

整机有限元模态分析得到的模态振型和固有频率如表 3.2.3 所示，为更清楚地显示模态振型，隐藏了端盖部分。

表 3.2.3　整机模态分析结果

类别	模态阶次				
	2	3	4	5	6
模态振型					
固有频率/Hz	1 865.6	3 808	6 305.5	8 936.4	11 163

为验证等效材料及结构有限元模型的准确性与合理性，本节对所研究的电机进行了零部件的模态测试。模态测试及设备如图 3.2.5 所示，测试所用设备及软件包括以下 4 种。

（1）振动信号采集系统：LMS SCADAS 8 通道信号输入模块。

（2）模态冲击力锤：PCB 086C03，频率范围 0～8 kHz，幅值输出 2 000 N。

（3）加速度传感器：PCB TLD352C03，灵敏度 10 mV/g，量程 0.5～10 kHz。

（4）模态分析软件：LMS Test.Lab。

（a）定子铁心测试

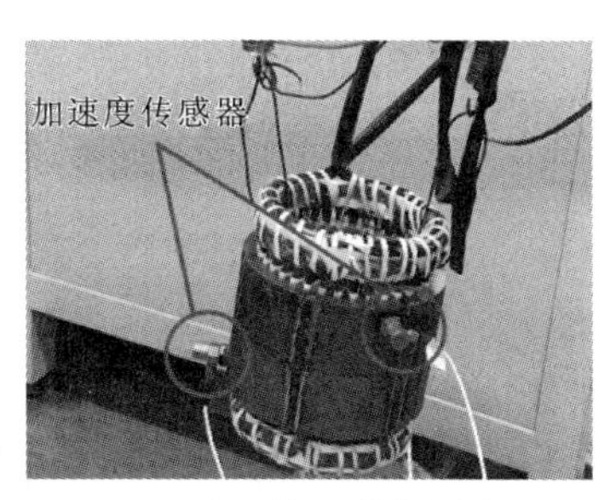

（b）定子铁心-绕组测试

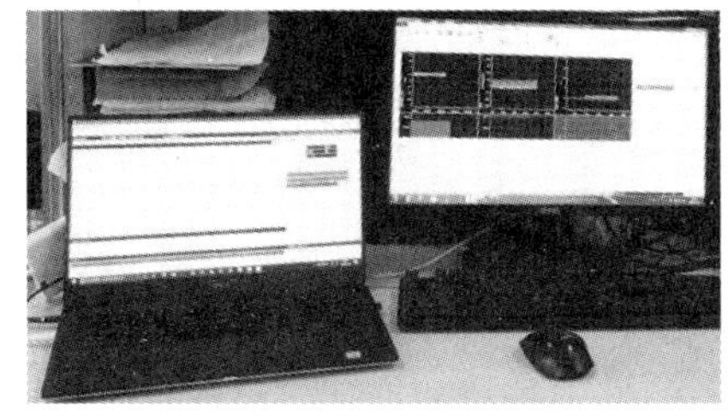

（c）上位机数据处理

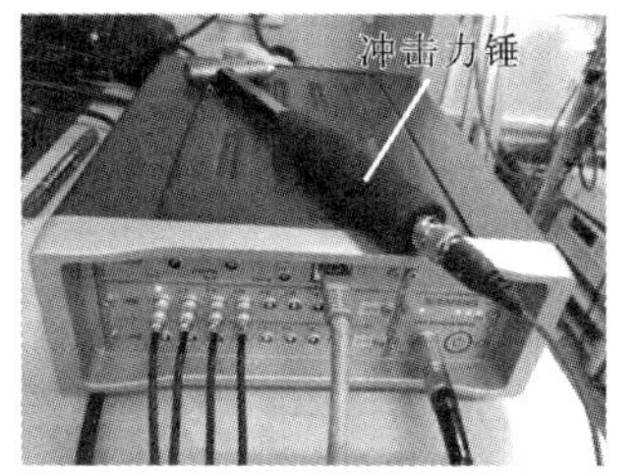

（d）信号采集前端

图 3.2.5　定子铁心及定子铁心-绕组系统模态测试及设备

模态测试采用移动力锤法，即在被测件表面等间距布置 6 个加速度传感器，使用移动力锤逐次在被测件表面敲击，上位机记录每次力锤输入的激振力的信号和加速度传感器输出的加速度信号，模态分析软件通过模态识别算法可以识别出模态振型、固有频率、阻尼比等参数。表 3.2.4 和表 3.2.5 分别给出了定子铁心和定子铁心-绕组系统模态仿真与模态测试结果，对比模态有限元仿真结果与测试结果，可以看出仿真结果和测试结果的误差在 1%以内，证明定子铁心和绕组等效材料参数计算的合理性，说明结构有限元模型比较贴近实际情况。

表 3.2.4　定子铁心模态仿真与模态测试结果

类别		模态阶次		
		2	3	4
模态振型				
固有频率	仿真/Hz	1 215.8	3 241.4	5 785.3
	测试/Hz	1 206.0	3 255.9	5 779.3
	误差/%	0.80	0.45	0.10
阻尼比/%		0.26	0.27	0.40

表 3.2.5　定子铁心-绕组系统模态仿真与模态测试结果

类别		模态阶次	
		2	3
模态振型			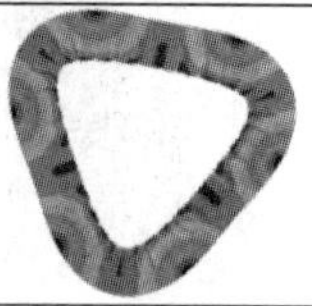
固有频率	仿真/Hz	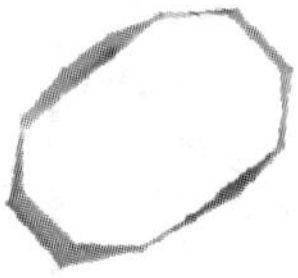 1 142.9	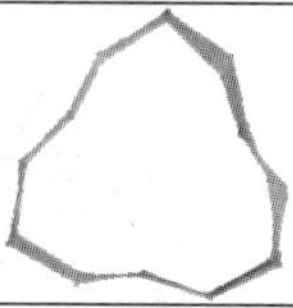 3 025.4
	测试/Hz	1 142.2	3 011.0
	误差/%	0.06	0.48
阻尼比/%		0.55	1.50

3.3　基于线性叠加原理的电磁振动快速计算

3.3.1　电磁振动计算的线性叠加原理

1. 不同阶次径向力和切向力引起的电磁振动

电机电磁振动的本质是作用于电机定子齿上的电磁力引起的电机定子轭部的振动。为研究不同阶次电磁力产生电磁振动的机理，采用单位力波响应的方式进行仿真分析，所施加的单位力波如下：

$$F_{\text{unit},z}(f)=1\times \mathrm{e}^{\mathrm{j}(v\theta_z+2\pi ft)},\quad z\in[1,Q_{\mathrm{s}}] \tag{3.3.1}$$

式中：$F_{\text{unit},z}$ 为第 z 个齿上施加的集中电磁力；f 为集中电磁力的频率；v 为谐波次数；θ_z 为第 z 个齿中心线位置的空间角度；t 为时间。

在对定子齿施加空间阶次为 2、频率为 1 800 Hz 的径向和切向集中电磁力后，其单位力波响应如图 3.3.1（c）展示了 2 阶圆周模态振型，可以看到无论是径向力还是切向力的单位力波响应变形均和 2 阶圆周模态相似，说明 2 阶电磁力波产生的振动变形中 2 阶模态起到了主导作用。该现象从理论上可解释为：实际上电机在电磁激励下的变形十分微小，因此电机可以视为一个多自由度的刚体系统，其动力学方程为

$$\boldsymbol{M}\ddot{\boldsymbol{x}}(t)+\boldsymbol{C}\dot{\boldsymbol{x}}(t)+\boldsymbol{K}\boldsymbol{x}(t)=\boldsymbol{F}(t) \tag{3.3.2}$$

式中：$\boldsymbol{M}$、$\boldsymbol{C}$ 和 $\boldsymbol{K}$ 分别为质量矩阵、阻尼矩阵和刚度矩阵；$\boldsymbol{x}$ 为振幅向量；$\boldsymbol{F}$ 为激励力向量。将其变换到频域，多自由度系统的动力学方程可表示为

$$(\boldsymbol{K}-\omega^2\boldsymbol{M}+\mathrm{j}\omega\boldsymbol{C})\boldsymbol{x}(\omega)=\boldsymbol{F}(\omega) \tag{3.3.3}$$

式中：ω 为系统的机械角频率，振幅、速度和加速度三者之间的关系为 $\dot{\boldsymbol{x}}(\omega)=\mathrm{j}\omega x$，$\ddot{\boldsymbol{x}}(\omega)=-\omega^2 x$。将振幅向量的物理坐标系统变换到模态坐标系统下，对式（3.3.3）求解有

$$x(\mathrm{j}\omega)=\sum_{s=1}^{N}x_s(\mathrm{j}\omega)=\sum_{s=1}^{N}\frac{\boldsymbol{\phi}_s^{\mathrm{T}}\boldsymbol{F}_s(\mathrm{j}\omega)\boldsymbol{\phi}_s}{\omega_s^2+2\mathrm{j}\omega\zeta_s\omega_s-\omega^2} \tag{3.3.4}$$

式中：$\boldsymbol{\phi}_s$ 为第 s 阶模态向量；ω 和 ω_s 分别为激振力的角频率和第 s 阶模态频率；ζ_s 为阻尼比。从式（3.3.4）中可以看出，当 s 阶模态力 $\boldsymbol{\phi}_s\boldsymbol{F}_s$ 相比于其他的模态力足够大，即激振力的空间阶次和模态振型吻合时，振动响应中第 s 阶模态起主要作用。

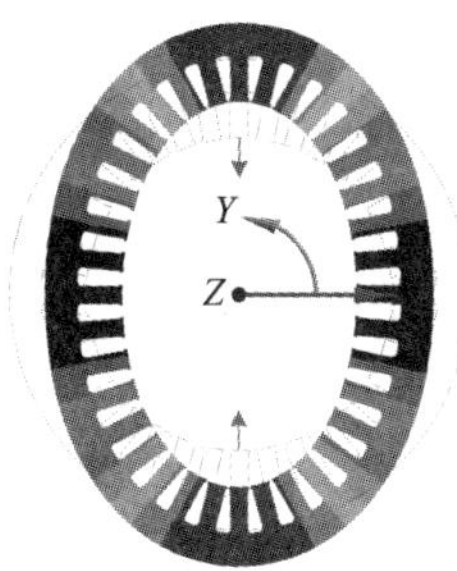

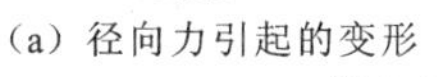
（a）径向力引起的变形

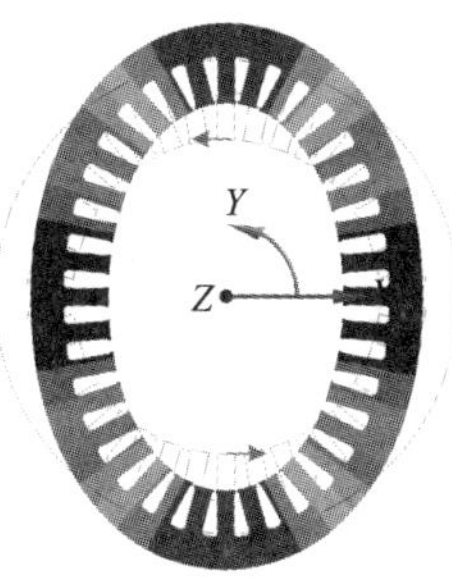

（b）切向力引起的变形

（c）2阶模态振型

图 3.3.1　2 阶集中电磁力的单位力波响应

从单位力波响应的变形还可以看出：在铁心振动变形的过程中几乎只有定子轭部的径向变形，而齿部几乎没有发生变形，只是随着轭部的变形发生了空间位置的移动，进一步说明电机的振动本质上是电磁力经定子齿传递到轭部后引起的轭部振动。径向和切向电磁力均使轭部在径向发生变形，其原理和过程如图 3.3.2 所示。在图 3.3.2（a）中，位于定子齿中心处的集中电磁力根据力系等效原则可以直接平移到定子轭部中心线处，并且平移后的力学效果不变，显然 $\boldsymbol{F}_{\mathrm{r1}}$ 和 $\boldsymbol{F}_{\mathrm{r2}}$ 可以形成如力矩 $\boldsymbol{M}_1$ 的逆时针转动效果，同理 $\boldsymbol{F}_{\mathrm{r2}}$ 和 $\boldsymbol{F}_{\mathrm{r3}}$ 可以形成如力矩 $\boldsymbol{M}_2$ 的顺时针转动效果，两者综合作用下电机轭部发生如虚线所示的变形。在图 3.3.2（b）中，切向力对定子轭部中心同样会产生力矩作用，形成转动效果，从而使轭部发生如图中虚线所示的变形。从另外一个角度，切向力产生的力矩大小为 $F_{\mathrm{t1}}l_{\mathrm{a}}$，该力矩可以用大小为 $F'_{\mathrm{t1}}l_{\mathrm{b}}$ 的力偶来等效，进一步可以等效为间距等于 l_{b}、大小等于 F'_{t1} 但方向相反的 2 个径向力，说明作用在齿中心的切向电磁力可以用作用于轭部的径向力来等效，因此切向力同样会使轭部发生径向变形。

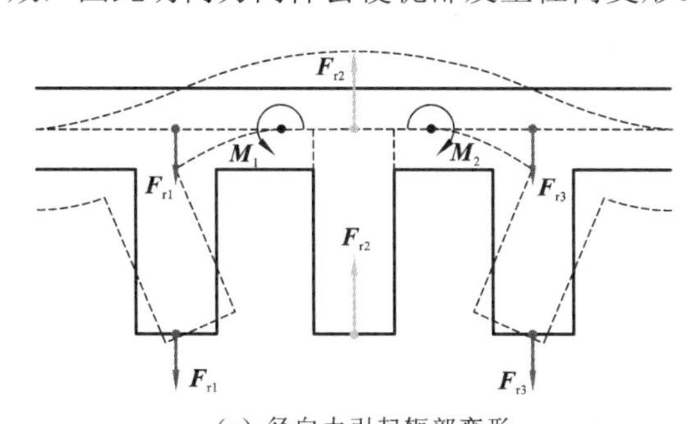

（a）径向力引起轭部变形

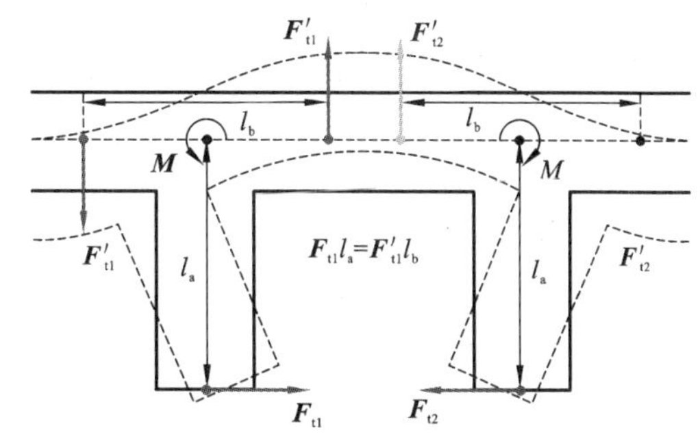

（b）切向力引起轭部变形

图 3.3.2　径向力和切向力引起的轭部变形示意图

但需要指出的是：电机电磁力中 0 阶的径向力和切向力是较为特殊的存在，0 阶径向力虽同样会引起定子轭部的径向变形，但由于每个定子齿上的 0 阶电磁力在任意时刻同相位，从波的角度来讲是空间驻波，在图 3.3.2 中表现为 $\boldsymbol{F}_{r1}$、$\boldsymbol{F}_{r2}$ 和 $\boldsymbol{F}_{r3}$ 同大小且同方向，所以 0 阶电磁力引起的定子轭部的变形是内外膨胀和收缩的形式，因此 0 阶模态也称为呼吸模态；同样地，0 阶切向力在任意时刻也为空间驻波，在图 3.3.2 中表现为 $\boldsymbol{F}_{t1}$ 和 $\boldsymbol{F}_{t2}$ 同大小且同方向，因此 0 阶切向力引起齿部的摆动，而对定子轭部的径向变形贡献很小，换言之，0 阶切向力的主要作用是产生转矩。

值得注意的是：当激振力阶次和模态振型相同，但频率和固有频率相差较远时，该阶模态的主导作用将会变弱，从而导致这种情况下单位力波响应的变形和该阶模态振型并不会很相似，如图 3.3.3 所示。4 阶径向集中力引起的变形和 4 阶模态振型类似，但 4 阶切向力引起的变形和 4 阶模态振型差别较大。这是因为 4 阶模态频率要远高于 1 800 Hz，导致切向力作用下 4 阶模态的主导作用不明显，此外电机并非理想模型，各阶模态之间并非完全解耦，其余模态的参与也导致了振动变形偏移 4 阶模态。

(a) 径向力引起的变形

(b) 切向力引起的变形

(c) 4 阶模态振型

图 3.3.3　4 阶集中电磁力的单位力波响应

2. 不同阶次电磁力波的频率响应函数

频率响应函数定义为系统输出与输入的比值，根据式（3.3.4），第 s 阶模态的频率响应函数可表示为

$$H_s(\mathrm{j}\omega)=\frac{x_s(\mathrm{j}\omega)}{F_s(\mathrm{j}\omega)}=\frac{\boldsymbol{\phi}_s^{\mathrm{T}}\boldsymbol{\phi}_s}{\omega_s^2+2\mathrm{j}\omega\zeta_s\omega_s-\omega^2} \tag{3.3.5}$$

若激励力是阶次为 s、幅值为 1、频率为 0 的静态力，此时响应表示系统在 s 阶单位静态力作用下的振幅，即 $\delta_s=\boldsymbol{\phi}_s^{\mathrm{T}}\boldsymbol{\phi}_s/\omega_s^2$。频率响应函数进一步变形为

$$H_s(\mathrm{j}\omega)=\delta_s\frac{1}{1+2\mathrm{j}\zeta_s(\omega/\omega_s)-(\omega/\omega_s)^2} \tag{3.3.6}$$

可以看出，频率响应函数由静态变形、阻尼比和固有频率共同决定。对本章中的电机模型，静态变形同样可以采用单位力波响应法计算得到。阻尼计算采用如下经验公式，并根据实验加以修正确定：

$$\zeta_s=\frac{1}{2\pi}(2.76\times10^{-5}f_s+0.062) \tag{3.3.7}$$

式中：f_s 为第 s 阶模态频率。

各阶模态的频率响应函数如图 3.3.4 所示，可以看出随着模态阶次的增加，切向的频率响应函数的幅值逐渐增大，意味着电机的振动对高阶切向力波更加敏感，所以切向力在振动计算中不能忽略。同时从 0 阶频率响应函数可以看出，0 阶切向力对径向电磁振动的贡献很小，再次说明 0 阶切向力主要作用是产生转矩，对定子轭的径向变形影响很小。

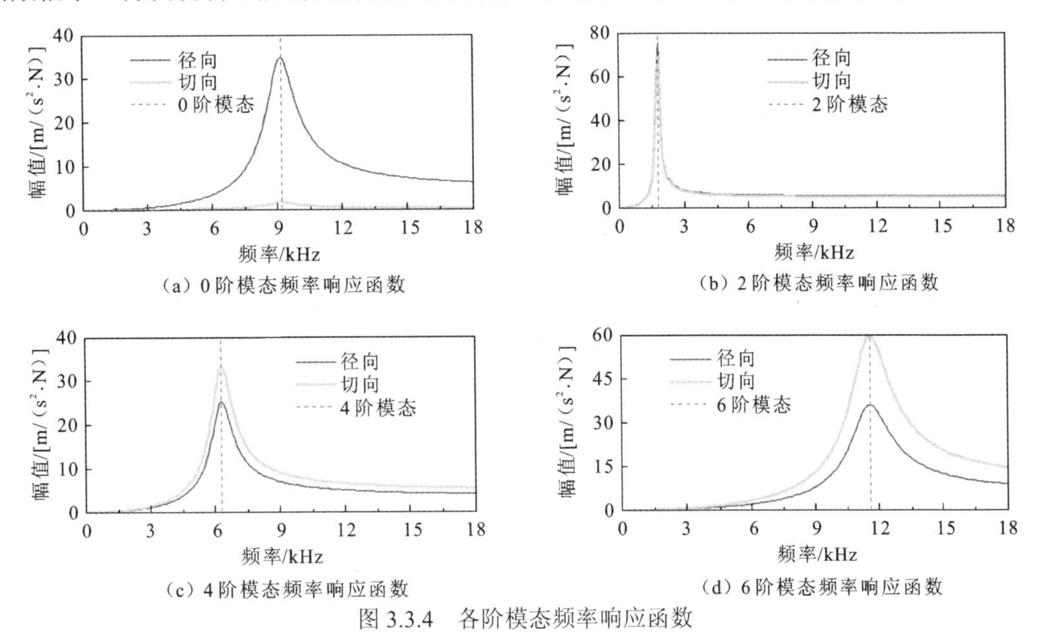

图 3.3.4　各阶模态频率响应函数

3. 电磁振动计算的线性叠加法

根据单位力波响应可以看到，电机电磁振动和多自由度刚体的振动类似，其各阶模态之间近似解耦，因此电机电磁振动可以进行线性叠加：

$$
\begin{aligned}
A = &\sum_{v}\sum_{u} |F_{uv,\mathrm{n}}||H_{uv,\mathrm{n}}| \mathrm{e}^{\mathrm{j}(v\theta_z + u\omega_1 + \varphi_{uv,\mathrm{n}} + \phi_{uv,\mathrm{n}})} \\
&+ \sum_{v}\sum_{u} |F_{uv,\mathrm{t}}||H_{uv,\mathrm{t}}| \mathrm{e}^{\mathrm{j}(v\theta_z + u\omega_1 + \varphi_{uv,\mathrm{n}} + \phi_{uv,\mathrm{t}})}
\end{aligned}
\tag{3.3.8}
$$

式中：$H_{uv,\mathrm{n}}$ 和 $H_{uv,\mathrm{t}}$ 分别为法向和切向电磁力激励下的频响函数；$\phi_{uv,\mathrm{n}}$ 和 $\phi_{uv,\mathrm{t}}$ 分别为法向和切向频率响应函数的相位。根据式（3.3.8），只需计算一次电机的频率响应函数，当需要计算不同工况下的电磁振动时，只需要更新电磁力数据就可以快速计算出不同工况下的电磁振动。

3.3.2　单转速工况下电磁振动计算

以集中电磁力谐波作为输入，结合图 3.3.4 的频率响应函数，基于振动线性叠加原理，额定转速时不同负载条件下的振动计算结果如图 3.3.5 所示。为验证计算结果的准确度，搭建了如图 3.3.6 所示的实验平台，对图 3.3.7 所示的样机进行了振动测试。实验所用仪器设备及软件的具体型号如表 3.3.1 所示。实验共测试三种负载工况：空载、半载（5 N·m）和额定负载（9.6 N·m）。空载时被测电机与负载电机断开机械连接。电机采用 SVPWM 调制，开关频率 8 kHz，电机上表面等间距布置三个加速度传感器，实测加速度值取三个传感器测得加速度的平均值。

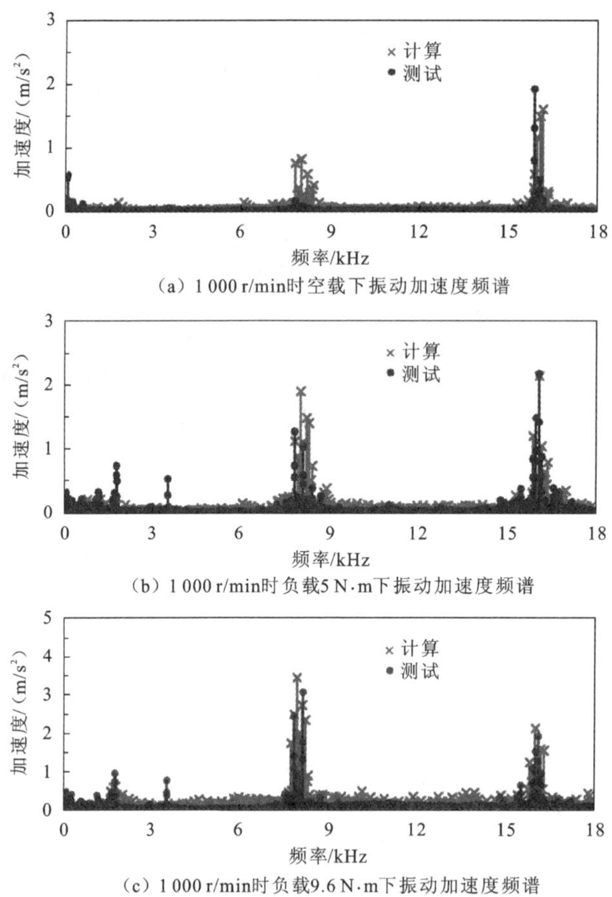

(a) 1 000 r/min时空载下振动加速度频谱

(b) 1 000 r/min时负载5 N·m下振动加速度频谱

(c) 1 000 r/min时负载9.6 N·m下振动加速度频谱

图 3.3.5　1 000 r/min 时不同负载下振动加速度频谱

图 3.3.6　振动测试实验平台

（a）定子铁心

（b）转子铁心

（c）样机

图 3.3.7 36 槽 6 极内置式永磁电机

表 3.3.1 实验所用仪器设备及软件型号

设备及软件	型号
加速度传感器	PCB TLD352C03，灵敏度 10 mV/g，量程 50g
振动信号采集前端	LMS SCADAS 数据采集主机箱，SCM-V8-E 输入模块，16 通道
振动采集与分析软件	LMS Test.Lab Data Acquisition & Analysis
波形记录仪	Yokogawa DL850E
负载电机	华大 130ST-M09615LEBB
扭矩传感器	HBM T22-20NM
电机控制器	dSPACE MicroLabBox DS1202

对比振动计算结果和测试结果，可以看出：虽然在轻载条件下振动计算的结果和测试结果存在一定的误差，但总体而言不同负载条件下的电磁振动计算结果和测试结果的误差在10%以内，其主要原因是实际电机的加工、制造及安装条件等因素的影响导致电机在结构建模中仍然存在误差。

3.3.3 多转速工况下电磁振动计算

多转速工况的电磁振动计算本质上是计算过程重复但转速不同的电磁振动计算，其中不同转速下的电磁力计算需要根据电磁力的计算方法重复进行，而频率响应函数只和电机本身的结构特性有关，不需要重新计算。

图 3.3.8 给出了额定负载下各阶电磁力随转速变化的瀑布图，图中横轴为电磁力的频率，纵轴为电机转速，图中斜线为电磁力相同时间谐波次数电磁力的连线。对比不同阶次的电磁力频谱，可以看出在整个加速过程中 0 阶和 6 阶电磁力占主要成分，而 2 阶和 4 阶电磁力的幅值很小，这和第 2 章电磁力谐波分析中的分析结果一致（图 2.2.10 和图 2.2.12）。

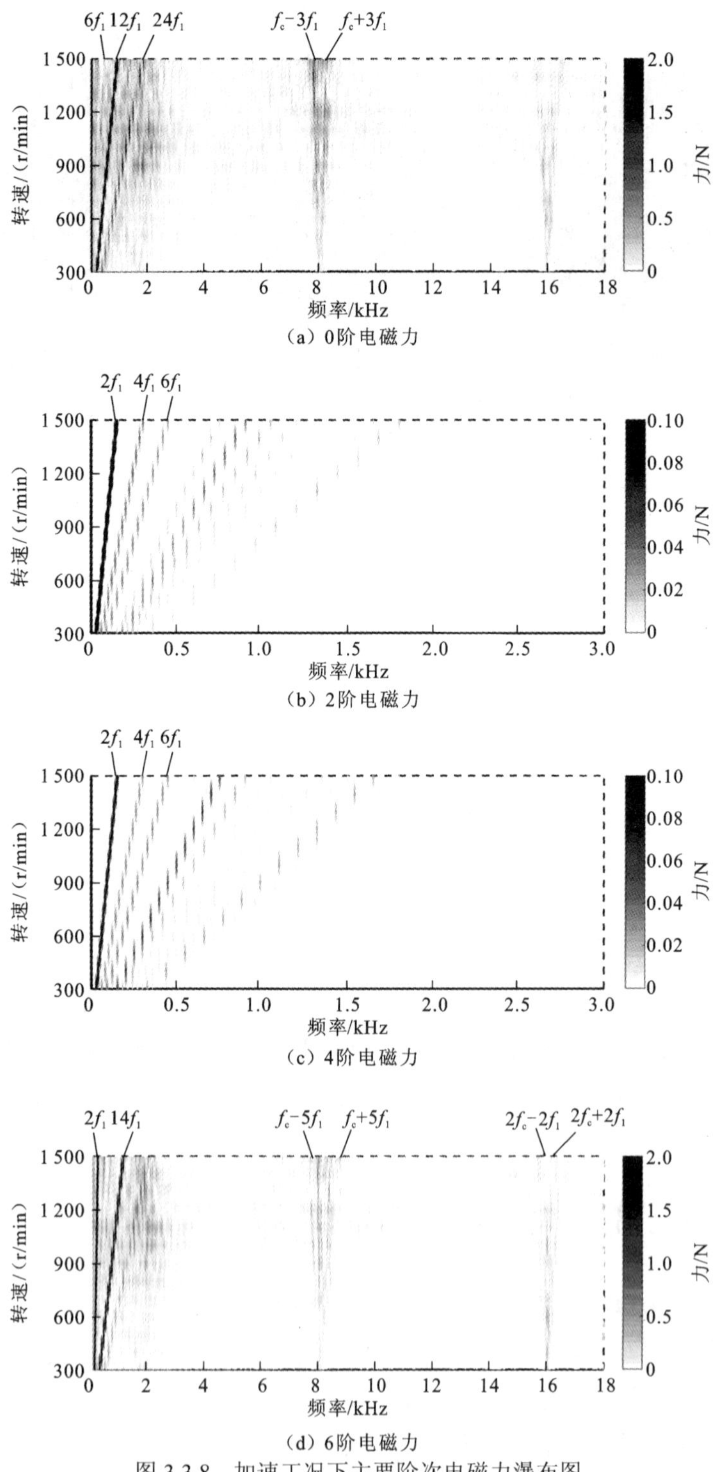

（a）0阶电磁力

（b）2阶电磁力

（c）4阶电磁力

（d）6阶电磁力

图 3.3.8　加速工况下主要阶次电磁力瀑布图

也再次表明对整数槽电机，除极数阶电磁力外，0 阶电磁力对振动的影响也较大，在振动分析中不可忽略。高频电磁力只在图 3.3.8（a）和（d）中出现，这也和电磁力谐波特性分析中得出的结论一致（图 2.2.2），即高频电磁力的主要空间阶次为 0 阶和极数阶。从某一阶次电磁力内部来看，不同转速下的电磁力频率均为基波电频率的偶数倍，即图中斜线所示。0 阶电磁力 12 倍基波电频率幅值较大，其原因是该电机为 3 对极，12 倍基波电频率即为 36 倍机械频率，说明该频率 0 阶电磁力是气隙 36 阶电磁力由于受到定子齿槽的影响发生空间阶次混叠后形成。

额定负载下电机从 300 r/min 加速到 1 500 r/min 的实测电流、振动加速度以及基于实测电流计算得到的振动加速度如图 3.3.9 所示。从频谱图可以看出，低频段 1 800 Hz 左右振幅较大，这是由于 2 阶固有频率为 1 865.6 Hz，电机在此处发生了结构共振。除去共振区

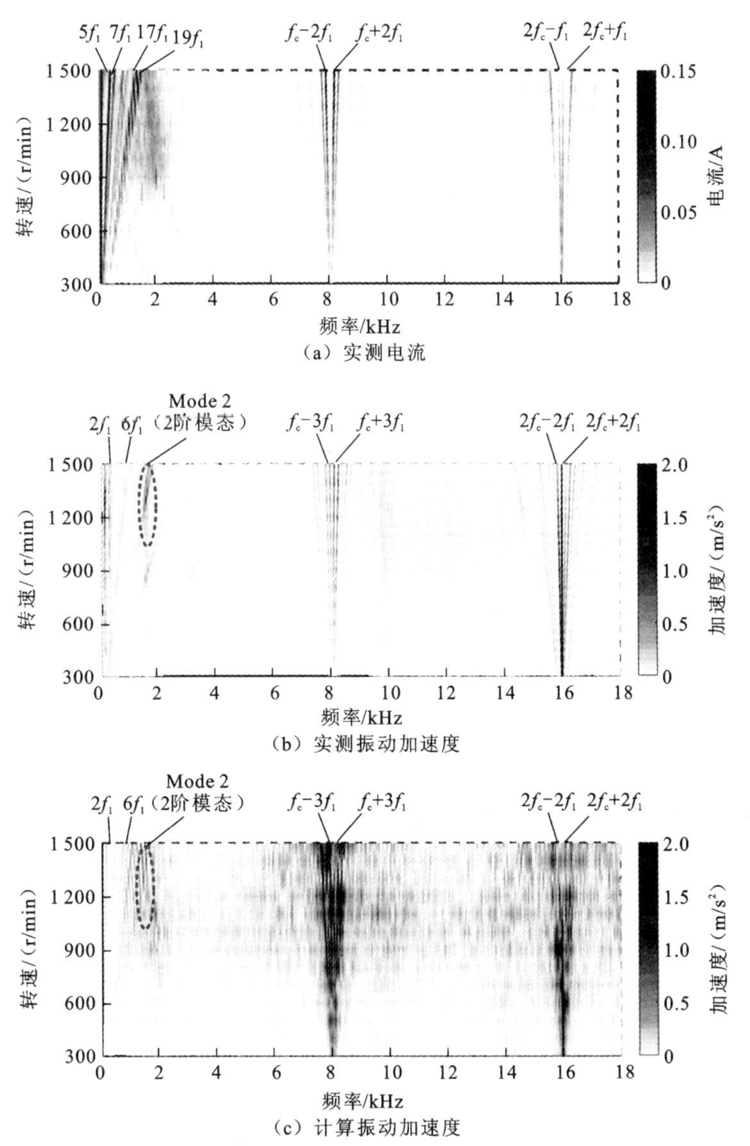

（a）实测电流

（b）实测振动加速度

（c）计算振动加速度

图 3.3.9　额定负载下实测电流、实测振动加速度和计算振动加速度

域外，其余幅值较大的振动频率在低频段为基波电频率的偶数倍，如图中斜线所示，这和图 3.3.8 中电磁力的频谱是一致的。在高频段，振幅较大的地方主要集中在 1 倍及 2 倍载波频率附近，其主要振动频率为 $f_c \pm 3f_1$ 和 $2f_c \pm 2f_1$，其空间阶次分别为 0 阶和 6 阶。从图中还可以观察到：在主要的振动频率处，计算结果能较好地和实验结果吻合，但实测结果的瀑布图相比计算值图电流谐波成分更少，主要原因是实际电机具有滤波效应以及加速度传感器的灵敏度不足导致幅值非常小的振动并不会被测量出。

空载和半载条件下的振动测试结果和计算结果如图 3.3.10 和图 3.3.11 所示，其振动的频率与空间阶次特性与额定负载下类似，在此不再赘述。

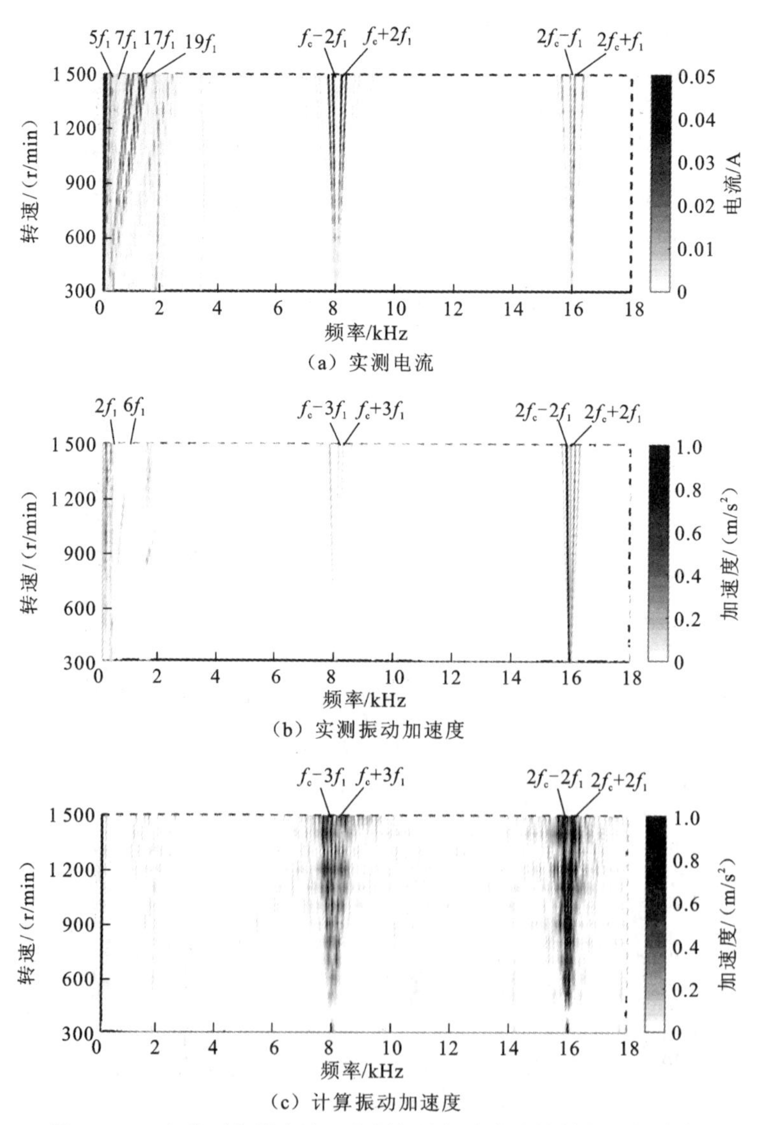

图 3.3.10　空载下实测电流、实测振动加速度和计算振动加速度

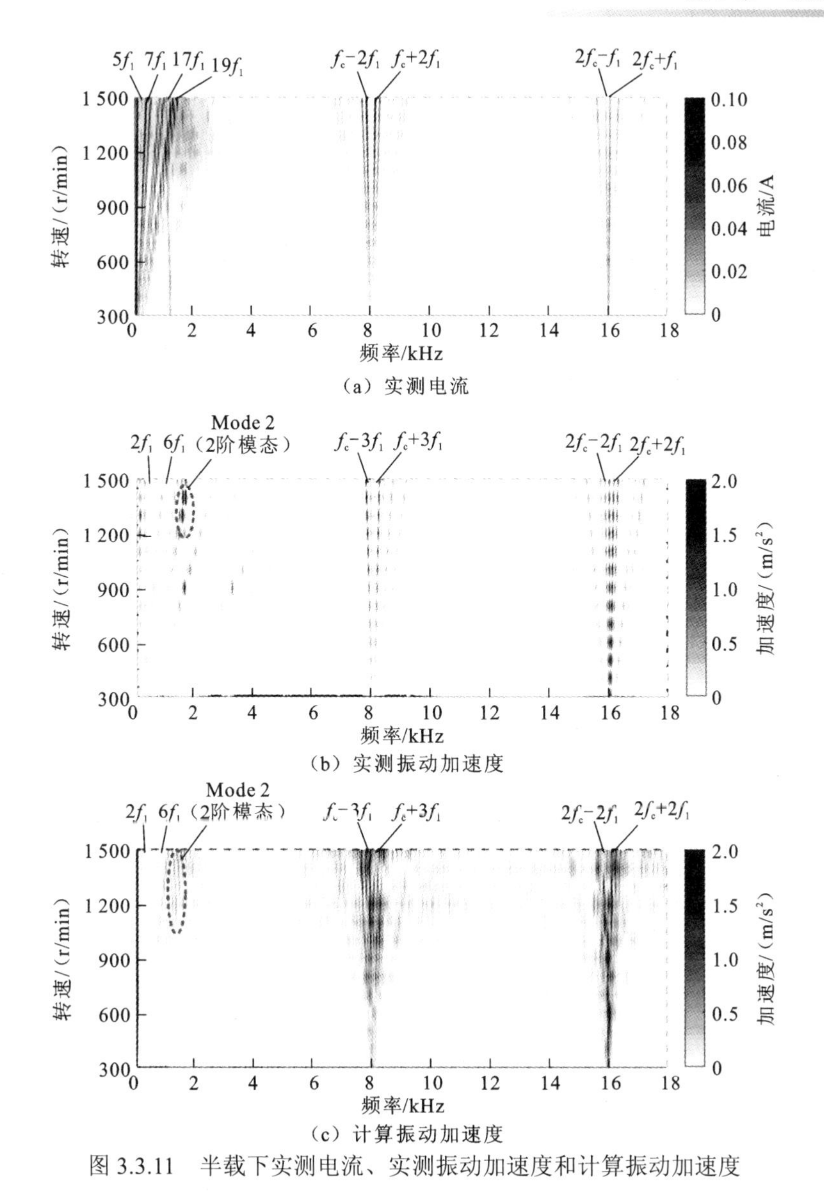

图 3.3.11　半载下实测电流、实测振动加速度和计算振动加速度

3.4　不同电磁力波的作用

3.4.1　0 阶电磁力

从第 2 章中对 0 阶电磁力的研究结论可知，0 阶电磁力波对整数槽电机的电磁振动有着重要影响。本节将基于提出的电磁振动计算方法对 0 阶电磁力波对电磁振动的贡献进行研究。图 3.4.1 给出了利用电磁振动快速计算方法得到的各阶电磁力波单独作用产生的振动加速度的频谱。

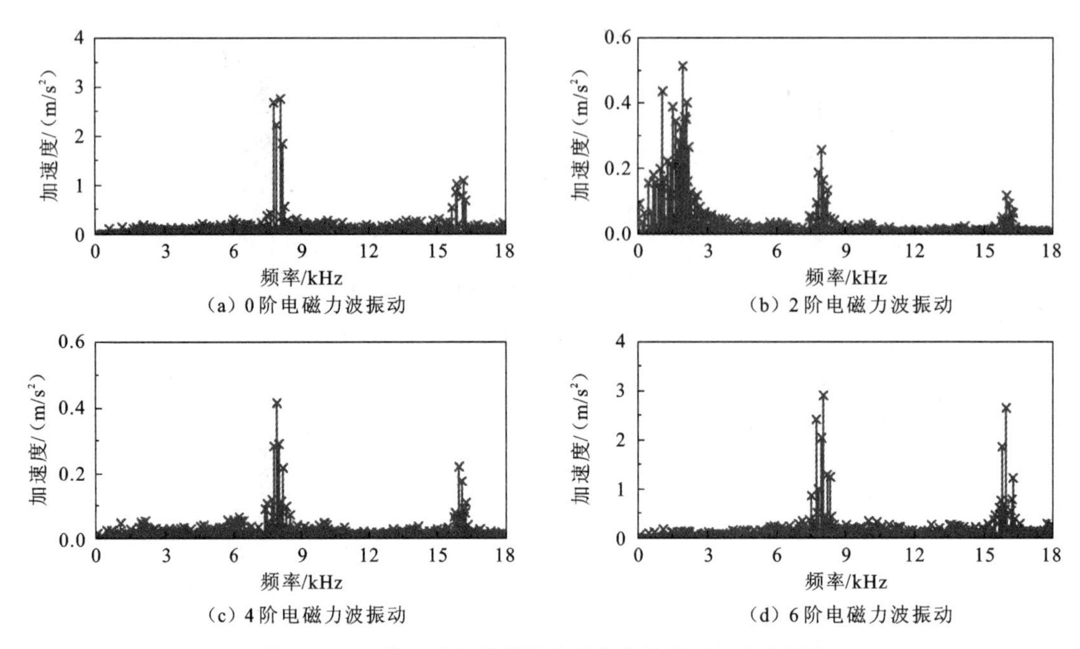

图 3.4.1 各阶电磁力波单独作用产生的振动加速度频谱

从振动计算结果可以看到 0 阶振动幅值和 6 阶振动幅值大小相当，且远大于 2 阶和 4 阶振动，证明 0 阶电磁力对整数槽电机的振动有重要影响。图 3.4.2 对 0 阶和 6 阶电磁力波共同产生的振动、全部电磁力波产生的振动和测试结果进行比较，可以看到 0 阶和 6 阶电磁力波共同产生的电磁振动和所有电磁力波产生的电磁振动相当，并且和测试结果接近，说明对于整数槽绕组电机而言，0 阶和 $2p$ 阶电磁力波是电磁振动的主要来源。鉴于 0 阶电磁力波对整数槽电机的电磁振动有重要影响，在计算与分析中需要重点关注。

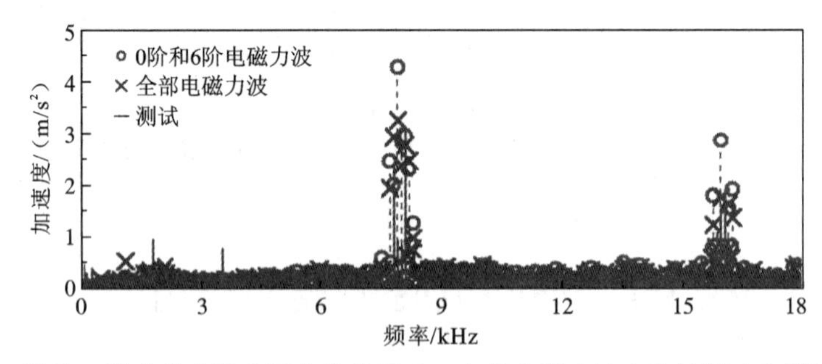

图 3.4.2 0 阶和 6 阶电磁力波共同产生的振动、全部电磁力波产生的振动和测试结果对比

3.4.2 切向电磁力

基于前述对径向力和切向力引起振动的机理以及电机频率响应函数的研究可知，切向力对电机电磁振动有着重要影响，本小节以本章中所用的内置式永磁电机为对象，利用所

提电磁振动快速计算方法来分析切向力对电磁振动的贡献大小。不同频率范围内径向力和切向力单独作用引起的振动加速度频谱如图 3.4.3 所示，可以看到无论是低频段还是高频段，切向力波产生的振动都很明显，甚至在某些频率下其和径向力产生的振动相当。产生这种现象的原因有两个：一是除 0 阶以外，切向力的频率响应函数的幅值和径向力的频率响应函数的幅值相当或更大；二是某些频率下切向力同样具有和径向力相当的幅值，因此切向力在电磁振动的计算和分析中不能忽略。图 3.4.4 对使用不同电磁力计算的振动加速度与测试的振动加速度进行对比，可以看到使用全部电磁力波的计算结果和测试结果较为接近，而只采用径向力波计算的振动加速度明显小于测试的振动加速度，进一步说明了在电机的电磁振动计算和分析中不可忽略切向力。

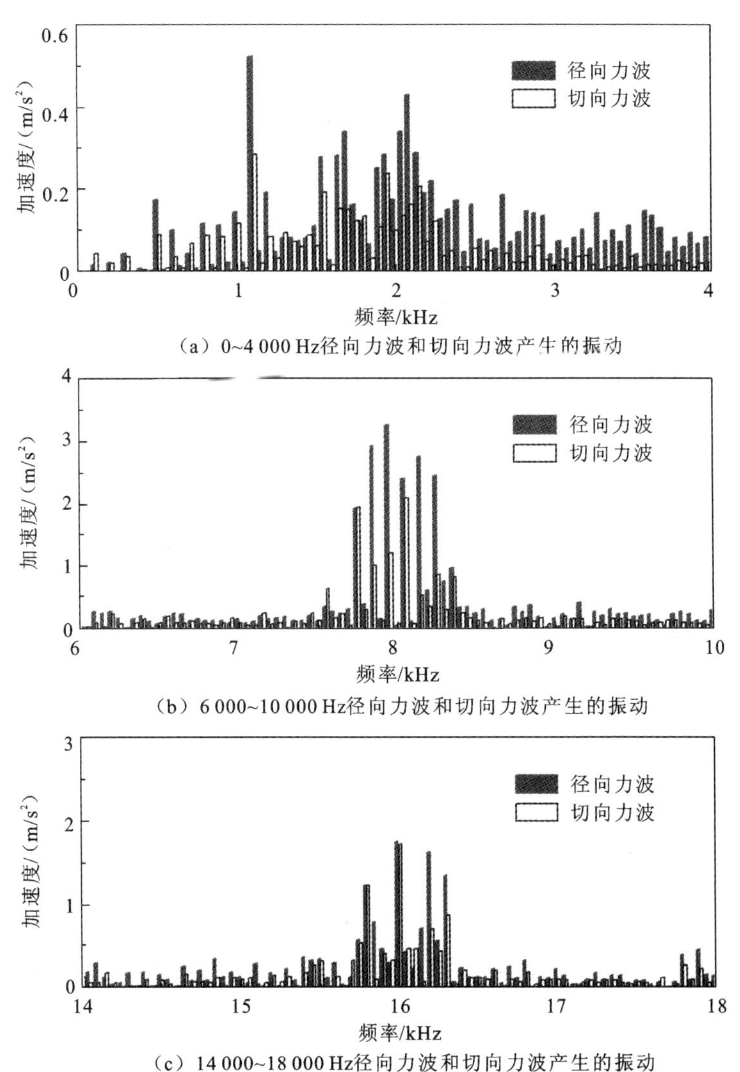

（a）0~4 000 Hz径向力波和切向力波产生的振动

（b）6 000~10 000 Hz径向力波和切向力波产生的振动

（c）14 000~18 000 Hz径向力波和切向力波产生的振动

图 3.4.3　不同频率范围内径向力和切向力单独作用引起的振动加速度频谱

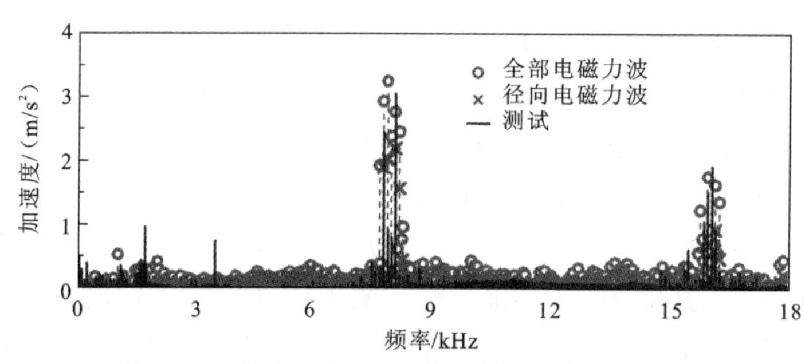

图 3.4.4　测试振动加速度和计算振动加速度对比

3.5　电机电磁振动计算与优化平台

3.5.1　基于多目标寻优的电磁力优化

电机的优化设计涉及复杂的计算过程，需要考虑多个设计参数和约束条件，以及平衡电机的性能参数（如输出转矩、速度、效率等）与振动噪声之间的相互制约关系。通过电磁力优化，可在设计阶段降低电磁力的不平衡性和谐波分量，优化电机的噪声和振动水平。传统的单目标优化方法难以全面考虑这些因素的综合影响，容易导致只满足局部最优解而忽略全局性能的提升。而多目标优化方法则可以同时考虑多个性能指标，并找到一个平衡的解集，以适应不同应用场景和满足不同需求。

本节以本章提出的电磁力与电磁振动计算方法为基础进行电磁力多目标优化。通过调整电机设计的参数，可对不同设计方案下的电磁力性能进行快速评估，再结合多目标优化算法，如遗传算法、粒子群优化等，搜索最佳设计参数组合，实现多个性能指标间的平衡优化。

在电磁力多目标优化中，选择适当的优化变量对实现综合性能的提升至关重要。本节采用转子参数化模型，将转子的几何参数进行参数化，以便对转子的结构进行优化。具体而言，优化变量包括以下关键参数：①转子辅助槽的尺寸；②两层隔磁桥的厚度和长度；③两层磁钢的夹角、厚度和长度；④圆角半径。

在电磁力多目标优化中，由于计算量巨大，通常无法对所有可能的工况点进行计算。因此，为了有效地进行优化，需要采用适当的策略来选择计算工况点，以平衡计算精度和计算效率。在选择计算工况点时，可以考虑以下几个关键因素：①选择具有重要性和代表性的工况点进行计算。这些工况点能反映电机在不同负载、速度或电流条件下的运行状态，能够涵盖实际应用中的不同工况。通过计算这些关键工况点，可以有效掌握电机性能的整体特征。②选择极端工况点进行计算，如最大负载、最大速度、最大电流等。这些工况点可能导致电机性能指标变化较大，因此在优化中对它们进行特别关注可以帮助找到在不同工况下性能最优的设计。③利用响应面建模的方法，在有限的计算工况点基础上，建立适当的数学模型来近似预测其他工况点的电磁力性能。这可以大大减少计算量，同时保持一定的预测精度。

在电磁力多目标优化中，确保转子几何模型的合理性和满足一定几何约束是十分重要的，因为几何干涉和合理的结构对电机的性能和可制造性有着直接的影响。在考虑多个设计变量和几何参数的情况下，需要引入合适的几何约束，以确保得到的优化设计在物理和工程实际中是可行的。在参数化转子模型中，常见的几何约束可以分为以下几类：①连续轮廓无交点。这一约束确保转子的几何轮廓是连续的，不存在交叉或干涉。②不同轮廓无交点。除了连续性，不同部分的几何轮廓也应当避免交叉点或干涉，例如，在转子的不同磁极之间，不同部分的轮廓应当在任何角度下都不会相互交叉，这有助于确保电磁力分布的连续性和稳定性。③限制最小几何尺寸。转子的最小几何尺寸是由机械强度和制造要求决定的，在优化中可以引入约束来确保转子的几何尺寸不会小于一定的限制值，以满足机械强度和可制造性的要求。在优化过程中，这些几何约束可以通过添加适当的约束函数来表达。例如，可以使用不等式约束来限制交叉点或干涉的存在，或者使用等式约束来确保最小尺寸要求。这些约束将会在优化算法中起到指导作用，以确保最终的设计在几何上是合理且可行的。

在电磁力多目标优化中，性能约束和优化目标的定义对确定最优设计方案非常重要。性能约束用于确保设计在实际应用中满足一定的限制条件，而优化目标则是希望在多个性能指标间达到最佳平衡。

性能约束通常包括但不限于机械强度约束、热耐受性约束、制造可行性约束。优化目标通常涵盖多个性能指标，如效率、输出转矩、噪声水平、振动稳定性等。在遗传算法等优化算法中，这些优化目标之间可能存在相互制约的关系，因此需要权衡和平衡不同目标之间的关系。当优化目标超过三个时，可能面临权重分配的问题。权重分配决定每个目标的相对重要性，而合理的权重分配能够在多目标优化中找到一个平衡的解集。不合理的权重分配可能导致优化过程偏向某些目标，使得最终的设计方案在其他目标上表现较差。解决优化目标权重分配问题的一种方法是使用多目标决策方法，如帕累托最优性（Pareto optimality）方法。这种方法通过找到一组不可支配解（Pareto 解）来提供一系列平衡的解决方案，而无须人为进行权重分配。另一种方法是通过专家知识和实际需求来进行合理的权重分配，以反映不同目标的重要性。

本节采取 NSGA-II 遗传算法对电机电磁力进行优化设计。NSGA-II 是一种经典的多目标优化算法，它可以在多个目标之间进行平衡，寻找一组 Pareto 解，这些解在没有一个目标值变优的情况下都是不可支配的。NSGA-II 使用快速非支配排序法，采用精英策略与计算拥挤度将复杂度降低至 $O(mN^2)$，大大减少了计算方案数，能够更加快速地得到全局最优解，其中 m 为目标数，N 为种群数。

结合本节计算模型，具体计算流程如下（图 3.5.1）：

（1）建立电机参数化模型；

（2）确定计算工况点；

（3）确定优化变量、范围；

（4）确定几何约束；

（5）确定性能约束条件；

（6）确定优化目标。

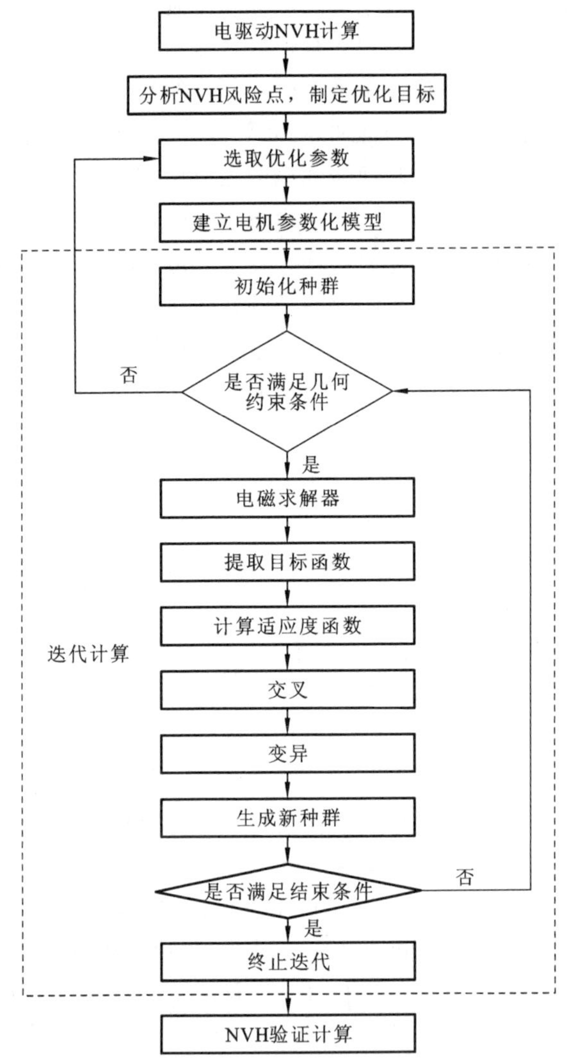

图 3.5.1　电机 NVH 多目标优化流程

3.5.2　电磁振动计算与优化平台

为准确评估电机的振动噪声特性，需要综合考虑电机电磁力和结构动力学特性。本书作者在研究过程中开发了电机电磁振动计算与优化平台，对电机振动特性进行全面计算和分析，指导电机设计和优化，主要包括电磁力计算与优化、模态计算、电磁力映射与加载、振动噪声计算等模块。通过这些模块的集成协同，可实现电机振动噪声的全流程计算与评估。

（1）电磁力计算与优化：根据电磁设计，计算电机气隙电磁力的时间和空间阶次特性，结合多目标优化算法，对电机拓扑设计参数进行寻优。

（2）模态计算：利用有限元分析方法，计算电机的模态频率和模态振型，为后续振动噪声计算提供基础数据。利用该模块对不同参数下的定子进行频率和振型分析，指导电机结构设计和优化，如图 3.5.2 所示。

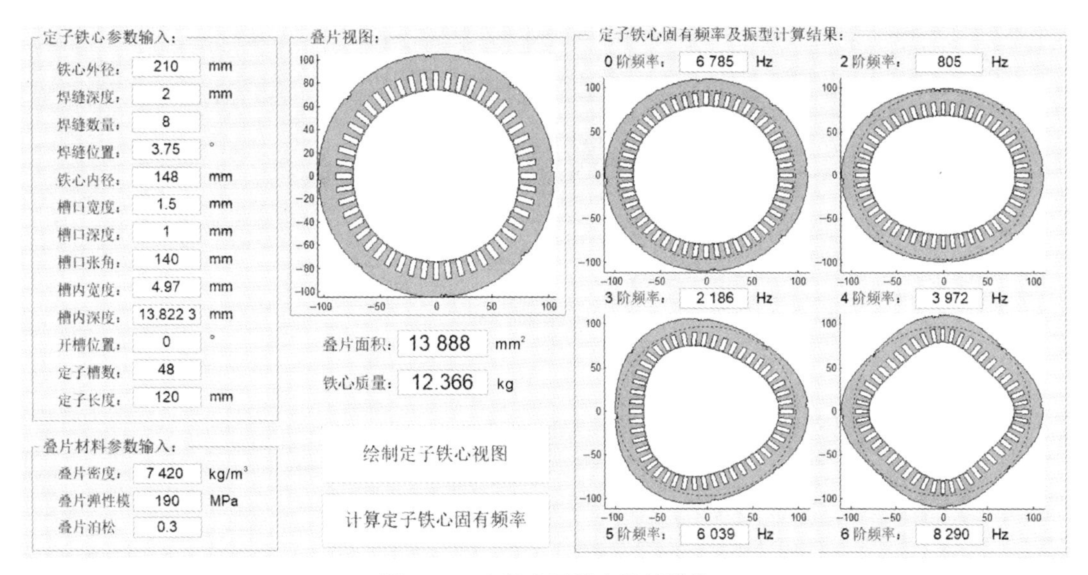

图 3.5.2 电机定子模态计算模块

（3）电磁力映射与加载：将计算得到的电磁力映射到有限元模型上，并加载到响应的节点和单元上，为后续振动噪声计算提供载荷文件。第一部分用于导入电机的有限元网格文件，并根据节点编号、坐标以及转子斜极角度定义单元层数，以显示电磁力加载到定子节点位置的网格；第二部分用于将导入的电磁力文件映射到各个分段的单元上，生成响应的载荷文件，以供后续电机振动噪声求解。

（4）振动噪声计算：基于电磁力和模态分析结果，对电机振动噪声进行计算和评估，得到振动响应和噪声频谱等结果。提取电机振动噪声的瀑布图和阶次曲线图，可以直观展示电机振动噪声的频谱特性，有助于快速了解电机振动噪声的频率分布情况，从而更好地进行问题定位与分析。

第4章 车用永磁电机电磁振动

随着新能源汽车行业的发展，对车用驱动电机的静谧性要求也逐步提升，目前电机振动噪声特性研究大多集中在电磁力作用下的定子动力学特性（如定子呼吸模态）分析，针对转子响应的分析研究局限于一般性的非线性动力学特性分析，而针对电磁力作用下的转子响应，特别是切向电磁力作用下的转子扭振特性仍缺乏定量的分析。此外，现有的转子动力学特性研究常将转子看作整个实体，忽略转子部件间的连接关系，难以应用于电机分段转子动力学模型建立，无法准确分析新能源车用电机切向电磁力作用下的分段斜极转子扭振响应特性。本章通过建立分段转子动力学模型，准确表征分段转子部件间接触特性，并建立精确的转子扭转动力学分析模型。

4.1 内置式永磁电机的电磁力波

4.1.1 转子虚槽

定义n_s为一对极下的定子槽数，n_r为一对极下的转子虚槽数，转子虚槽位置用转子磁障末端在转子外缘上的位置表示。一般情况下，一对极下的转子磁障对称分布，故转子虚槽点也应在转子外圆周上均匀分布，相邻两个虚槽点的夹角θ_r（机械角度）可表示为

$$\theta_r = \frac{360^\circ}{p \cdot n_r}$$

依据结构对称性，将d轴两侧的虚槽点按顺序两两组合，即可确定一个磁障的两个末端在转子上的空间位置，而对应的磁障张角则为两个虚槽点间的夹角。

对于36槽4极电机，易得n_s为18。当n_r为22时，一极下有11个虚槽点，相邻虚槽点夹角θ_r为8.18°，这些虚槽点在转子圆周上的分布情况如图4.1.1所示。虚槽点0位于转子q轴上，将其两侧的虚槽点两两组合，即可得到A、B、C、D、E 5层磁障，每一层磁障对应的磁障张角分别为16.36°、32.73°、49.09°、65.45°、81.82°。可以看出，36槽4极电机转子磁障存在多种情况组合（如A、AB、BCD、ACE、ABCD、ABCDE），且磁障层数最大为5。当n_r为14时，相邻虚槽点夹角θ_r为12.86°，一极下存在7个虚槽点，转子最大磁障层数仅为3。对于36槽6极电机，一极下最多存在F、G、H、I 4层磁障，每一层磁障对应的磁障张角分别为7.5°、22.5°、37.5°、52.5°，如图4.1.2（a）所示；对于36槽8极电机，一极下最多存在J、K、L 3层磁障，每一层磁障对应的磁障张角分别为6.92°、20.77°、34.62°，如图4.1.2（b）所示。

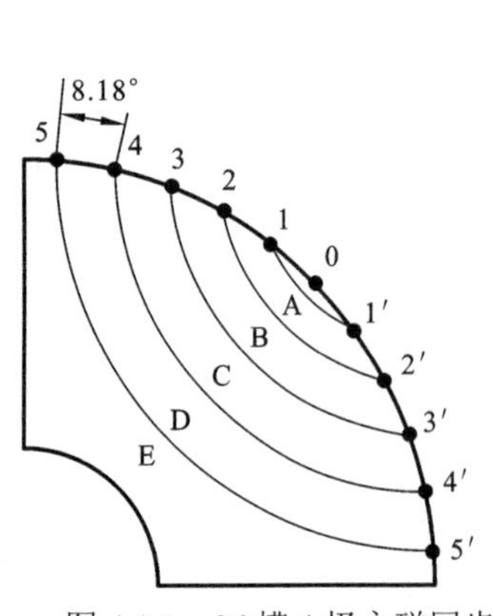

图4.1.1 36槽4极永磁同步磁阻电机转子一极下的磁障组合

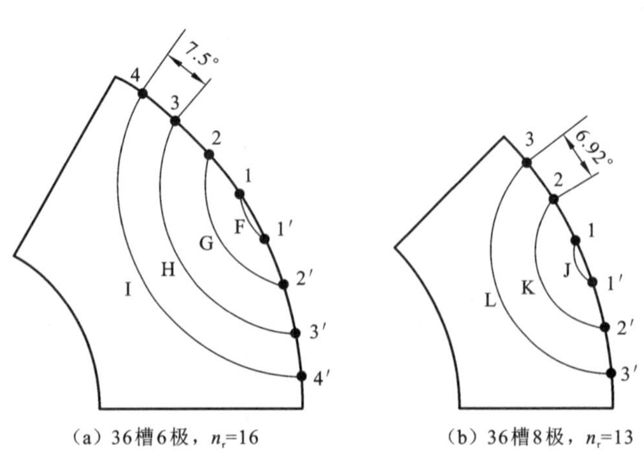

（a）36槽6极，n_r=16

（b）36槽8极，n_r=13

图4.1.2 36槽6极与36槽8极永磁同步磁阻电机转子一极下的磁障组合

4.1.2 多层磁障转子磁动势谐波

1. 空载气隙磁通密度

如图4.1.3所示，第i层的永磁体磁动势用傅里叶级数表示如下：

$$F_{\mathrm{pm}}(\theta_{\mathrm{s}},t)=\sum_{\mu=2k_{\mathrm{pm}}+1}^{+\infty}F_{\mathrm{m}\mu}\cos(\mu p\theta_{\mathrm{s}}-g\omega_{\mu}t) \tag{4.1.1}$$

$$F_{\mathrm{m}\mu}=\sum_{i=1}^{n_{\mathrm{layer}}}\frac{4}{\mu\pi}\frac{B_{\mathrm{r}}h_{\mathrm{m}}}{\mu_0\mu_{\mathrm{r}}}\sin\frac{\mu\pi\alpha_{pi}}{2} \tag{4.1.2}$$

式中：F_{pm}为PM磁动势；k_{pm}为整数；$F_{\mathrm{m}\mu}$为第μ次永磁体磁动势的幅值；μ为PM磁动势的谐波阶数；p为极对数；θ_{s}为相对定子角度；ω_{μ}为第μ次永磁体磁动势的角频率；t为时间；n_{layer}为磁障层数；B_{r}为径向气隙磁通密度；h_{m}为PM磁化方向的长度；μ_0为真空磁导率；μ_{r}为相对磁导率；α_{pi}为第i层磁钢的极弧系数。

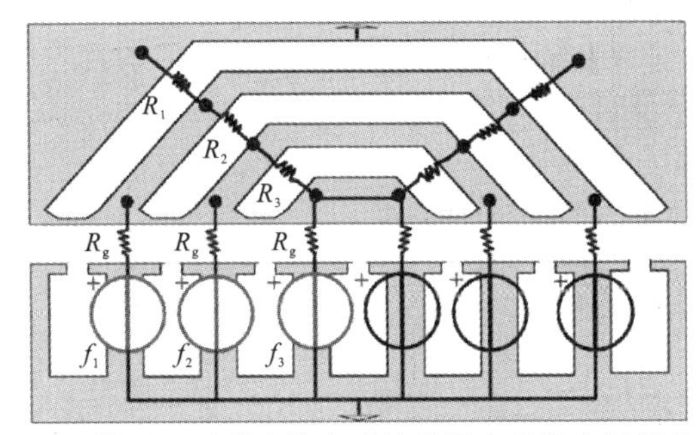

图4.1.3 转子3层磁障的永磁辅助同步磁阻电机等效磁路

定子槽引起的气隙磁导为

$$\Lambda_{\mathrm{g}}(\theta_{\mathrm{s}},t)=\sum_{k=0}^{+\infty}\Lambda_k\cos(kn_{\mathrm{s}}p\theta_{\mathrm{s}}) \tag{4.1.3}$$

$$\Lambda_0=\frac{\mu_0}{k_{\mathrm{c}}g} \tag{4.1.4}$$

式中：Λ_{g}为气隙磁导；Λ_k为k次谐波磁导；n_{s}为定子每极槽数；k_{c}为卡特（Carter）系数。

通过联立式（4.1.1）和式（4.1.3），可得空载气隙磁通密度为

$$B_{\mathrm{op}}=F_{\mathrm{pm}}(\theta_{\mathrm{s}},t)\times\Lambda_{\mathrm{g}}(\theta_{\mathrm{s}},t)=0.5F_{\mathrm{m}\mu}\Lambda_k\sum_{\mu=2k_{\mathrm{pm}}+1}^{+\infty}\sum_{k=0}^{+\infty}\cos[(\mu\pm kn_{\mathrm{s}})p\theta_{\mathrm{s}}-\omega_{\mu}t] \tag{4.1.5}$$

2. 考虑电流谐波的电枢气隙磁通密度

对于对称绕组配置，绕组函数为

$$N_i(\theta_{\mathrm{s}})=\sum_{v=2k_{\mathrm{s}}+1}^{+\infty}N_v\cos\left[vp\theta_{\mathrm{s}}-v(i-1)\frac{2\pi}{3}\right],\quad k_{\mathrm{s}}=0,1,2,\cdots \tag{4.1.6}$$

$$N_v=\frac{2}{v\pi}\frac{N_{\mathrm{s}}}{p}k_{wv} \tag{4.1.7}$$

式中：N_i 为第 i 相的绕组函数；N_v 为绕组函数的幅值；N_s 为每相串联匝数；k_{wv} 为绕组系数。

每相中具有谐波的电流为

$$I_i(t)=I_h\sum_h\cos\left[\omega_h t-h(i-1)\frac{2\pi}{3}\right] \tag{4.1.8}$$

式中：I_h 为 h 次电流谐波的幅值；ω_h 为第 h 次电流谐波的频率。

对于三相电机，定子磁动势的计算公式如下：

$$F_s(\theta_s,t)=\sum_{i=1}^{3}N_iI_i=\sum_{v=6k_s\pm1}^{+\infty}\sum_h F_{mv}\cos(vp\theta_s\mp\omega_h t) \tag{4.1.9}$$

$$F_{mv}=N_vI_h=\frac{3\sqrt{2}}{v\pi}\frac{N_sI_h}{p}k_{wv} \tag{4.1.10}$$

式中：I_i 为第 i 相绕组的电流；F_{mv} 为 v 次谐波定子磁动势。

与表面式永磁电机不同，磁通屏障对电枢磁动势及其产生的径向力有很大影响，磁障的存在增加了电枢磁路中的磁阻，故电枢磁动势在转子磁障中产生不可忽略的压降，进而减小了气隙磁动势大小。定子磁动势在每个转子齿上的平均效应如图 4.1.4 所示，只考虑电枢电流的磁路如图 4.1.5 所示。

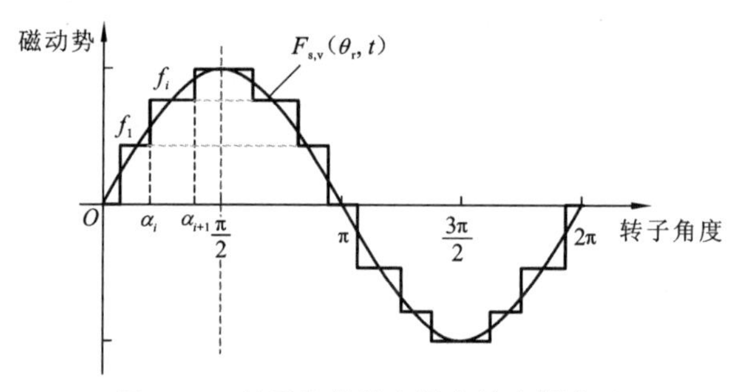

图 4.1.4 转子齿槽效应导致的阶梯波形

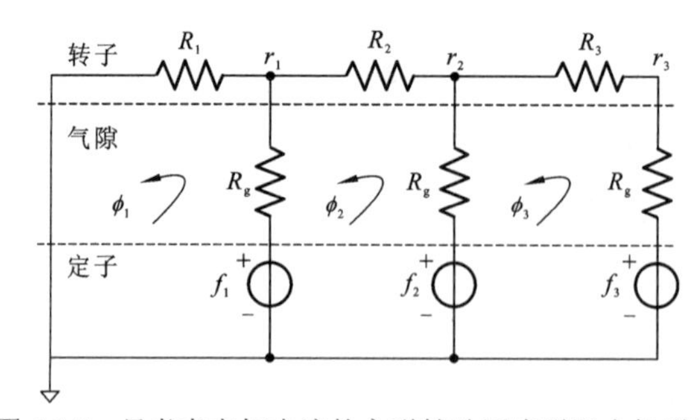

图 4.1.5 只考虑电枢电流的永磁辅助同步磁阻电机磁路

为了求解第 i 个磁障中下降的磁动势 ΔF_i，等效磁路方程表示如下：

$$\begin{pmatrix} R_1+R_g & -R_g & 0 \\ -R_g & R_2+R_g & -R_g \\ 0 & -R_g & R_3+R_g \end{pmatrix}\begin{pmatrix}\phi_1\\ \phi_2\\ \phi_3\end{pmatrix}=\begin{pmatrix} f_1\\ f_2-f_1\\ f_3-f_2\end{pmatrix} \tag{4.1.11}$$

很明显，磁通 ϕ_i 是 f_i 的线性组合，因此磁动势为

$$\Delta F_i = \phi_i R_i = \sum_{i=1}^{n_{\text{layer}}} K_i R_i f_i \tag{4.1.12}$$

式中：ϕ_i 为第 i 阶磁障对应的等效磁通；R_i 为 i 阶磁障磁阻；K_i 为第 i 阶磁障对应的线性组合系数；f_i 为定子磁动势对转子齿部影响的平均值。

如图 4.1.4 所示，对于定子磁动势的任意 v 次谐波，每个阶跃 f_i 的计算如下：

$$\begin{aligned} f_i &= \frac{1}{\alpha_{i+1}-\alpha_i}\int_{\alpha_i}^{\alpha_{i+1}} F_{sv}\mathrm{d}\theta_r \\ &= \frac{n_r F_{mv}}{v\pi}\sin\frac{v\pi}{n_r}\cos\frac{v(2i+1)\pi}{n_r}\cos\varphi - \frac{n_r F_{mv}}{v\pi}\sin\frac{v\pi}{n_r}\sin\frac{v(2i+1)\pi}{n_r}\sin\varphi \end{aligned} \tag{4.1.13}$$

式中：n_r 为转子每极虚拟槽数。

由式（4.1.13）可知，磁动势阶梯 f_i 可以分为 2 个分量，这 2 个分量分别相对于 d 轴和 q 轴对称。第 1 个分量表示转子对定子磁动势的反应，根据式（4.1.12），转子反应磁动势由下式给出：

$$F_{rs}(\theta_s,t) = F_{RS}\cos(\gamma p\theta_s - \omega_\gamma t) \tag{4.1.14}$$

$$F_{RS} = (-1)^k \sum_{v=6k_s\pm1}^{+\infty}\sum_{\gamma=1}^{+\infty}\frac{2n_r F_{mv}}{v\gamma\pi^2}\sin\frac{v\pi}{n_r}\cos\left[(v\mp\gamma)\pi+\frac{2v\pi}{n_r}\right]\frac{\sin(v\mp\gamma)\pi}{\sin(v\mp\gamma)\pi/n_r}\cos[(v\mp1)\omega t] \tag{4.1.15}$$

式中：F_{RS} 为转子反应磁动势的幅角；ω_γ 为 γ 次谐波的角速度。

当 $F_{rs}(\theta_s,t)\neq 0$ 时，有下式：

$$\frac{\sin(v\mp\gamma)\pi}{\sin(v\mp\gamma)\pi/n_r}\neq 0 \tag{4.1.16}$$

可以导出

$$\gamma = k_r n_r \pm v \tag{4.1.17}$$

可以得出转子反应磁动势中只有 $k_r n_r \pm v$ 次谐波，称为转子槽谐波。此外，考虑到定子磁动势其他次谐波的幅值远小于基波幅值，所以在以下分析中只考虑定子磁动势基波产生的转子反应谐波，可以表示为 $\gamma = k_r n_r \pm 1$。

基于以上分析，电枢电流产生的气隙磁动势为

$$F_{gs}(\theta_s,t) = F_s(\theta_s,t) - F_{rs}(\theta_s,t) \tag{4.1.18}$$

电枢气隙磁通密度计算如下：

$$\begin{aligned} B_{\text{arm}}(\theta_s,t) &= F_g(\theta_s,t)\times\Lambda_g(\theta_s,t) \\ &= 0.5F_{mv}\Lambda_k\sum_{v=6k_s\pm1}^{+\infty}\sum_{k=0}^{+\infty}\cos[(v\pm kn_s)p\theta_s\mp\omega_h t] \\ &\quad + 0.5F_{RS}\Lambda_k\sum_{\gamma=k_r n_r\pm v}^{+\infty}\sum_{k=0}^{+\infty}\cos[(\gamma\pm kn_s)p\theta_s-\omega_\gamma t] \end{aligned} \tag{4.1.19}$$

式中：F_g 为气隙磁动势。

4.1.3 电磁力波

基于麦克斯韦应力张量法，径向力密度由下式计算得到：

$$p_{\mathrm{r}}(\theta_{\mathrm{s}},t)=\frac{B_{\mathrm{r}}^{2}(\theta_{\mathrm{s}},t)}{2\mu_0}=\frac{1}{2\mu_0}[B_{\mathrm{op}}(\theta_{\mathrm{s}},t)+B_{\mathrm{arm}}(\theta_{\mathrm{s}},t)]^2 \tag{4.1.20}$$

并且可以简化得

$$p_{\mathrm{r}}(\theta_{\mathrm{s}},t)=\frac{B_{\mathrm{op}}^{2}(\theta_{\mathrm{s}},t)+B_{\mathrm{arm}}^{2}(\theta_{\mathrm{s}},t)+2B_{\mathrm{op}}(\theta_{\mathrm{s}},t)B_{\mathrm{arm}}(\theta_{\mathrm{s}},t)}{2\mu_0} \tag{4.1.21}$$

值得注意的是，径向力密度可以分为三个部分，分别为：①空载气隙磁通密度产生的径向力；②电枢磁场产生的径向力；③空载磁场和电枢磁场相互作用产生的径向力。以上不同来源的径向力均可用以下通式表达：

$$p_{\mathrm{r}}(\theta_{\mathrm{s}},t)=P_{\mathrm{r}}\cos(rp\theta_{\mathrm{s}}-2\pi f_{\mathrm{r}}t) \tag{4.1.22}$$

内置式永磁电机的径向力空间阶次和频率如表 4.1.1 所示。

表 4.1.1 径向力空间阶次和频率

空间阶次	频率	来源
$(\mu_1\pm\mu_2)p$	$(\mu_1\pm\mu_2)f_1$	永磁体磁场
$(v_1\pm v_2)p$	$(h_1\pm h_2)f_1$	电枢反应磁场
$(\mu\pm v)p$	$(\mu\pm h)f_1$	永磁体磁场和电枢反应磁场的相互作用
$[(\mu_1\pm\mu_2)\pm(k_1\pm k_2)n_{\mathrm{s}}]p$	$(\mu_1\pm\mu_2)f_1$	永磁体磁场和定子槽的相互作用
$[(\mu\pm1)\pm(k_1\pm k_2)n_{\mathrm{s}}\pm kn_{\mathrm{r}}]p$	$(\mu\pm1\pm kn_{\mathrm{r}})f_1$	永磁体磁场、定子槽和转子虚槽的相互作用
$[(v_1\pm v_2)\pm(k_1\pm k_2)n_{\mathrm{s}}]p$	$(h_1\pm h_2)f_1$	电枢反应磁场和定子槽的相互作用
$[(v\pm1)\pm(k_1\pm k_2)n_{\mathrm{s}}\pm kn_{\mathrm{r}}]p$	$(h\pm1\pm kn_{\mathrm{r}})f_1$	电枢反应磁场、定子槽和转子虚槽的相互作用
$[(\mu\pm v)\pm(k_1\pm k_2)n_{\mathrm{s}}]p$	$(\mu\pm h)f_1$	永磁体磁场、电枢反应磁场和定子槽的相互作用

根据表 4.1.1，径向力密度可以进一步表示如下：

$$\begin{aligned}\sigma_{\mathrm{r}}=\frac{B_{\mathrm{r}}^2-B_{\mathrm{t}}^2}{2\mu_0}=\sum_{\mu_1,\mu_2}\sum_{k_{\mathrm{r}_1},k_{\mathrm{r}_2}}\sum_{k_{\mathrm{s}_1},k_{\mathrm{s}_2}}\frac{B_{\mathrm{m}\mu_1}B_{\mathrm{m}\mu_2}}{4\mu_0}\cos\{[(k_{\mathrm{r}_1}\pm k_{\mathrm{r}_2})n_{\mathrm{r}}\pm(\mu_1\pm\mu_2)]\omega_1 t\\ -[(k_{\mathrm{r}_1}\pm k_{\mathrm{r}_2})n_{\mathrm{r}}\pm(k_{\mathrm{s}_1}\pm k_{\mathrm{s}_2})n_{\mathrm{s}}\pm(\mu_1\pm\mu_2)]p\theta_{\mathrm{s}}\}\end{aligned} \tag{4.1.23}$$

式中：B_{t} 为切向气隙磁通密度；$B_{\mathrm{m}\mu_1}$ 和 $B_{\mathrm{m}\mu_2}$ 为永磁体产生的磁通密度；k_{r_1} 和 k_{r_2} 为整数；k_{s_1} 和 k_{s_2} 为整数。

值得注意的是：永磁辅助同步磁阻电机在空载条件下的径向力谐波是由转子磁动势和定子槽的相互作用产生的。考虑到转子磁动势谐波是由磁障磁桥即转子虚槽产生的，空载条件下的径向力谐波由定子槽和转子虚槽的相互作用来决定。

对于永磁同步电机，永磁体磁场谐波阶数为奇数次。因此，$\mu_1\pm\mu_2$ 为偶数，并且可以

表示为 $2c_1$，其中 c_1 为整数。k_{r_1}、k_{r_2} 和 k_{s_1}、k_{s_2} 是整数，所以 $k_{r_1} \pm k_{r_2}$ 和 $k_{s_1} \pm k_{s_2}$ 也是整数，并且用 c_2 和 c_3 来表示。基于上述分析，空载条件下的径向力可以简化为

$$\sigma_r = \sum_{\mu_1,\mu_2}\sum_{k_{r_1},k_{r_2}}\sum_{k_{s_1},k_{s_2}} \frac{B_{m\mu_1}B_{m\mu_2}}{4\mu_0}\cos[(c_2 n_r \pm 2c_1)\omega_1 t - (c_2 n_r \pm c_3 n_s \pm 2c_1)p\theta_s] \tag{4.1.24}$$

考虑到转子磁动势谐波幅值远小于基波幅值，只考虑转子磁动势的基波，并且 $\mu_1 \pm \mu_2 = 0$ 或 ± 2，空载条件下的径向力空间阶次为 $c_2 n_r \pm c_3 n_s$ 或 $c_2 n_r \pm c_3 n_s \pm 2$。定子形变可以通过若尔当（Jordan）公式计算：

$$Y_m^s(m=0) = -\frac{R_{si}R_{yoke}}{Eh_{yoke}}\sigma_{r,0} \tag{4.1.25}$$

$$Y_m^s(m \geqslant 2) = \frac{12R_{si}R_{yoke}^3}{Eh_{yoke}^3(m^2-1)^2}\sigma_{r,m} \tag{4.1.26}$$

式中：R_{yoke} 为轭部直径；E 为弹性模量；$\sigma_{r,m}$ 为 r 阶力激励下的 m 阶静态变形。

值得注意的是：定子形变和空间阶次的 4 次方成反比，这表明更低阶的力波对定子形变的影响更大。

为了避免定子槽和转子虚槽之间的直接相互作用产生低阶力波，n_s 和 n_r 之间的差值应该尽量大一些。一般来说，当空间力阶次大于 4 时，电磁力对电机振动产生的影响较小。因此，n_s 和 n_r 之间的关系应该满足 $|c_2 n_r \pm c_3 n_s| \geqslant 4$ 并且 $|c_2 n_r \pm c_3 n_s \pm 2| \geqslant 4$，由此可得到定子槽和转子虚槽之间的相互关系如下：

$$n_s + 4 < n_r < 2n_s - 4 \tag{4.1.27}$$

该结果可以用于指导选择定子槽和转子虚槽的最佳组合来实现永磁辅助同步磁阻电机的低振动噪声。

4.1.4　转子磁障对电磁力及振动的影响

1. 磁障形状

为了研究磁障形状的影响，图 4.1.6 给出了三个具有流体、圆形和矩形磁障的转子拓扑。三个转子都具有相同的尺寸、转速、电流、输出转矩以及相同数量的转子虚槽。

基于多物理场仿真模型，可以计算并比较三种形状磁障的永磁辅助同步磁阻电机的电磁力和电磁振动。具有三种形状磁障的永磁辅助同步磁阻电机的径向力对照如图 4.1.7 所示。可以看出，三台电机的径向力具有相同的空间阶次和频率，但幅值不同。在本书中，所有的力和振动比较都是基于相同的输出，保证了比较的公平性。对于永磁辅助同步磁阻电机，总转矩由磁阻转矩和永磁体转矩组成。而流体磁障的永磁辅助同步磁阻电机磁阻转矩最大，永磁转矩最小，永磁体用量较低，所以流体磁障转子永磁辅助同步磁阻电机的径向力幅值最小。

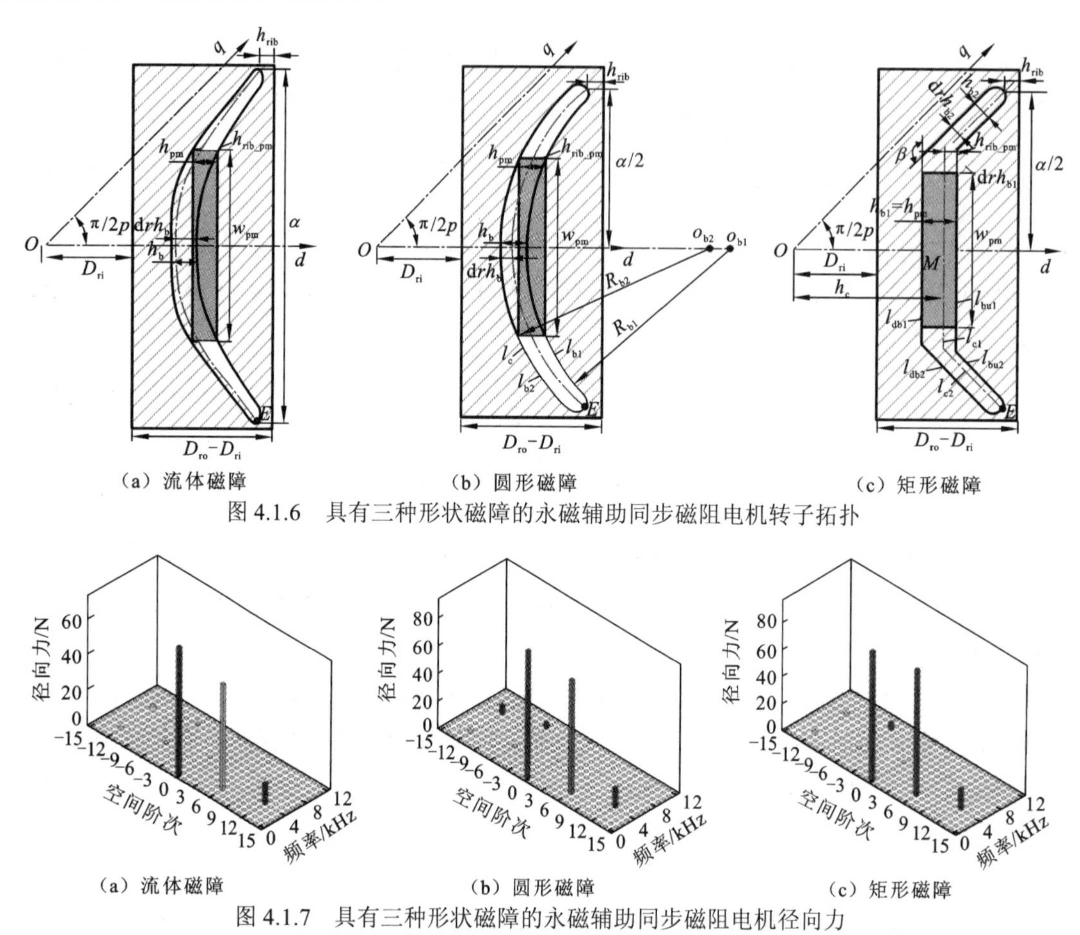

（a）流体磁障　（b）圆形磁障　（c）矩形磁障

图 4.1.6　具有三种形状磁障的永磁辅助同步磁阻电机转子拓扑

（a）流体磁障　（b）圆形磁障　（c）矩形磁障

图 4.1.7　具有三种形状磁障的永磁辅助同步磁阻电机径向力

具有三种形状磁障的永磁辅助同步磁阻电机的振动加速度如图 4.1.8 所示。很明显，矩形磁障的永磁辅助同步磁阻电机在多数频率下有最小的振动加速度，主要原因是流体磁障和圆形磁障的电机相对矩形磁障的电机更易饱和，这增加了流体磁障和圆形磁障的永磁辅助同步磁阻电机的谐波。

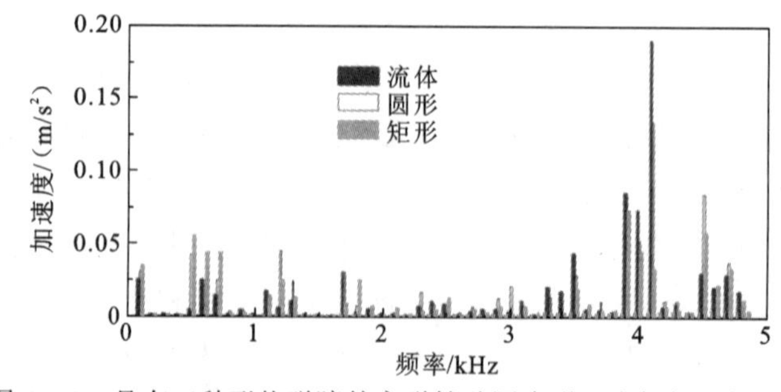

图 4.1.8　具有三种形状磁障的永磁辅助同步磁阻电机振动加速度

2. 转子虚槽数

根据上述结论，矩形磁障相比其他两种磁障具有更低的电磁振动，所以下面基于矩形磁障转子来研究转子虚槽数量对电磁振动的影响。采用不同n_r的永磁辅助同步磁阻电机模型如图 4.1.9 所示。根据式（4.1.27），$n_r = 16$在其范围内，是一个转子虚槽数的理想选择。相反，$n_r = 14$和$n_r = 22$则不在式（4.1.27）的范围内。可以看出转子虚槽改变了转子的气隙磁导，同时进一步影响了气隙磁通密度和电磁力。图 4.1.9 中永磁体数量不相同的原因是保证不同n_r下电机的输出转矩相同。空载时不同n_r下的电机径向力如图 4.1.10 所示。可以看出不同n_r下三台电机的空间阶次和频率基本一致，但是幅值不同。图 4.1.11 中对比了不同n_r下的主要径向力谐波幅值，可以看出$n_r = 22$的转子径向力谐波幅值最大，而$n_r = 16$的转子径向力谐波幅值最小，这会使振动最小。图 4.1.12 给出了不同n_r下的电机的振动加速度，可以看出$n_r = 16$的永磁辅助同步磁阻电机的振动最小，这和之前的径向力分析结果一致。通过对转子虚槽数的影响的研究，进一步证明了n_s和n_r应该满足式（4.1.27）的设计准则，从而实现永磁辅助同步磁阻电机的低振动设计。

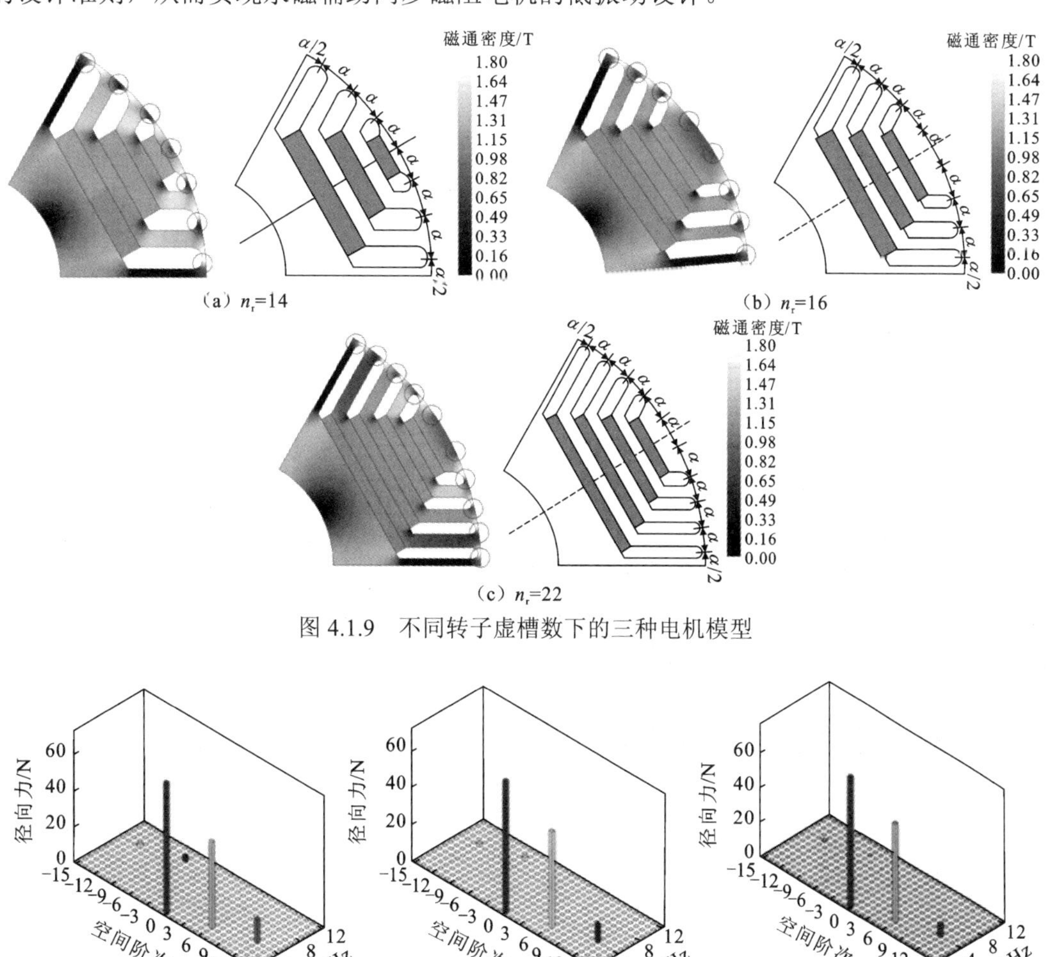

（a）n_r=14　（b）n_r=16　（c）n_r=22

图 4.1.9　不同转子虚槽数下的三种电机模型

（a）n_r=14　（b）n_r=16　（c）n_r=22

图 4.1.10　不同转子虚槽数下的永磁辅助同步磁阻电机径向力

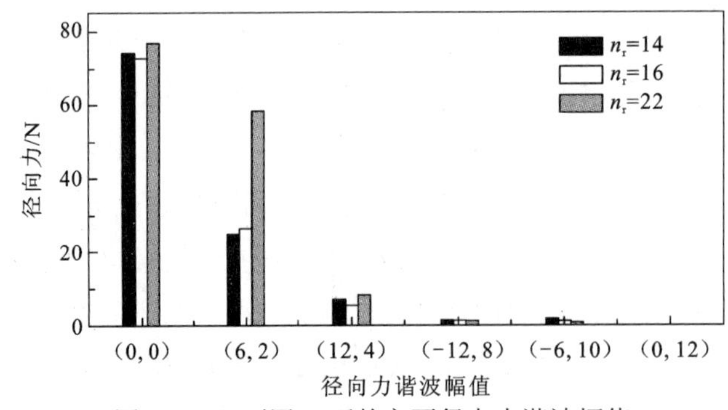

图 4.1.11　不同 n_r 下的主要径向力谐波幅值

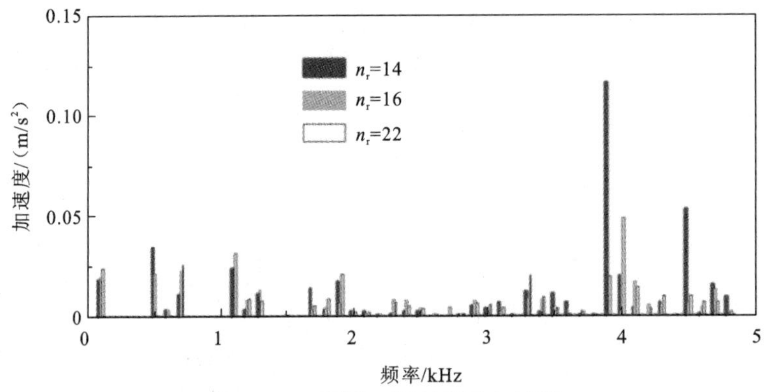

图 4.1.12　不同 n_r 下的振动加速度

3. *磁桥宽度*

从磁障端部到转子表面的宽度称为磁桥宽度，其对转矩能力和机械应力具有很大影响。常规设计中主要从转子机械强度方面来考虑磁桥的设计，而其对径向力和振动的影响尚未被广泛研究。下面将研究磁桥宽度对电磁振动的影响。

图 4.1.13 展示了磁桥宽度从 0.5 mm 增加到 1.2 mm 时的加速度以及作用在一个定子齿上的电磁合力的变化。可以看出当磁桥宽度增加时漏磁增加，所以电磁力平均值下降。然而，当磁桥宽度从 0.5 mm 增加到 1.2 mm 时一些低频力谐波减少，一些高频力谐波增加。因此可知，振动具有与径向力相同的趋势。

4.1.5　转子斜极下的电磁力波

转子斜极可以显著抑制齿谐波、齿槽转矩和转矩脉动，因此在车用电机减振降噪中得到了广泛的应用，但转子斜极会造成电磁力空间相位沿轴向发生相移，从而可能引起转子的扭转振动，导致基于转子斜极的减振降噪措施无法达到预期效果。本小节将对转子斜极下的电磁力谐波进行深入分析，为车用电机扭转振动的研究提供理论基础。

车用电机扭转振动由切向电磁力引起，本小节将重点介绍转子斜极下的切向电磁力特征。基于麦克斯韦应力张量法，切向电磁力密度可表示为

$$\sigma_{\mathrm{t}} = \sigma_{\mathrm{t,pm}} + \sigma_{\mathrm{t,s}} + \sigma_{\mathrm{t,pm\text{-}s}} \tag{4.1.28}$$

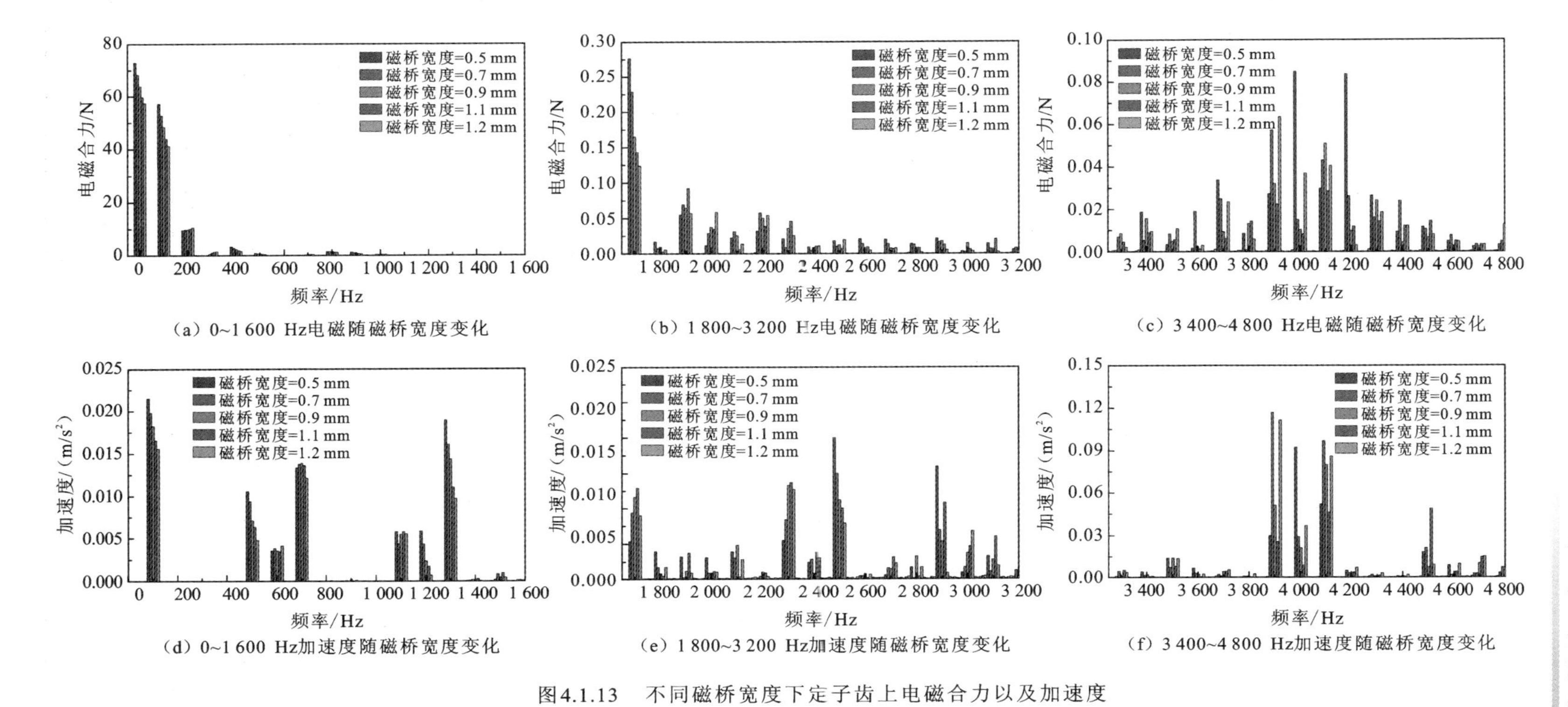

（a）0~1 600 Hz电磁随磁桥宽度变化

（b）1 800~3 200 Hz电磁随磁桥宽度变化

（c）3 400~4 800 Hz电磁随磁桥宽度变化

（d）0~1 600 Hz加速度随磁桥宽度变化

（e）1 800~3 200 Hz加速度随磁桥宽度变化

（f）3 400~4 800 Hz加速度随磁桥宽度变化

图4.1.13　不同磁桥宽度下定子齿上电磁合力以及加速度

扫码看彩图

式中：$\sigma_{\mathrm{t,pm}}$、$\sigma_{\mathrm{t,s}}$和$\sigma_{\mathrm{t,pm\text{-}s}}$分别为永磁体、定子绕组和定转子相互作用产生的切向电磁力。其具体表达式为

$$\sigma_{\mathrm{t,pm}}=\sum|\sigma_{\mathrm{t,pm}}|\cos\{[(\mu_1\pm\mu_2)p+(k_1\pm k_2)Q_{\mathrm{s}}]\theta-(\mu_1\pm\mu_2)\omega_1 t\} \tag{4.1.29}$$

$$\sigma_{\mathrm{t,s}}=\sum|\sigma_{\mathrm{t,s}}|\cos\{[(\nu_1\pm\nu_2)p+(k_1\pm k_2)Q_{\mathrm{s}}]\theta-(n_1\pm n_2)\omega_1 t\} \tag{4.1.30}$$

$$\sigma_{\mathrm{t,pm\text{-}s}}=\sum|\sigma_{\mathrm{t,pm\text{-}s}}|\cos\{[(\nu\pm\mu p)+(k_1\pm k_2)Q_{\mathrm{s}}]\theta-(n\pm\mu)\omega_1 t\} \tag{4.1.31}$$

当转子采用分段斜极后，各段转子上的切向电磁力存在空间相位差，其中第k段转子空间相移的机械角度可以表示为

$$\theta_{\mathrm{shift},k}=(k-1)\frac{\gamma}{m} \tag{4.1.32}$$

转子斜极只改变转子磁场的空间相位，因此斜极的转子切向力可由下式计算：

$$\begin{aligned}\sigma_{\mathrm{t,\,skew}}&=\sigma_{\mathrm{t,pm,\,skew}}+\sigma_{\mathrm{t,s,\,skew}}+\sigma_{\mathrm{t,\,pm\text{-}s,\,skew}}\\&=\sum_{k=1}^{n}\sum\frac{|\sigma_{\mathrm{t,pm}}|}{n}\cos\{[(\mu_1\pm\mu_2)p+(k_1\pm k_2)Q_{\mathrm{s}}]\theta+(\mu_1\pm\mu_2)p\theta_{\mathrm{shift},k}-(\mu_1\pm\mu_2)\omega_1 t\}\\&\quad+\sum|\sigma_{\mathrm{t,s}}|\cos\{[(\nu_1\pm\nu_2)p+(k_1\pm k_2)Q_{\mathrm{s}}]\theta-(n_1\pm n_2)\omega_1 t\}\\&\quad+\sum_{k=1}^{n}\sum\frac{|\sigma_{\mathrm{t,pm\text{-}s}}|}{n}\cos\{[(\nu\pm\mu p)+(k_1\pm k_2)Q_{\mathrm{s}}]\theta+\mu p\theta_{\mathrm{shift},k}-(n\pm\mu)\omega_1 t\}\end{aligned} \tag{4.1.33}$$

进一步，将式（4.1.32）代入式（4.1.33），斜极转子的切向力可改写为

$$\begin{aligned}\sigma_{\mathrm{t,\,skew}}&=\frac{\sin[(\mu_1\pm\mu_2)p\gamma/2]}{m\sin[(\mu_1\pm\mu_2)p\gamma/2m]}\sum|\sigma_{\mathrm{t,pm}}|\cos\{[(\mu_1\pm\mu_2)p+(k_1\pm k_2)Q_{\mathrm{s}}]\theta-(\mu_1\pm\mu_2)\omega_1 t\}\\&\quad+\sum|\sigma_{\mathrm{t,s}}|\cos\{[(\nu_1\pm\nu_2)p+(k_1\pm k_2)Q_{\mathrm{s}}]\theta-(n_1\pm n_2)\omega_1 t\}\\&\quad+\frac{\sin(\mu p\gamma/2)}{m\sin(\mu p\gamma/2m)}\sum|\sigma_{\mathrm{t,pm\text{-}s}}|\cos\{[(\nu\pm\mu p)+(k_1\pm k_2)Q_{\mathrm{s}}]\theta-(n\pm\mu)\omega_1 t\}\end{aligned} \tag{4.1.34}$$

转子的斜极设计是为了抑制永磁体产生的0阶切向力及其对应的齿槽转矩。由式（4.1.34）可知，当同时满足$\sin[(\mu_1\pm\mu_2)p\gamma/2]=0$与$m\sin[(\mu_1\pm\mu_2)p\gamma/2m]\neq 0$时，可消除频率为$(\mu_1\pm\mu_2)\omega_1$的切向力。所以，机械斜极角度可以由下式计算得到：

$$\gamma=\frac{2k\pi}{(\mu_1\pm\mu_2)p} \tag{4.1.35}$$

式中：k为整数，但k/m不为整数。

本章采用的48槽8极内置式永磁电机的主要参数如表4.1.2所示，其主要0阶切向力和齿槽转矩的频率为$12\omega_1$，即$\mu_1\pm\mu_2=12$。由式（4.1.35）计算得转子偏斜角度为7.5°。振动分析中常使用电频率与机械频率的比值描述力的阶次，对于8极电机，电频率是机械频率的4倍，所以用24阶和48阶力来描述电频率为$6\omega_1$与$12\omega_1$的0阶切向力。

表4.1.2　48槽8极内置式永磁电机的主要参数

参数	值	参数	值
槽数	48	额定转速/（r/min）	600
极数	8	额定功率/kW	40

续表

参数	值	参数	值
定子外径/mm	90	额定相电流（RMS）/A	100
定子内径/mm	60	气隙长度/mm	1
转子外径/mm	58	转子长度/mm	214
转子内径/mm	20	叠片长度/mm	72

由上述推导可知，通过合理设置转子斜极段数和斜极角度，可以使作用在每个转子段上的 0 阶切向电磁力相互抵消以降低转矩脉动。但切向电磁力与径向电磁力不同之处主要在于，不同段之间的切向力存在轴向角度偏离。图 4.1.14（a）为线性连续斜极下 48 阶切向电磁力的轴向相位分布，可知各段电磁力沿轴向均匀分布在 $-\pi\sim\pi$ 范围内，首段和末端电磁力重合且相位相差 2π。如图 4.1.14（b）所示，转子三段线性斜极为线性连续斜极的离散形式，三段切向力电磁力相位相差 $2\pi/3$。假定中间段为参考位置，则第一段和第三段之间的切向电磁力大小相等且方向相反，如图 4.1.14（c）和（d）所示。对于 V 形连续斜极，前半段电磁力分布与线性连续斜极相同，后半段电磁力镜像对称分布，所有段的电磁力沿着轴向均匀分布在 $-\pi\sim\pi\sim-\pi$ 范围内，首端和末端 48 阶切向电磁力首尾相连且相位相差 0，如图 4.1.15（a）所示。六段 V 形斜极为 V 形连续斜极的离散形式，六段间电磁力相位同样相差 $2\pi/3$，但分布形式与三段线性斜极不同，前三段与后三段的分布呈镜像对称，如图 4.1.15（b）和（c）所示。V 形斜极下的力矩如图 4.1.15（d）所示。由以上分析可知，虽然两种转子分段斜极形式下 48 阶切向电磁力综合叠加幅值都为零，但切向电磁力沿轴向存在不同的相位分布特性，因此两种斜极形式下的扭振激励特性存在差异。

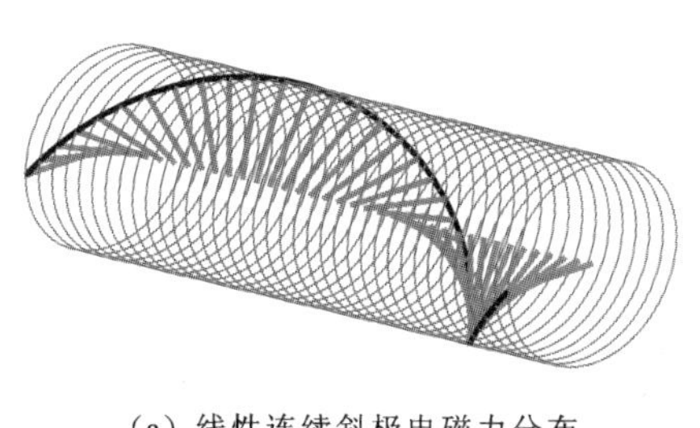

（a）线性连续斜极电磁力分布

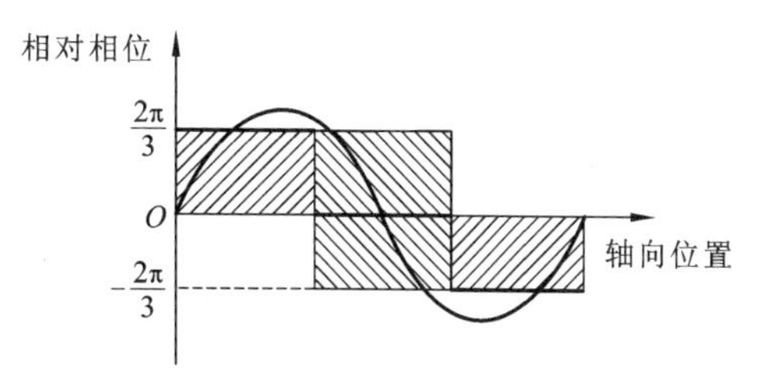

（b）线性分段斜极下相对相位

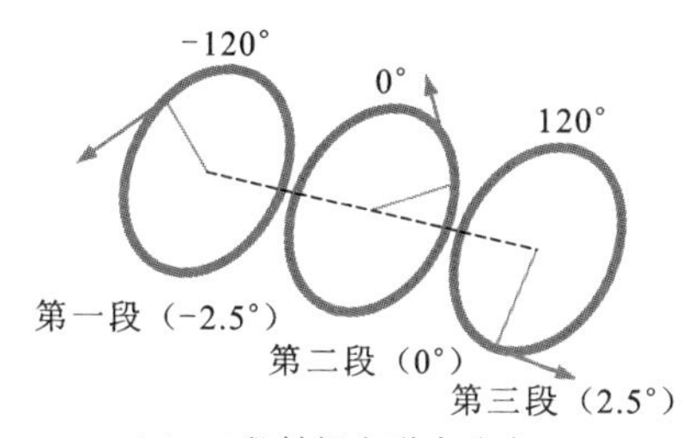

（c）三段斜极电磁力分布

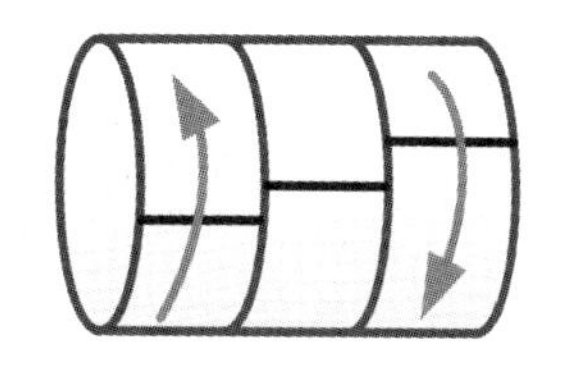

（d）三段斜极下的力矩

图 4.1.14　线性斜极 48 阶切向电磁力空间分布特性

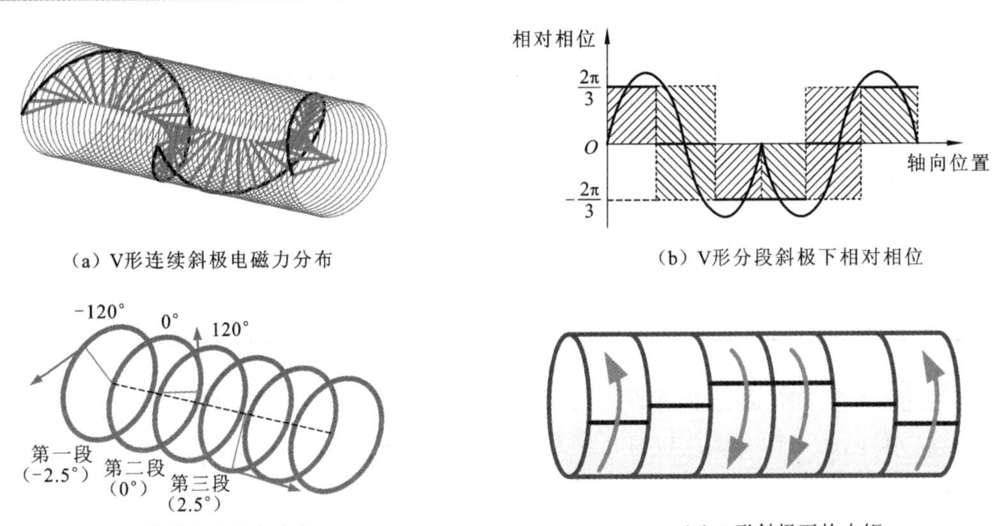

(a) V形连续斜极电磁力分布

(b) V形分段斜极下相对相位

(c) V形斜极电磁力分布

(d) V形斜极下的力矩

图 4.1.15 V 形斜极 48 阶切向电磁力空间分布特性

图 4.1.16 给出了不同斜极形式下的切向力和转矩的分布，可以看出线性斜极与 V 形斜极两种结构都可以显著抑制转矩脉动，抑制效果约为 69%。其中，48 阶转矩谐波大幅下降，降幅约 83%，而 24 阶转矩谐波仅下降 22%。如图 4.1.16（d）所示，每一种斜极形式下的 48 阶力波在各段转子间的相移是不同的，这会使得扭振激励特性的差异进一步增大。

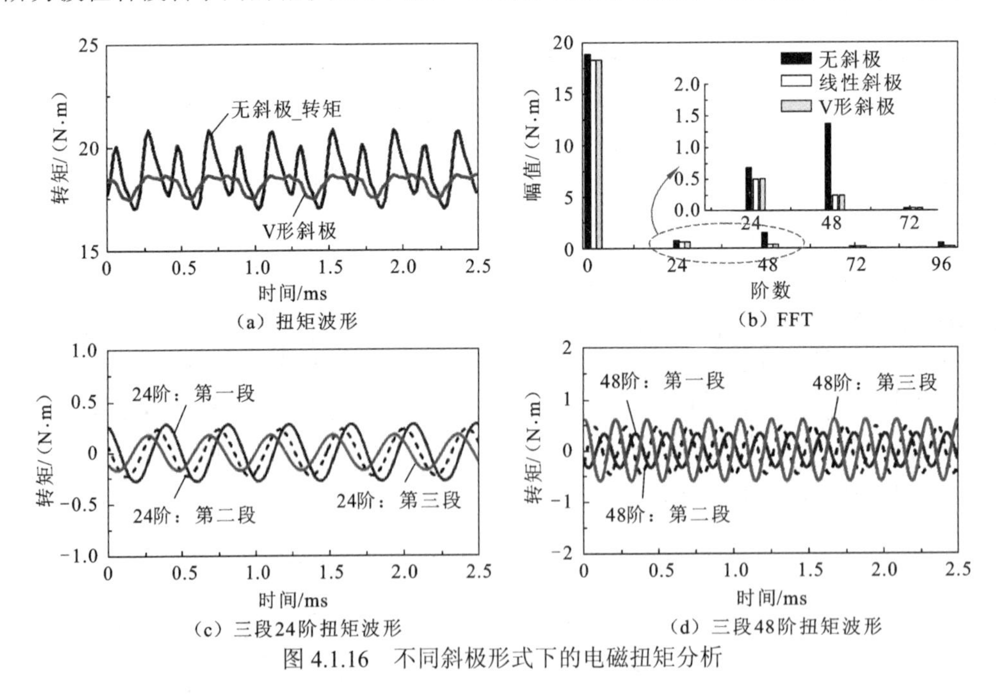

(a) 扭矩波形

(b) FFT

(c) 三段24阶扭矩波形

(d) 三段48阶扭矩波形

图 4.1.16 不同斜极形式下的电磁扭矩分析

为更好地描述不同转子分段数与斜极方式下的扭振激励特性，表 4.1.3 列出了典型转子斜极形式下不同分段数所对应的 48 阶切向力力形。具体而言，线性斜极的切向力沿轴向始终具有一阶空间形态，而与分段数无关。V 形斜极的切向力呈现二阶空间形态。Z 形斜极下切向力的空间形态依赖于转子分段数，阶次大小为分段数的 1/2。

表 4.1.3　典型斜极形式下不同分段数对应的 48 阶切向力力形

分段数	切向力力形			
	无斜极 $u=0$	线性斜极 $u=1$	V 形斜极 $u=2$	Z 形斜极 $u=3$
三段				无
四段				
五段				无
六段				

注：u 用于后续公式区分斜极形式。

4.2　分段转子接触刚度分析与计算

4.2.1　分段转子结构

图 4.2.1 所示为内置式电机分段转子结构，由转子转轴、铁心、挡圈、永磁体和锁紧螺母组成，其主要参数如表 4.2.1 所示。为优化电机电磁力与转矩脉动，转子铁心通常设计为分段斜极结构。对分段铁心施加轴向预压产生预紧力，并配合锁紧螺母保证转子整体结构具有足够的强度和刚度。转子铁心与转轴间为过盈配合，转轴键槽可保证产生的扭矩完整传递给电机轴系。现有的研究将转子视为一个整体，不考虑转子铁心段间的接触关系，同时忽略转子铁心与转轴之间的配合关系，得到的转子动力学模型与实际状态差别较大。实际情况下，分段转子并不能视为整体，应单独考虑三段铁心，铁心段间需分析接触关系，根据段间接触正压力设置合适的连接关系来模拟实际的分段转子铁心。转轴与铁心之间的接触连接同样需根据二者配合关系设置合适的连接关系。键槽直接影响转轴刚度和惯性矩，直接影响转子动力学特性。针对以上问题，本节将重点介绍段间接触、转轴铁心配合和键槽等接触特征的建模与计算方法。

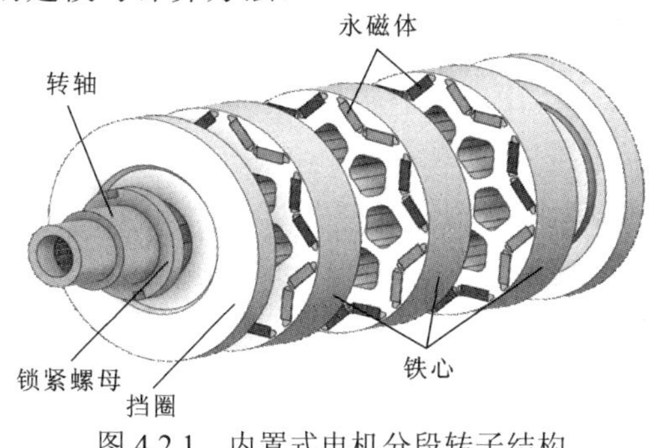

图 4.2.1　内置式电机分段转子结构

表 4.2.1　电机转子参数

参数	数值/mm	参数	数值/mm
转轴长度	214	铁心外径	117
转轴直径	38	铁心叠长	24

4.2.2　扭振激励因子

为进一步描述切向电磁力的扭振激励特性，本书提出扭振激励因子的概念，用于描述不同转子斜极结构的扭转模态与切向力矢量激励间的相互关系，其定义为切向电磁力向量与转子模态振型向量之间的余弦相似度，可由下式计算：

$$\mathrm{TEI}_{uv}=\frac{|\boldsymbol{F}_u\cdot\boldsymbol{\Phi}_v|^2}{(\boldsymbol{F}_u\cdot\boldsymbol{F}_u^{\mathrm{T}})(\boldsymbol{\Phi}_v\cdot\boldsymbol{\Phi}_v^{\mathrm{T}})} \tag{4.2.1}$$

式中：$\boldsymbol{F}_u$ 为表 4.1.3 中不同斜极形式下对应的切向电磁力矢量，且

$$\boldsymbol{F}_u=[f_{u0},f_{u1},\cdots,f_{us},\cdots,f_{um}],\quad u=1,2,3,4 \tag{4.2.2}$$

当切向电磁力向量与转子模态振型向量具有相同的空间分布时，计算得到的特征因子数值大；当切向电磁力向量与转子模态振型向量具有不同的空间分布时，计算得到的特征因子数值小。

矢量元素 f_{us} 对应 s 节点力矢量的值，即第 s 段的电磁力。忽略不同转子分段间电磁力幅值的变化，用归一化的切向电磁力矢量来反映分段间的相位差异。如表 4.1.3 所示，切向电磁力矢量与斜极形式相关。具体而言，采用无斜极形式时，各段切向电磁力无相位差，整体呈直线形式；而采用线性斜极形式时，各段切向电磁力沿 x 轴对称分布，整体呈半个周期的正弦波线形。

因此转子多段斜极下电磁力矢量元素的定义为

$$f_{us}=\frac{u\pi}{2}A\cos\frac{us\pi}{m},\quad s=1,2,3,\cdots,m \tag{4.2.3}$$

值得注意的是：不同时间阶次的切向力分布在不同的相位范围，例如，24 阶和 48 阶力的相位范围分别为[−π/2, π/2]和[−π, π]。

式（4.2.1）中 $\boldsymbol{\Phi}_v$ 为转子扭转振型矢量，v=0, 1, 2, 3，其中 v=0 对应转子刚性模态，v=1, 2, 3 对应 1 阶、2 阶、3 阶扭转模态，如图 4.2.2 所示。

扭转模态振型矢量及元素可由下式表示：

$$\boldsymbol{\Phi}_v=[\Phi_{v0},\Phi_{v1},\cdots,\Phi_{vs},\cdots,\Phi_{vm}] \tag{4.2.4}$$

$$\boldsymbol{\Phi}_{vs}=\exp\left(\frac{2\mathrm{j}\pi vs}{m}\right),\quad s=1,2,\cdots,m \tag{4.2.5}$$

将式（4.2.2）～式（4.2.5）代入式（4.2.1）中，得不同力矢量与转子模态的扭振激励因子矩阵（**TEI**）如下：

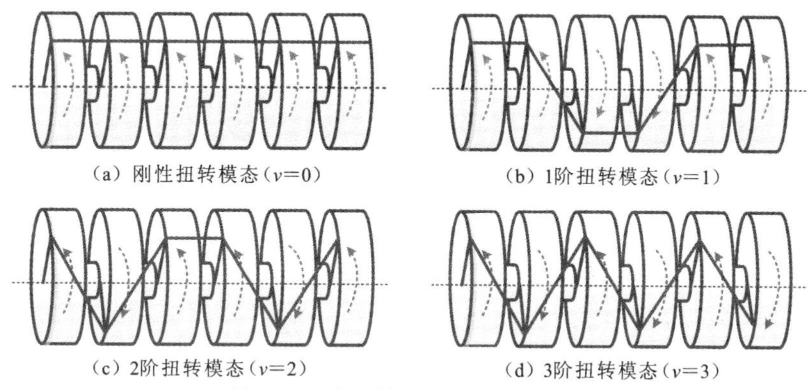

图 4.2.2　多段转子结构的扭转振型

$$\mathbf{TEI}=\begin{bmatrix}\mathrm{TEI}_{00} & \mathrm{TEI}_{01} & \mathrm{TEI}_{02} & \mathrm{TEI}_{03}\\ \mathrm{TEI}_{10} & \mathrm{TEI}_{11} & \mathrm{TEI}_{12} & \mathrm{TEI}_{13}\\ \mathrm{TEI}_{20} & \mathrm{TEI}_{21} & \mathrm{TEI}_{22} & \mathrm{TEI}_{23}\\ \mathrm{TEI}_{30} & \mathrm{TEI}_{31} & \mathrm{TEI}_{32} & \mathrm{TEI}_{33}\end{bmatrix} \tag{4.2.6}$$

矩阵 4 行 4 列，每行各元素代表不同扭转模态，每列各元素代表不同转子斜极结构的切向电磁力。而且，扭振激励因子矩阵只与力和模态矢量有关，后两者由磁场和尺寸参数决定，与电机类型无关，可以推广到具有阶梯斜极的任意类型的电机设计。

图 4.2.1 所示内置式电机的 24 阶力的扭振激励因子矩阵如图 4.2.3（a）所示。可以看出，在 0 阶力形与 0 阶扭转模态相互作用下，扭振激励因子矩阵峰值出现在 TEI_{00} 处，这意味着 24 阶切向力会激发刚性扭转模态，多段无斜极的转子结构可能会产生更大的振动。而其他 24 阶力形对多段转子的扭振响应影响不大。由图 4.2.3（b）可知，48 阶切向力和扭转模态的相互作用效果与 24 阶的不同。其中 TEI_{00}、TEI_{11}、TEI_{22}、TEI_{33} 的值较大，说明每一种转子斜极结构都会使得某个扭转模态因 48 阶切向力激励而产生较大的振动。对比图 4.2.3（a）和（b）同一行元素可知，48 阶切向力对扭转振动的影响比 24 阶力的更大，也就是说 48 阶切向力是图 4.2.1 所示内置式永磁电机扭振的主要来源。

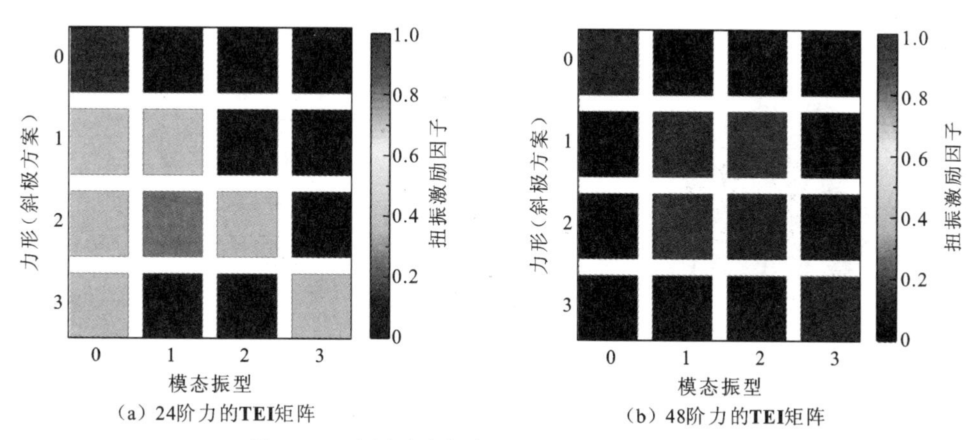

图 4.2.3　内置式电机中不同力阶下的 **TEI** 矩阵

4.2.3 转子铁心的各向异性

为减少铁心中的涡流损耗，单段铁心通常由若干个铁心片叠压而成，铁心的正交各向异性使其在不同方向上表现出不同的机械特性。假定转子硅钢片叠压方向为 z 方向，叠压后的转子铁心在 x-y 平面存在对称性，其在 x、y 两个方向具有相同的材料参数，而 z 方向的材料参数与 x、y 方向的参数有明显区别。转子铁心的材料参数正交各向异性导致结构各个方向刚度的不均匀分布，从而影响铁心固有频率和模态振型。铁心材料参数定义如下：

$$E_x = E_y \neq E_z \tag{4.2.7}$$

$$G_{xz} = G_{yz} \neq G_{xy} \tag{4.2.8}$$

$$\mu_{xz} = \mu_{yz} \neq \mu_{xy} \tag{4.2.9}$$

$$G_{xy} = \frac{E_x}{2(1+\mu_{xy})} \tag{4.2.10}$$

式中：E、G 和 μ 分别为杨氏模量、剪切模量和泊松比。

基于以上分析，在有限元建模时可将转子铁心等效为实体模型，正交各向异性通过材料参数实现。

为设置合理的材料参数模拟准确的转子模态特性，本小节对转子铁心进行模态测试，模态测试搭建如图 4.2.4 所示，测试采用 LMS SCADAS 振动信号采集系统进行数据采集分析，通过力锤对铁心施加脉冲激励，力锤型号为 PCB 086C03，频率范围为 0～8 000 Hz，最大幅值输出为 2 000 N。通过布置在铁心表面的加速度传感器测量脉冲激励下的转子振动信号，传感器型号为 PCB TLD352C03，传感器灵敏度为 10 mV/g，频响范围为 0.5～10 000 Hz。采用模态识别方法对测试频率响应函数进行分析，识别铁心模态频率和模态振型。测试结果如表 4.2.2 所示，表 4.2.3 给出了转子铁心等效材料参数。表 4.2.4 所示为铁心测试结果与有限元仿真结果对比，可知仿真误差在 1%以内，证明所设转子铁心各向异性材料的合理性，可以有效仿真转子铁心振动特性。

(a) 测试转子实物图

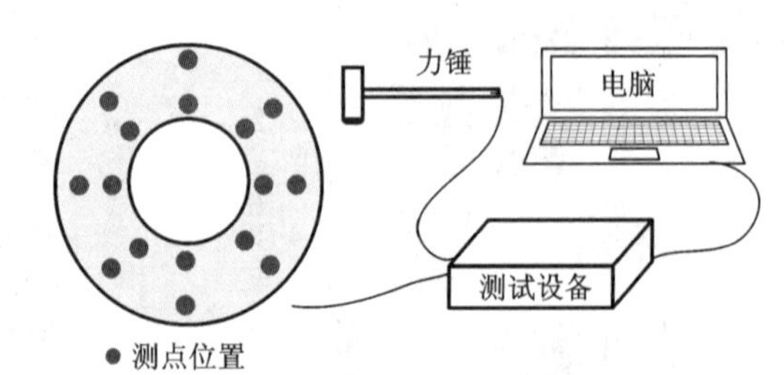

(b) 模态测试平台示意图

图 4.2.4 转子铁心模态测试

表 4.2.2　转子铁心模态分析结果

模态阶次	1	2
模态振型		
模态频率/Hz	5 900	6 101

表 4.2.3　转子铁心等效材料参数

参数	数值	参数	数值
E_x、E_y /MPa	270 000	μ_{xy}	0.3
E_z /MPa	80 000	G_{xy} /MPa	90 000
μ_{xz}、μ_{yz}	0.15		

表 4.2.4　转子铁心模态测试与仿真结果对比

模态	仿真/Hz	测试/Hz	误差/%
二阶椭圆模态（45°）	5 900	5 910	-0.17
一阶椭圆模态（90°）	6 101	6 060	0.68

4.2.4　分形维数

分段转子结构动力学模型需考虑铁心段间接触刚度，为分析铁心段间两个表面的接触特性，首先对铁心表面微观特性进行介绍。图 4.2.5 所示为珩磨、研磨和车削机加工的表面微观几何形貌。为描述表面微观形貌特征，提取有效表面特征参数，通常可以结合统计分析方法对粗糙表面进行研究。统计函数法将接触表面看作由多个具有相等曲率半径的球形微凸体组成，并假设这些微凸体的高度服从某种概率分布，结合概率密度分布函数对接触表面微观特性进行表述。

在格林伍德-威廉姆森（Greenwood-Williamson）提出的接触模型中，将粗糙表面看作由高度不同的球形微凸体组成，微凸体半球具有相同的半径 R，微凸体的高度是随机变化的。假设微凸体的高度服从高斯（Gauss）分布，则

$$\phi(h)=\frac{1}{\sigma\sqrt{2\pi}}\exp\left(-\frac{h^2}{\sigma^2}\right) \tag{4.2.11}$$

微凸体分布函数的自相关函数可以表示为 $R(\tau)$，表示在不同距离 h 处的点之间的相关性程度。具体来说，对于两个点之间的属性值（如高度），通常用自相关函数 $R(\tau)$ 表示这两个点之间的相关性：

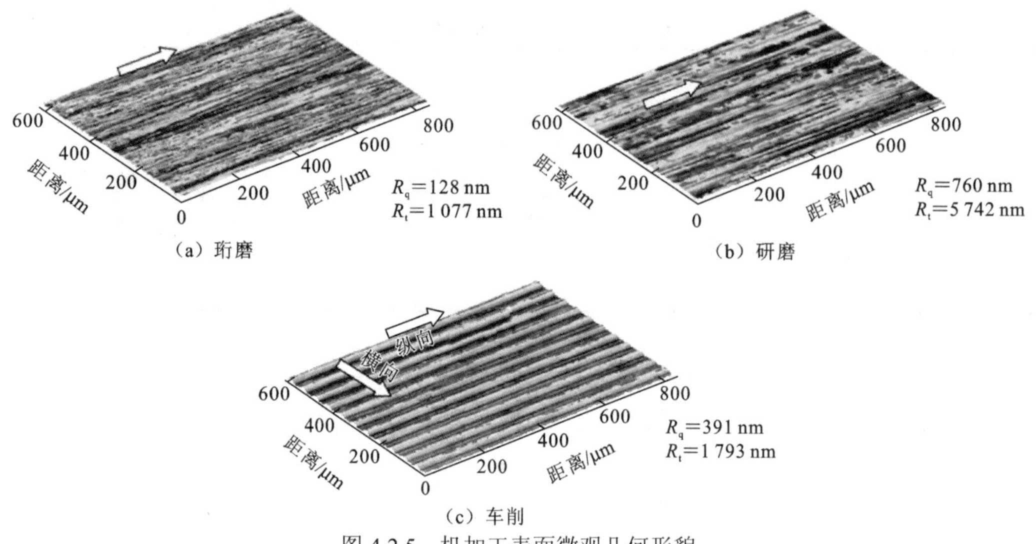

图 4.2.5　机加工表面微观几何形貌

$$R(\tau) = \sigma^2 \exp\left(-\frac{\tau^2}{l_c^2}\right) \tag{4.2.12}$$

式中：τ 为不同点之间的水平距离；σ^2 为高斯分布的方差；l_c 为相关长度，描述高度或属性值的相关性在水平方向的尺度。由式（4.2.12）可知，相关长度 l_c 为自相关函数 $R(\tau)$ 的值下降到 $1/\mathrm{e}$ 时对应的水平距离。

微凸体分布函数的功率谱密度 $S(f)$ 表示为

$$S(f) = \frac{\sigma^2}{2\pi l_c^2} \exp(-2\pi^2 f^2 l_c^2) \tag{4.2.13}$$

基于功率谱密度可以计算表面统计参数，如均方根粗糙度、斜率分布参数、功率谱指数等。

图 4.2.6（a）所示为加工表面的微观表面统计特性，由图 4.2.6（b）可知，微观表面的高度分布服从高斯分布。任意选择一个微凸体，其高度超过 d 的概率为

$$P(h > d) = \int_d^{+\infty} \phi(h) \mathrm{d}h \tag{4.2.14}$$

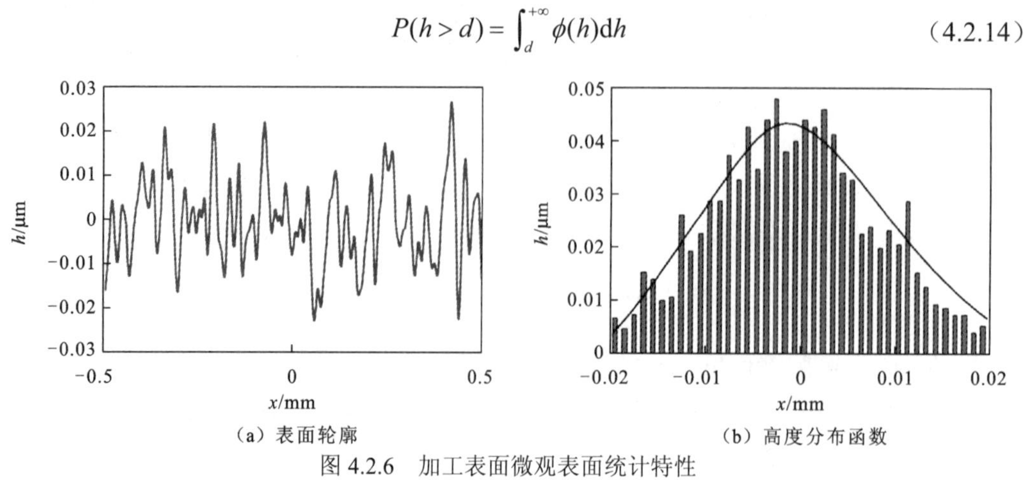

图 4.2.6　加工表面微观表面统计特性

统计分析方法可以基于微凸体高度分布特性对粗糙表面微观特性进行分析，然而，由于表面的多尺度性质，在不同的尺度下进行观测时，可能得到不同的统计特性。表面特性的统计参数取决于粗糙度测量仪器的分辨率，测量仪器的分辨率决定能够检测到的表面特征的最小尺度，较低分辨率的仪器可能无法捕捉到微观尺度的细节，而较高分辨率的仪器则可以检测到更小尺度的特征。表面的多尺度特性决定了表面统计参数对表面的空间分辨率和放大率的依赖，统计参数值随放大倍数发生变化。具有不同分辨率和扫描长度的仪器对相同表面产生不同的统计参数值。因此对于粗糙表面，基于统计参数的粗糙度可能不是唯一的。

由上文可知，传统的接触理论通常假设表面具有单一粗糙度尺度，并使用均方根（root mean square，RMS）高度、斜率和曲率等统计参数来描述表面。然而，实际表面往往具有多个尺度的起伏和结构，因此考虑多尺度性质对更准确地描述接触过程非常重要。

考虑轮廓表面 $z(x)$，如图4.2.6所示。其表面轮廓是一个具有多尺度和无序性的随机表面。它具有连续性、不可微性和统计自相似性等数学特性。这些特性使其成为一个典型的粗糙表面，其性质如下。

（1）连续性。该表面轮廓是连续的，即在任何位置都可以找到一个高度值。

（2）不可微性。这表明过该表面上的任何点都无法绘制出切线或切平面，因为表面的粗糙性会导致在任何尺度下都有更多的细节。

（3）统计自相似性。这意味着该表面在不同放大倍数下具有相似的外观。换句话说，通过放大或缩小观察，该表面的粗糙性模式是一致的。

这种类型的表面可以用维斯特拉斯-芒德布罗特（Weierstrass-Mandelbrot，W-M）函数来描述。W-M 函数是一种分形函数，具有自相似性，可用于模拟具有上述特性的粗糙表面。该函数的表达式如下：

$$w(x)=\sum_{n=-\infty}^{+\infty}\gamma^{(D-2)n}(1-\mathrm{e}^{\mathrm{i}\gamma^n x})\mathrm{e}^{\mathrm{i}\phi_n} \tag{4.2.15}$$

式中：D 为分形维度，用于描述表面的分形特性；n 为频率指数；γ 为轮廓频率密度；ϕ_n 为随机相位函数。函数中 γ 决定级数的频率，且频率以指数级增加。通过 ϕ_n 的随机特性可保证不同频率下的级数不发生点重合，从而保证函数的随机性。通常可选择 $\gamma=1.5$ 确保包含较高频率的谱密度函数，同时保证相位的随机性。w 为实变量 x 的复函数，表面形貌函数 $z(x)$ 为 $w(x)$ 的实部，可表示为

$$z(x)=\mathrm{Re}[w(x)]=\sum_{n=-\infty}^{+\infty}\gamma^{(D-2)n}[\cos\phi_n-\cos(\gamma^n x+\phi_n)] \tag{4.2.16}$$

$z(x)$ 的功率谱函数 $P(\omega)$ 可以表示为

$$P(\omega)=\frac{1}{\omega^{5-2D}\ln\gamma} \tag{4.2.17}$$

由上可知，功率谱函数 $P(\omega)$ 是空间频率 ω 的指数函数的倒数，分形维数 D 可以通过功率谱函数在对数坐标下的斜率计算得到。

奥斯洛斯（Ausloos）和伯曼（Berman）通过引入多个变量来描述高维随机过程，在保

留原有函数的齐次性、缩放性和自仿射性的同时，引入的双变量函数可用于模拟在所有方向都表现出波形的分形表面。奥斯洛斯-伯曼函数的极坐标表达式为

$$z(\rho,\theta)=\left(\frac{\ln\gamma}{M}\right)^{1/2}\sum_{m=1}^{M}A_m\sum_{n=-\infty}^{+\infty}(k\gamma^n)^{D-3}\{\cos\phi_{m,n}-\cos[k\gamma^n\rho\cos(\theta-\alpha_m)+\phi_{m,n}]\} \tag{4.2.18}$$

式中：M 为用于构造表面的岭函数的数量，对于二维表面，$M=1$。表面几何形状的各向异性由 A_m 的大小控制。对于各向同性表面，A_m 为常数；对于各向异性表面，A_m 随着 m 的变化而变化。相位 $\alpha_m\in[0,2\pi]$ 同样为随机函数，以保证不同频率分量点数不发生重合，这里简化为均等偏移，设 $\alpha_m=\pi m/M$，$k=2\pi/L$ 为波数。

令 $A=2\pi(2\pi/G)^{2-D}$，可得笛卡儿坐标下的表面三维表征函数为

$$\begin{aligned}z(x,y)=&L\left(\frac{G}{L}\right)^{D-2}\left(\frac{\ln\gamma}{M}\right)^{1/2}\\&\cdot\left\{\cos\phi_{m,n}-\cos\left[\frac{2\pi\gamma^n(x^2+y^2)^{1/2}}{L}\cos\left(\arctan\frac{y}{x}-\frac{\pi m}{M}\right)+\phi_{m,n}\right]\right\}\end{aligned} \tag{4.2.19}$$

式中：G 为反映振幅大小的特征标度系数；D 为轮廓的分形维数，可以定量测量所有尺度下表面轮廓的不规则性和复杂性；$\phi_{m,n}$ 为随机相位，随机剖面的空间频率为 $\omega=\gamma^n$，其值通常等于 1.5，n 为粗糙度的频率指数。从式(4.2.19)可以看出，$z(x,y)$ 的振幅与 D、G 和 n 的值有关，该表达式可以用于表示 3D 各向同性分形表面的高度函数，用于描述具有分形特性的表面。它在接触分析中用于描述建模表面的形状和粗糙度，式中的未知变量是无尺度的分形参数 G 和 D，可以根据具体应用和测量数据来确定这些参数的值。

为了描述分形维数 D 对表面特性的影响，这里提供两个模拟的 $1\,\mu\text{m}\times 1\,\mu\text{m}$ 各向同性分形表面的例子，如图 4.2.7 所示，其中分形维数的值分别为 $D=2.4$ 和 $D=2.8$。可以看出，D 的增加使表面更加平滑，即具有更少的粗糙度和更少的细节。但 D 较大时高频和低频成分的幅值比率要高于 D 较小时的分形表面。这意味着在 D 较大时的分形表面上，高频成分相对更加突出。

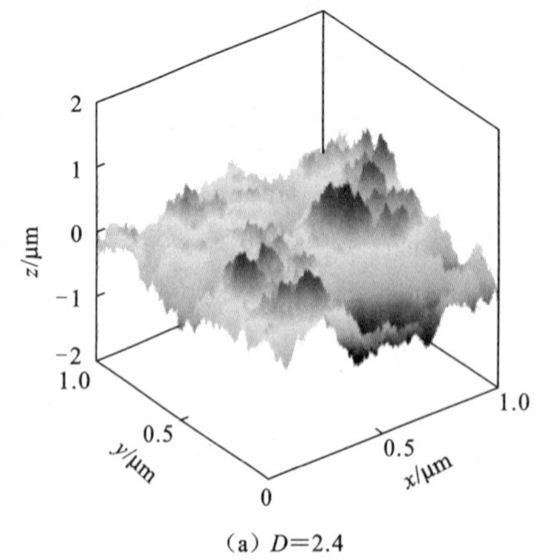

(a) $D=2.4$

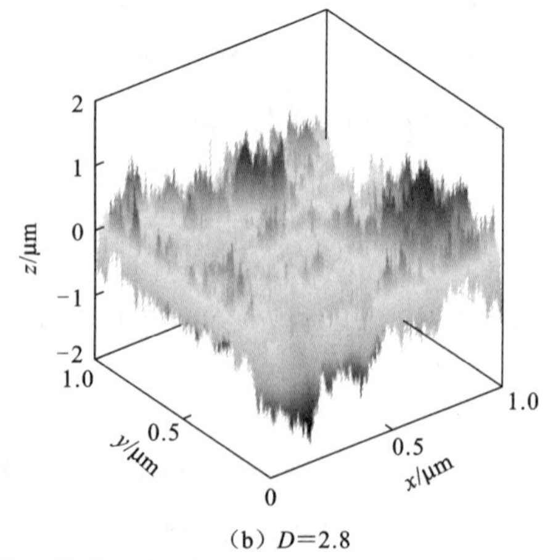

(b) $D=2.8$

扫码看彩图

图 4.2.7 不同分形维数下的分形表面

本小节研究的转子铁心叠片接触面面积为 5 621.5 mm^2，叠片的加工方式为冲压，材料为 45 号钢，参数分别为弹性模量 $E = 210\ \text{GPa}$，泊松比 $\upsilon = 0.25$，布氏硬度 $\text{HB} = 2.058\times10^9\ \text{Pa}$。

对铁心表面的轮廓参数进行测量，通过分形参数对粗糙表面进行表征，如图 4.2.8 所示，图中，PSD 为功率谱密度（power spectral density），单位为 W/m^2。

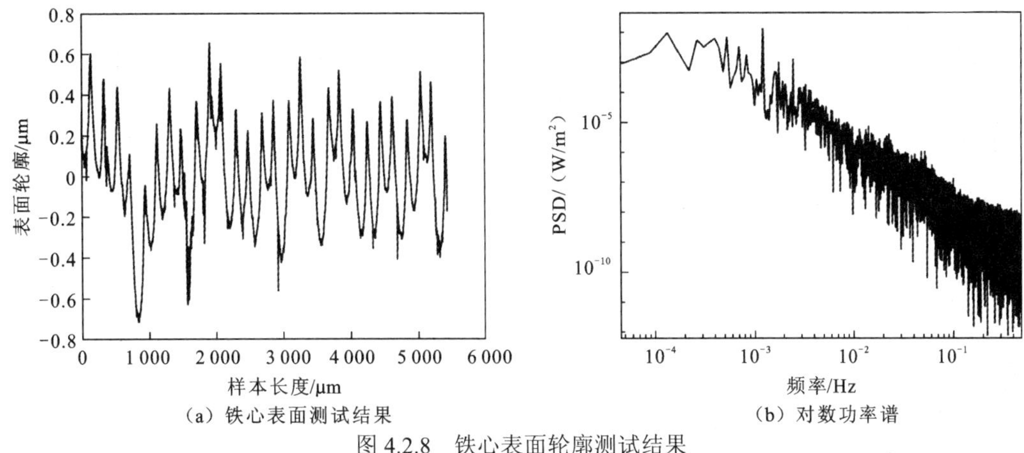

（a）铁心表面测试结果　　（b）对数功率谱

图 4.2.8　铁心表面轮廓测试结果

进一步通过表面轮廓测量结果计算表面的分形参数，主要方法为功率谱法和结构函数法。功率谱法是指通过对测量得到的表面高度分布函数 $z(x)$ 计算高度功率谱 $S(f)$ 密度来获得分形参数 D 和 G。对 $S(f)$ 取对数，可以通过斜率来获得分形参数 D，而参数 G 可以通过 $S(f)$ 的截距计算获得。结构函数法是通过分析表面的自相关函数得到分形特征：

$$S(\tau) = [z(x+\tau) - z(x)]^2 \tag{4.2.20}$$

式中：τ 为不同测点之间的距离，结构函数通过测量表面高度在不同距离尺度下的相关性来获得高度之间的相关性。对于分形表面，结构函数需要满足

$$\text{SS}(\tau) = C\tau^{4-2D} \tag{4.2.21}$$

对数表示下 $S(\tau)$ 和 τ 之间为正比关系：

$$\lg S(\tau) = (4-2D)\lg\tau + \lg C \tag{4.2.22}$$

综上可知，根据测量的表面轮廓结构函数 $S(\tau)$ 和 τ 在对数坐标轴下的分布，可以拟合得到直线关系，通过直线的斜率可以计算得到分形维数 D，从直线截距可以计算得到尺度系数 G。根据铁心表面测量得到的高度函数可以计算得到结构函数 $S(\tau)$。根据式（4.2.22），可以计算得到分形维数，如表 4.2.5 所示。

表 4.2.5　铁心表面轮廓测量结果

样件	R_a/μm	D	G
1	3.49	1.218 3	5.9×10^{-14}
2	1.20	1.767 4	5.9×10^{-14}
3	1.44	1.405 8	5.9×10^{-14}

注：R_a 为单个微凸体的半径。

4.2.5 转子铁心段间接触分析

两个宏观上光滑的表面接触，微观上可以看作表面微凸体之间的相互接触，在载荷作用下的表面接触过程中只有少部分高度较高的微凸体相互接触产生形变，实际接触面积和名义接触面积之比很小。考虑单个微凸体的接触，结合赫兹（Hertz）接触模型，两个球体的接触可以等价为单个微凸体和刚性平面的接触，简化后的接触模型如图 4.2.9 所示。

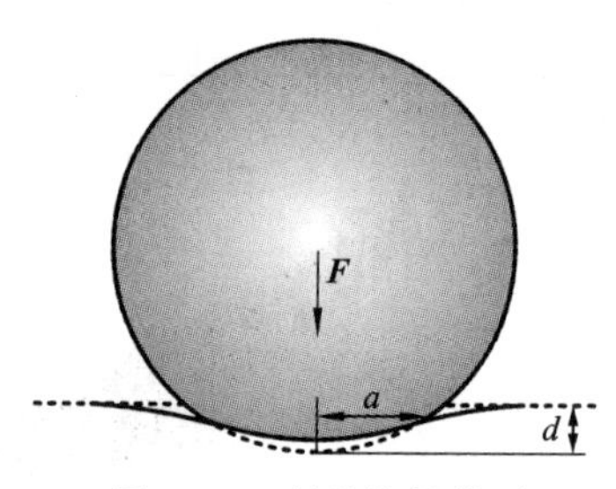

图 4.2.9 赫兹接触模型

结合赫兹接触理论，在载荷 F_e 的作用下，球体与刚性平面接触产生法向变形 δ，满足如下关系：

$$F_e(\delta)=\frac{4E^*r^3}{3R} \tag{4.2.23}$$

式中：R 和 E 分别为等效半径和等效弹性模量，可以通过两个微凸体的半径 R_1、R_2，弹性模量 E_1、E_2 和泊松比 υ_1、υ_2 表示；E^* 为弹性模量的共轭/有效模量；r 为球体半径。

$$\frac{1}{R}=\frac{1}{R_1}+\frac{1}{R_2} \tag{4.2.24}$$

$$\frac{1}{E}=\frac{1-\upsilon_1^2}{E_1}-\frac{1-\upsilon_2^2}{E_2} \tag{4.2.25}$$

随着载荷的增加，微凸体形变逐渐加大，当超过临界形变，微凸体从弹性形变转变为塑性形变。微凸体从弹性形变转换为塑性形变的临界变形可以表示为

$$\delta_r=bR\left(\frac{H}{E^*}\right)^2 \tag{4.2.26}$$

式中：参数 b 为不随微凸体大小变化的常数；H 为接触面的材料硬度。

微凸体的形变 δ 可以通过轮廓函数表示为

$$\delta=2G^{D-2}(\ln\gamma)^{1/2}(2r')^{3-D} \tag{4.2.27}$$

通常可认为微凸体压缩距离远小于微凸体半径，有 $r'\approx 2R\delta$，进一步可知微凸体半径 R 为

$$R=\frac{(a')^{(D-1)/2}}{2^{5-D}\pi^{(D-1)/2}G^{D-2}(\ln\gamma)^{1/2}} \tag{4.2.28}$$

式中：r' 为微凸体半径，截面积对应为 $a'=\pi(r')^2$。

结合式（4.2.26）～式（4.2.28）可知，临界形变 δ_r 对应的微凸体接触面积 a_c' 为

$$a_c'=\left[2^{9-D}\pi^{D-2}b^{-1}G^{2D-4}\left(\frac{E^*}{H}\right)^2\ln\gamma\right]^{\frac{1}{D-2}} \tag{4.2.29}$$

对于接触面积大于临界接触面积（$a'>a_c'$）的情况，有 $\delta\leqslant\delta_r$，对应为弹性形变。而对于 $a'<a_c'$ 的情况对应为塑性形变。

当接触载荷较小时，微凸体变形处于弹性阶段。此时，微凸体的接触状态可以用赫兹接触理论描述。结合赫兹接触理论，弹性接触压力为

$$F_{\mathrm{e}}=\frac{2^{(11-2D)/2}}{3\pi^{(4-D)/2}}(\ln\gamma)^{1/2}G^{D-2}E^{*}(a')^{(4-D)/2} \tag{4.2.30}$$

进一步可以得到单个微凸体在弹性变形阶段的法向接触刚度为

$$k_{\mathrm{e}}=\frac{\Delta F_{\mathrm{e}}}{\Delta\delta}=\frac{4E}{3\sqrt{\pi}}\frac{2-D}{1-D}a^{1/2} \tag{4.2.31}$$

当接触载荷非常大，大到足够使微凸体发生完全塑性变形时，材料会经历完全的塑性变形，而不再保持弹性。此时，接触区域内的应力会均匀分布，并且达到材料的接触硬度值。

弹性形变下的接触压力对应如式（4.2.30）所示，但塑性形变下的接触压力与材料硬度线性相关：

$$F_{\mathrm{p}}\approx Ha \tag{4.2.32}$$

利用临界点处的连续性 $F_{\mathrm{e}}(a'_{\mathrm{c}})=F_{\mathrm{p}}(a'_{\mathrm{c}})$，可以进一步将临界截面面积表示为

$$a'_{\mathrm{c}}=\left[\frac{2^{11-D}}{9\pi^{4-D}}G^{2D-4}\left(\frac{E^{*}}{H}\right)^{2}\ln\gamma\right]^{1/(D-2)} \tag{4.2.33}$$

将特定表面分离距离下的最高凸体接触设为 a'_{L}，则对应接触面积为 a' 的微凸体概率密度分布函数为

$$n(a')=\frac{\mathrm{d}N(a')}{\mathrm{d}a'}=\frac{D-1}{2a'_{\mathrm{L}}}\left(\frac{a'_{\mathrm{L}}}{a'}\right)^{(D+1)/2} \tag{4.2.34}$$

弹塑性形变下的接触压力可以通过积分得到：

$$F=F_{\mathrm{e}}+F_{\mathrm{p}} \tag{4.2.35}$$

$$F_{\mathrm{e}}=\int_{a'_{\mathrm{c}}}^{a'_{\mathrm{L}}}F_{\mathrm{e}}(a')n(a')\mathrm{d}a'=2\pi^{-3/4}(\ln\gamma)^{1/2}G^{1/2}E^{*}(a'_{\mathrm{L}})^{3/4}\ln\left(\frac{a'_{\mathrm{L}}}{a'_{\mathrm{c}}}\right) \tag{4.2.36}$$

$$F_{\mathrm{p}}=\int_{0}^{a'_{\mathrm{L}}}F_{\mathrm{p}}(a')n(a')\mathrm{d}a'=\frac{D-1}{3-D}Ha'_{\mathrm{L}}\left(\frac{a'_{\mathrm{L}}}{a'_{\mathrm{c}}}\right)^{(3-D)/2} \tag{4.2.37}$$

对应的接触面积为

$$S=S_{\mathrm{e}}+S_{\mathrm{p}} \tag{4.2.38}$$

$$S_{\mathrm{e}}=\int_{a'_{\mathrm{c}}}^{a'_{\mathrm{L}}}\frac{1}{2}a'n(a')\mathrm{d}a'=\frac{D-1}{6-2D}\left[1-\left(\frac{a'_{\mathrm{L}}}{a'_{\mathrm{c}}}\right)^{(3-D)/2}a'_{\mathrm{L}}\right] \tag{4.2.39}$$

$$S_{\mathrm{p}}=\int_{0}^{a'_{\mathrm{L}}}S_{\mathrm{p}}(a')n(a')\mathrm{d}a'=\frac{D-1}{3-D}\left(\frac{a'_{\mathrm{L}}}{a'_{\mathrm{c}}}\right)^{(3-D)/2}a'_{\mathrm{L}} \tag{4.2.40}$$

接触刚度的法向分量可以定义为

$$k_{\mathrm{n}}=\frac{\mathrm{d}F}{\mathrm{d}\delta} \tag{4.2.41}$$

切向分量可以定义为

$$k_{\mathrm{t}}=\frac{4Gr}{2-\nu} \tag{4.2.42}$$

式中：G、r 和 ν 分别表示剪切弹性模量、实际接触面积半径和泊松比。

在考虑微凸体弹性形变和塑性形变的情况下，接触刚度可以定义为

$$K_{\mathrm{n}}=\int_{a_{\mathrm{c}}'}^{a_{\mathrm{l}}'} k_{\mathrm{n}} n(a')\mathrm{d}a' \tag{4.2.43}$$

式中：a_{l}' 为对应的微凸体接触面积。

进一步可以得到法向接触刚度和切向刚度分别为

$$K_{\mathrm{n}}=\frac{4D(3-D)}{3\sqrt{2\pi}(2-D)(D-1)}E'^{*}\left(a_{\mathrm{l}}'^{(D/2)}a_{\mathrm{c}}'^{(1-D/2)}-a_{\mathrm{l}}'^{(1/2)}\right) \tag{4.2.44}$$

$$K_{\mathrm{t}}=\int_{a_{\mathrm{c}}'}^{a_{\mathrm{L}}'} k_{\mathrm{t}} n(a')\mathrm{d}a'=\frac{4(1-\nu)E^{*}D}{\sqrt{2\pi}(2-\nu)(D-1)}\left(a_{\mathrm{l}}'^{(D/2)}a_{\mathrm{c}}'^{(1-D/2)}-a_{\mathrm{l}}'^{(1/2)}\right) \tag{4.2.45}$$

4.2.6　转子铁心段间等效接触层模型

图 4.2.1 所示的分段转子由转轴、三个铁心段压圈和锁紧螺母组成，其中分段铁心通过装配过程中的预紧力和螺母缩紧力连在一起，每个铁心之间连接部分为接触层，该接触层由两个铁心截面贴合在一起而组成。由前面的研究可知，当轴向预紧力发生变化时，铁心间的接触载荷也发生变化，因此接触层的接触刚度也会发生变化。

假设接触面的压力均布，则接触平面单元的弹性势能为

$$\Delta U=\frac{1}{2}k_{\mathrm{n}}(z_{\mathrm{l}}^{j+1}-z_{\mathrm{r}}^{j})_{x,y}^{2}+\frac{1}{2}k_{\mathrm{t}}(x_{\mathrm{l}}^{j+1}-x_{\mathrm{r}}^{j})_{x,y}^{2}+\frac{1}{2}k_{\mathrm{t}}(y_{\mathrm{l}}^{j+1}-y_{\mathrm{r}}^{j})_{x,y}^{2} \tag{4.2.46}$$

式中：k_{n} 和 k_{t} 分别为接触层法向和切向刚度。将单元势能积分可得

$$U=\iint_{A}\Delta U\mathrm{d}A'=\frac{1}{2}\boldsymbol{q}_{\mathrm{c}}^{\mathrm{T}}\boldsymbol{K}_{\mathrm{c}}\boldsymbol{q}_{\mathrm{c}} \tag{4.2.47}$$

式中：$\boldsymbol{q}_{\mathrm{c}}=[x^{j},y^{j},\alpha^{j},\beta^{j},\gamma^{j},x^{j+1},y^{j+1},\alpha^{j+1},\beta^{j+1},\gamma^{j+1}]$ 为接触层端部节点位移向量；x 和 y 分别为接触单元端部节点在 x 方向和 y 方向的位移；α、β、γ 分别为接触端面绕 x 轴、y 轴、z 轴的转角；A 为面积微元；$\boldsymbol{K}_{\mathrm{c}}$ 为接触刚度矩阵，该矩阵中的元素可以表示为

$$\boldsymbol{K}_{\mathrm{c}}=\begin{bmatrix}
k_1 & 0 & 0 & 0 & k_6 & -k_1 & 0 & 0 & 0 & -k_6\\
0 & k_1 & 0 & 0 & -k_7 & 0 & -k_1 & 0 & 0 & k_7\\
0 & 0 & k_3 & -k_5 & 0 & 0 & 0 & -k_3 & k_5 & 0\\
0 & 0 & -k_5 & k_4 & 0 & 0 & 0 & k_5 & -k_4 & 0\\
k_6 & -k_7 & 0 & 0 & k_2 & -k_6 & k_7 & 0 & 0 & -k_2\\
-k_1 & 0 & 0 & 0 & -k_6 & k_1 & 0 & 0 & 0 & k_6\\
0 & -k_1 & 0 & 0 & k_7 & 0 & k_1 & 0 & 0 & -k_7\\
0 & 0 & -k_3 & k_5 & 0 & 0 & 0 & k_3 & -k_5 & 0\\
0 & 0 & k_5 & -k_4 & 0 & 0 & 0 & -k_5 & k_3 & 0\\
-k_6 & k_7 & 0 & 0 & -k_2 & k_6 & -k_7 & 0 & 0 & k_3
\end{bmatrix} \tag{4.2.48}$$

式中：k_1、k_2、k_3、k_4 分别为 x 方向、y 方向、扭转和弯曲刚度，k_5 为弯曲刚度耦合相，k_6 和 k_7 为剪切刚度。其表达式分别为

$$k_1 = \iint_{A'} k_{\mathrm{t}} \mathrm{d}A' \tag{4.2.49}$$

$$k_2 = \iint_{A'} k_{\mathrm{t}} (x'^2 + y'^2) \mathrm{d}A' \tag{4.2.50}$$

$$k_3 = \iint_{A'} k_{\mathrm{n}} y'^2 \mathrm{d}A' \tag{4.2.51}$$

$$k_4 = \iint_{A'} k_{\mathrm{n}} x'^2 \mathrm{d}A' \tag{4.2.52}$$

$$k_5 = \iint_{A'} k_{\mathrm{n}} x' y' \mathrm{d}A' \tag{4.2.53}$$

$$k_6 = \iint_{A'} k_{\mathrm{t}} y' \mathrm{d}A' \tag{4.2.54}$$

$$k_7 = \iint_{A'} k_{\mathrm{t}} x' \mathrm{d}A' \tag{4.2.55}$$

4.2.7　转子铁心段间接触刚度验证

为了验证接触模型的准确性，进一步对接触刚度进行测试，获得不同法向压力下的接触刚度实验数值。图 4.2.10 所示为兹韦克罗睿（Zwick Roell）压力机测试设备，通过对被测试对象施加压力，测量其变形量计算刚度。压力机内置压力传感器和位移传感器精度分别为 0.1 N 和 0.01 mm。

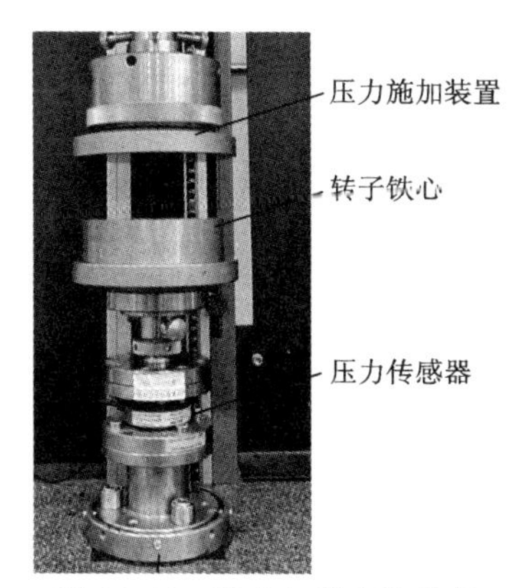

图 4.2.10　铁心加载实验设备

由于无法直接测量接触面的形变量，本次实验通过测量单段铁心和两段相互接触的铁心在不同压力下的形变量，间接获取接触刚度。在测试单段铁心时，压力测试设备测试得到的位移量包括铁心弹性变形、铁心上下接触面变形，表示为 x_1，对应接触面刚度表示为 K_{c11} 和 K_{c12}。在测试两段铁心时，压力测试设备测试得到的位移量包括铁心弹性变形、铁心上下接触面变形和铁心段间接触面变形，表示为 x_2，对应接触面刚度表示为 K_{c11}、K_{c12} 和 K_{c}。具体表示为

$$x_1 = F / (K_{\mathrm{c11}} + K_{\mathrm{c12}}) \tag{4.2.56}$$

$$x_2 = F / (K_{\mathrm{c11}} + K_{\mathrm{c12}} + K_{\mathrm{c}}) \tag{4.2.57}$$

式中：x_1 和 x_2 为压力机测量位移；F 为施加的载荷。

图 4.2.11 所示为不同压力下的单段铁心和多段铁心的形变测试结果。

结合式（4.2.56）和式（4.2.57）可以求解得到铁心段间接触刚度为

$$K_{\mathrm{c}} = F \Big/ \left(\frac{1}{x_1} - \frac{1}{x_2} \right) \tag{4.2.58}$$

分别取三组铁心试件进行测量，测试过程中，每对试件需要加载三次、测量三次，取三次测量值的平均值作为最后测量结果，如图 4.2.12 所示，实验设置的载荷范围 0～

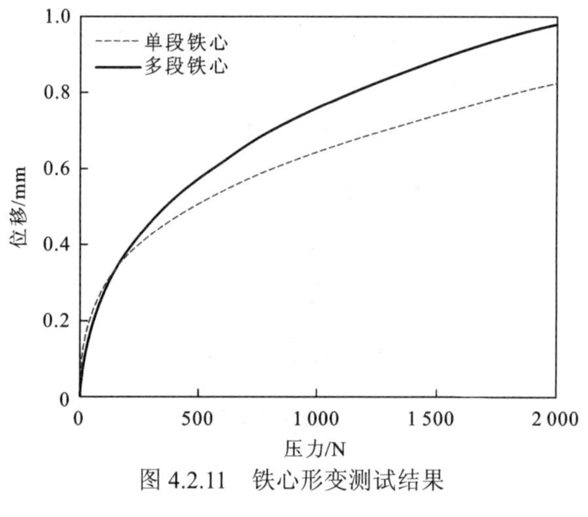

图 4.2.11　铁心形变测试结果

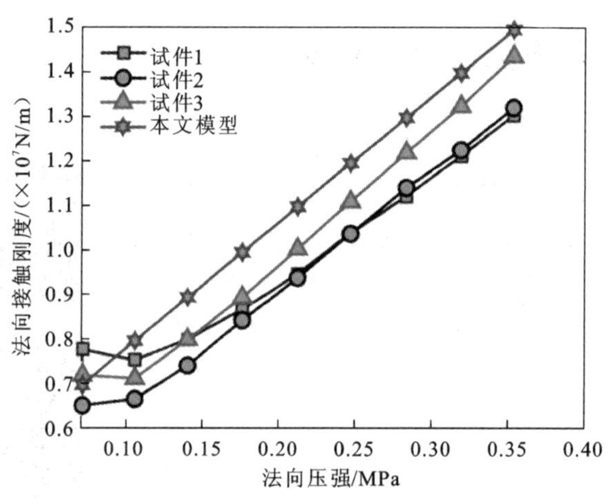

图 4.2.12　法向接触刚度计算结果

2 000 N。可以看出，随着法向载荷的增大，接触刚度增加。实验测试得到的表面接触法向刚度相比于理论计算结果偏小，所提出的模型计算结果略偏大，但仍可以用于后续接触刚度及转子模态的计算。

4.2.8　转轴与铁心过盈接触刚度计算与验证

电机转子转轴与铁心之间的接触仍可看作两个具有一定粗糙度的表面接触，两个表面间微凸体接触并产生接触应力分布。本小节仍然采用上述接触模型来求解过盈接触下的接触刚度。为求解接触刚度，需计算过盈状态下的接触压力分布，可采用厚壁圆筒的应力应变计算方法，得到转轴与铁心过盈配合下的接触压力为

$$p=\frac{\varDelta}{d\left(\dfrac{C_1}{E_1}+\dfrac{C_2}{E_2}\right)\times 10^3} \tag{4.2.59}$$

式中：p 为过盈配合力；Δ 为铁心与转轴的过盈量；d 为配合件的公称直径；E_1 和 E_2 分别为转子和铁心的弹性模量；C_1 和 C_2 分别为转轴和铁心的刚性系数。基于式（4.2.45）和式（4.2.59）可计算转轴与铁心间接触刚度和接触压力。

4.3　基于接触分析的分段转子弯扭动力学模型

4.3.1　分段转子多自由度动力学模型

采用有限单元法通过梁单元对转子转轴进行建模，铁摩辛柯梁（Timoshenko beam）单元是有限元分析中一种常用的结构单元，该单元基于铁摩辛柯梁理论，考虑了梁单元在弯曲和剪切作用下的变形。相比传统的欧拉-伯努利梁（Euler-Bernoulli beam）单元，铁摩辛柯梁单元具有更高的精度。x-y 平面中的铁摩辛柯梁单元模型如图 4.3.1 所示。单元节点横向运动的坐标表示为 x、y，相应节点的转角表示为 θ_1、θ_2，轮盘及轴段的扭转角度用 θ_3 表示。梁节点位移可以表示成向量形式 $\boldsymbol{x}=[x,y,\theta_1,\theta_2,\theta_3]$，梁单元节点坐标可以进一步表示为 $\boldsymbol{x}=[x^i,y^i,\theta_1^i,\theta_2^i,\theta_3^i,x^{i+1},y^{i+1},\theta_1^{i+1},\theta_2^{i+1},\theta_3^{i+1}]$。

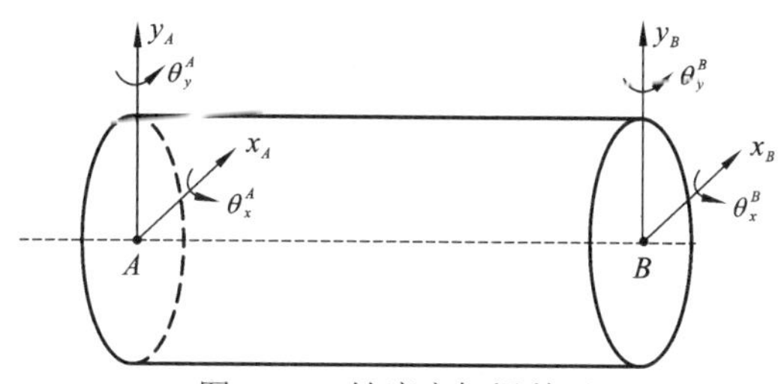

图 4.3.1　铁摩辛柯梁单元

铁摩辛柯梁单元的质量矩阵可以分为平动和转动两部分，即 $\boldsymbol{M}_{\rm e}=\boldsymbol{M}_{\rm er}+\boldsymbol{M}_{\rm et}$。具体而言，平动质量矩阵 $\boldsymbol{M}_{\rm et}$ 可以表示为

$$\boldsymbol{M}_{\rm et}=\frac{\rho_{\rm e}A_{\rm e}I_{\rm e}}{840(l_{\rm e}^2+12g')^2}\begin{bmatrix} m_1 & 0 & 0 & -m_2 & m_3 & 0 & 0 & m_4 \\ 0 & m_1 & -m_2 & 0 & 0 & m_3 & -m_4 & 0 \\ 0 & -m_2 & m_5 & 0 & 0 & m_4 & m_6 & 0 \\ m_2 & 0 & 0 & m_5 & -m_4 & 0 & 0 & m_6 \\ m_3 & 0 & 0 & -m_4 & m_1 & 0 & 0 & -m_2 \\ 0 & m_3 & m_4 & 0 & 0 & m_1 & m_2 & 0 \\ 0 & -m_4 & m_6 & 0 & 0 & m_2 & m_5 & 0 \\ m_4 & 0 & 0 & m_6 & -m_2 & 0 & 0 & m_5 \end{bmatrix} \tag{4.3.1}$$

转动质量矩阵 $\boldsymbol{M}_{\rm er}$ 可以表示为

$$\boldsymbol{M}_{\text{er}}=\frac{\rho_{\text{e}}I_{\text{e}}}{30(l_{\text{e}}^2+12g')^2}\begin{bmatrix} m_7 & 0 & 0 & m_8 & -m_7 & 0 & 0 & m_8 \\ 0 & m_7 & -m_8 & 0 & 0 & -m_7 & -m_8 & 0 \\ 0 & -m_8 & m_9 & 0 & 0 & m_8 & m_{10} & 0 \\ m_8 & 0 & 0 & m_9 & -m_8 & 0 & 0 & m_{10} \\ -m_7 & 0 & 0 & -m_8 & m_7 & 0 & 0 & -m_8 \\ 0 & -m_7 & m_8 & 0 & 0 & m_7 & m_8 & 0 \\ 0 & -m_8 & m_{10} & 0 & 0 & m_8 & m_9 & 0 \\ m_8 & 0 & 0 & m_{10} & -m_8 & 0 & 0 & m_9 \end{bmatrix} \tag{4.3.2}$$

式中：ρ_{e}为材料密度；A_{e}为截面面积；I_{e}为截面的惯性矩；l_{e}为单元长度。其他参数的表达式为

$$m_1=312l_{\text{e}}^4+7\,056g'l_{\text{e}}^2+40\,320g'^2 \tag{4.3.3}$$

$$m_2=(44l_{\text{e}}^4+924g'l_{\text{e}}^2+5\,040g'^2)l_{\text{e}}^2 \tag{4.3.4}$$

$$m_3=108l_{\text{e}}^4+3\,024g'l_{\text{e}}^2+20\,160g'^2 \tag{4.3.5}$$

$$m_4=-(26l_{\text{e}}^4+756g'l_{\text{e}}^2+40\,320g'^2)l_{\text{e}}^2 \tag{4.3.6}$$

$$m_5=(8l_{\text{e}}^4+168g'l_{\text{e}}^2+1\,008g'^2)l_{\text{e}}^2 \tag{4.3.7}$$

$$m_6=-(6l_{\text{e}}^4+168g'l_{\text{e}}^2+1\,008g'^2)l_{\text{e}}^2 \tag{4.3.8}$$

$$m_7=36l_{\text{e}}^2 \tag{4.3.9}$$

$$m_8=(3l_{\text{e}}^4-180g'^2)l_{\text{e}}^2 \tag{4.3.10}$$

$$m_9=(4l_{\text{e}}^4-60g'l_{\text{e}}^2+1\,440g'^2)l_{\text{e}}^2 \tag{4.3.11}$$

$$m_{10}=-(l_{\text{e}}^4-60g'l_{\text{e}}^2+720g'^2)l_{\text{e}}^2 \tag{4.3.12}$$

$$g'=\frac{E_{\text{e}}I_{\text{e}}}{\kappa G_{\text{e}}A_{\text{e}}} \tag{4.3.13}$$

式中：E_{e}和G_{e}分别为轴段的弹性模量和剪切模量；κ为截面的剪切修正系数，且

$$\kappa=\frac{6(1+\mu)(1+\lambda^2)^2}{(7+12\mu+4\mu^2)(1+\lambda^2)^2+4(5+6\mu+2\mu^2)\lambda^2} \tag{4.3.14}$$

式中：μ为材料泊松比，$\lambda=0$时式（4.3.14）计算得到实心轴的剪切修正系数。

铁摩辛柯梁单元的刚度矩阵表达式为

$$\kappa\boldsymbol{K}_{\text{e}}=\frac{E_{\text{e}}I_{\text{e}}}{l_{\text{e}}(l_{\text{e}}^2+12g')}\begin{bmatrix} k_1 & 0 & 0 & k_2 & -k_1 & 0 & 0 & k_2 \\ 0 & k_1 & -k_2 & 0 & 0 & -k_1 & -k_2 & 0 \\ 0 & -k_2 & k_3 & 0 & 0 & k_2 & k_4 & 0 \\ k_2 & 0 & 0 & k_2 & -k_2 & 0 & 0 & k_4 \\ -k_1 & 0 & 0 & -k_2 & k_1 & 0 & 0 & -k_2 \\ 0 & k_1 & k_2 & 0 & 0 & k_1 & k_2 & 0 \\ 0 & -k_2 & k_4 & 0 & 0 & k_2 & k_3 & 0 \\ k_2 & 0 & 0 & k_4 & -k_2 & 0 & 0 & k_3 \end{bmatrix} \tag{4.3.15}$$

式中：各参数分别为

$$k_1=12,\quad k_2=6l_{\text{e}},\quad k_3=4(l_{\text{e}}^2+3g'),\quad k_4=2(l_{\text{e}}^2-6g') \tag{4.3.16}$$

此外，梁单元还包括陀螺矩阵，其表达式为

$$G = \frac{\rho_e I_e}{15(l_e^2 + 12g')}\begin{bmatrix} 0 & g_1 & -g_1 & 0 & 0 & -g_1 & -g_1 & 0 \\ -g_1 & 0 & 0 & g_2 & g_1 & 0 & 0 & -g_2 \\ g_2 & 0 & 0 & g_3 & -g_2 & 0 & 0 & -g_4 \\ 0 & g_2 & -g_3 & 0 & 0 & -g_2 & -g_4 & 0 \\ 0 & -g_1 & g_2 & 0 & 0 & g_1 & g_2 & 0 \\ g_1 & 0 & 0 & g_2 & -g_1 & 0 & 0 & g_2 \\ g_2 & 0 & 0 & g_4 & -g_2 & 0 & 0 & g_3 \\ 0 & g_2 & g_4 & 0 & 0 & -g_2 & -g_3 & 0 \end{bmatrix} \tag{4.3.17}$$

矩阵中各参数分别为

$$g_1 = 36l_e^3 \tag{4.3.18}$$

$$g_2 = (3l_e^3 - 180g')l_e^3 \tag{4.3.19}$$

$$g_3 = (4l_e^4 - 180g'l_e^2 + 1\,440g'^2)l_e \tag{4.3.20}$$

$$g_4 = (-l_e^4 - 60g'l_e^2 + 720g')l_e \tag{4.3.21}$$

键槽在转子设计中具有重要影响，其直接影响转轴的惯性矩、弯曲刚度和扭转刚度。如图 4.3.2 所示为带平键槽的电机转轴结构。

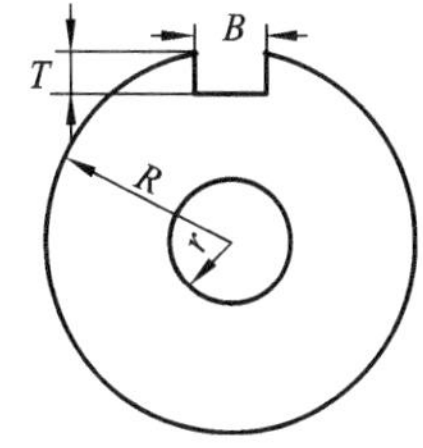

图 4.3.2　带平键槽转轴结构

带平键槽的转轴极惯性矩可表示为

$$I_x = \frac{\pi}{4}(R^4 - r^4) + \left(\frac{T^2}{2} - \frac{R^2}{16}\right)B\sqrt{4R^2 - B^2} + BT\left(\frac{B^2}{4} - R^2 - \frac{T^2}{3}\right) + \frac{B}{32}(4R^2 - B^2)^{3/2} - \frac{R^4}{4}a\sin\frac{B}{2R} \tag{4.3.22}$$

$$I_y = \frac{\pi}{4}(R^4 - r^4) + \left(\frac{B^2}{96} + \frac{R^2}{16}\right)B\sqrt{4R^2 - B^2} + \frac{B^3T}{12} - \frac{R^4}{4}a\sin\frac{B}{2R} \tag{4.3.23}$$

$$I_p = \frac{\pi}{2}(R^4 - r^4) + \left(\frac{B^2}{96} + \frac{T^2}{2}\right)B\sqrt{4R^2 - B^2} + BT\left(\frac{B^2}{6} - R^2 - \frac{T^2}{3}\right) + \frac{B}{32}(4R^2 - B^2)^{3/2} - \frac{R^4}{2}a\sin\frac{B}{2R} \tag{4.3.24}$$

带平键槽的转轴元素刚度矩阵对应为

$$K_e = \frac{E_e I'_e}{l_e(l_e^2 + 12g')}\begin{bmatrix} k_1 & 0 & 0 & k_2 & k_1 & 0 & 0 & k_2 \\ 0 & k_1 & -k_2 & 0 & 0 & -k_1 & -k_2 & 0 \\ 0 & -k_2 & k_3 & 0 & 0 & k_2 & k_4 & 0 \\ k_2 & 0 & 0 & k_2 & -k_2 & 0 & 0 & k_4 \\ -k_1 & 0 & 0 & -k_2 & k_1 & 0 & 0 & -k_2 \\ 0 & k_1 & k_2 & 0 & 0 & k_1 & k_2 & 0 \\ 0 & -k_2 & k_4 & 0 & 0 & k_2 & k_3 & 0 \\ k_2 & 0 & 0 & k_4 & -k_2 & 0 & 0 & k_3 \end{bmatrix} \tag{4.3.25}$$

以图 4.3.3 所示的转子结构为例进行转轴单元的划分，在轴段直径改变的位置添加节点以确保在轴段直径变化区域对单元进行细分，并将单个轴段添加节点进行细分，并尽量保证每个细分单元长度相等。

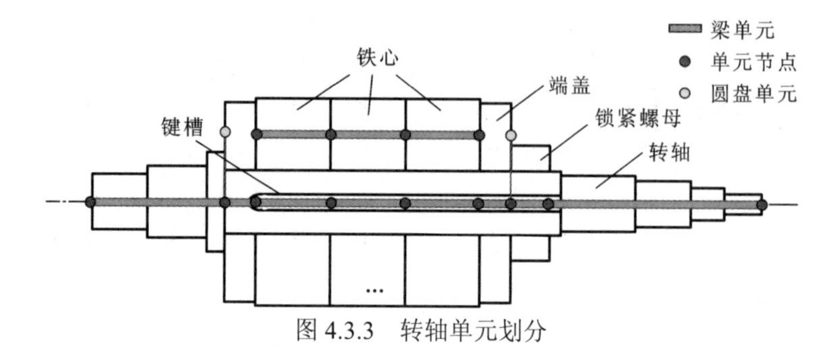

图 4.3.3　转轴单元划分

对端盖和锁紧螺母采用集中质量法，将其集聚到所在的单元节点上。其质量、转动惯量和极转动惯量分别为

$$\boldsymbol{M}_{\mathrm{d}}=\begin{bmatrix} m_{\mathrm{a}} & 0 & 0 & 0 \\ 0 & m_{\mathrm{a}} & 0 & 0 \\ 0 & 0 & 0 & 0 \\ 0 & 0 & 0 & 0 \end{bmatrix} \tag{4.3.26}$$

$$\boldsymbol{M}_{\mathrm{r}}=\begin{bmatrix} 0 & 0 & 0 & 0 \\ 0 & 0 & 0 & 0 \\ 0 & 0 & J_{\mathrm{a}} & 0 \\ 0 & 0 & 0 & J_{\mathrm{a}} \end{bmatrix} \tag{4.3.27}$$

$$\boldsymbol{G}_{\mathrm{s}}=\begin{bmatrix} 0 & 0 & 0 & 0 \\ 0 & 0 & 0 & 0 \\ 0 & 0 & 0 & -J_{\mathrm{a}} \\ 0 & 0 & J_{\mathrm{a}} & 0 \end{bmatrix} \tag{4.3.28}$$

式中：m_{a} 为质量；J_{a} 为单元转动惯量。其计算方法分别为

$$m_{\mathrm{a}}=\frac{\pi}{4}l_{\mathrm{a}}\rho(D_{\mathrm{a}}^2-D^2) \tag{4.3.29}$$

$$J_{\mathrm{a}}=\frac{m_{\mathrm{a}}}{12}\left[l_{\mathrm{a}}^2+\frac{3}{4}(D_{\mathrm{a}}^2+D^2)\right] \tag{4.3.30}$$

式中：D、D_{a}、l_{a} 分别为附加质量的内径、外径、长度。图 4.3.4（a）所示为转轴梁单元的刚度矩阵组装示意图。由于铁心不能简单等效为附加质量，需要对转轴与铁心、铁心段间的连接关系建模分析。采用铁摩辛柯梁对铁心进行建模，铁心段间通过等效接触刚度进行描述，接触界面由接触刚度矩阵表征，该接触刚度矩阵可以嵌入以铁摩辛柯梁单元为基础的有限元模型中进行计算，接触刚度矩阵嵌入有限元模型中的方式如图 4.3.4（b）所示。

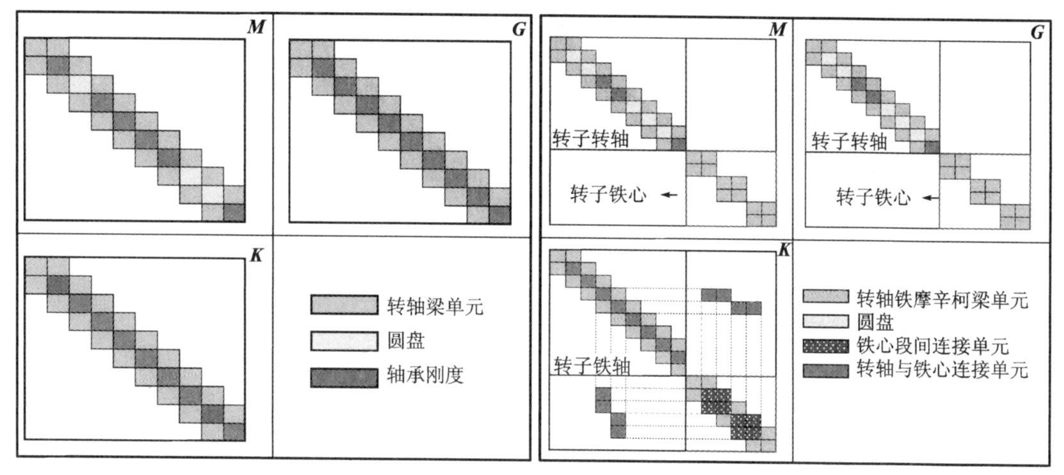

（a）转轴梁单元的刚度矩阵组装　　（b）分段转子整体刚度矩阵组装

图 4.3.4　转轴梁单元及分段转子整体刚度矩阵组装

在上述分析的基础上，本章建立了分段转子多自由度扭转振动模型，如图 4.3.5 所示。模型将转子转轴视为内转子，通过铁摩辛柯梁单元描述其弯扭特性，按长度划分为多个单元。将不同段铁心看作外转子，同样通过铁摩辛柯梁单元进行建模，并包含铁心转动惯量。为描述铁心段间接触，结合接触层单元刚度矩阵来表征弹簧刚度 k_a、k_{a1}、k_{a2}，转子铁心和转轴之间的过盈联接通过接触层单元刚度矩阵表征的弹簧刚度$k_{r1}, k_{r2}, \cdots, k_{r6}$进行描述。接触刚度矩阵可以通过图中所示方式嵌入以铁摩辛柯梁单元为基础的有限元模型中，挡圈通过并联弹簧连接到转子梁单元节点。预紧力作用下铁心段间实际接触面积很小，铁心段接触面处黏附摩擦层的抗扭刚度 $GI_p\eta_{ra}$ 相比连续抗扭刚度 GI_p 较小，导致段间扭转接触刚度有较大削弱。

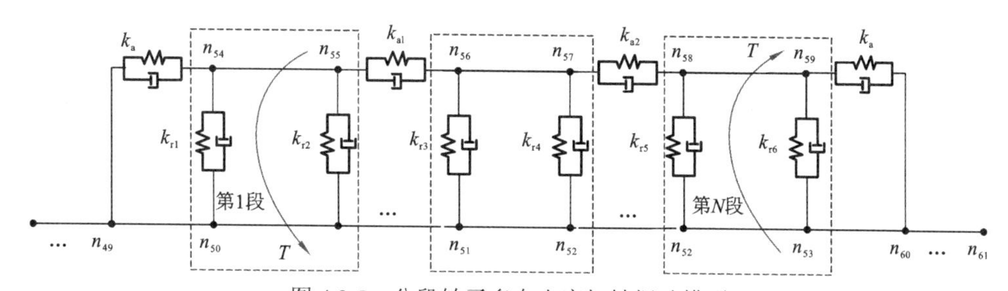

图 4.3.5　分段转子多自由度扭转振动模型

4.3.2　转子弯曲与扭转模态计算

根据振动力学原理构建动力学微分方程：

$$\boldsymbol{M}\{\ddot{\boldsymbol{X}}(t)\}+\boldsymbol{C}\{\dot{\boldsymbol{X}}(t)\}+\boldsymbol{K}\{\boldsymbol{X}(t)\}=\{\boldsymbol{F}(t)\} \tag{4.3.31}$$

式中：$\boldsymbol{M}$、$\boldsymbol{C}$、$\boldsymbol{K}$ 分别为转子系统的质量矩阵、阻尼矩阵和刚度矩阵；$\{\boldsymbol{X}(t)\}$ 为转子系统

的位移矢量；$\{\boldsymbol{F}(t)\}$为作用在转子上的外力。计算转子固有频率和模态振型，忽略阻尼并在$\{\boldsymbol{F}(t)\}=0$时计算微分方程的特征值和特征向量，方程可以简化为特征根方程$\boldsymbol{K\Phi}=\lambda\boldsymbol{M\Phi}$，求解特征方程即可得到各阶模态频率$\lambda_i$及模态振型$\varPhi_i$。

本章所分析的转子模型如图 4.3.6 所示，转子斜极形式为六段 V 形斜极。转子的主要参数如表 4.3.1 所示。其中，转子的转轴与铁心过盈量为 0.04 mm，转轴装配过程的段间预紧力为 3.56 MPa。通过式（4.3.15）、式（4.3.22）和式（4.3.25）分别求解分段转子段间扭转刚度k_{r}、转子铁心与转轴接触刚度k_{a}以及考虑键槽的转轴扭转刚度k_{shaft}。阻尼矩阵设置为瑞利阻尼$\boldsymbol{C}=a_0\boldsymbol{M}+a_1\boldsymbol{K}$。根据矩阵特征值和特性向量分别计算得到分段转子扭转模态频率和振型，图 4.3.7 所示为转子 1 阶模态振型，图中所示节点为转子表面的所有节点。可以看出转子的扭转模态振型主要表现为轴向各个节点之间的角位移，在弯曲模态下转子各节点主要表现为径向位移。

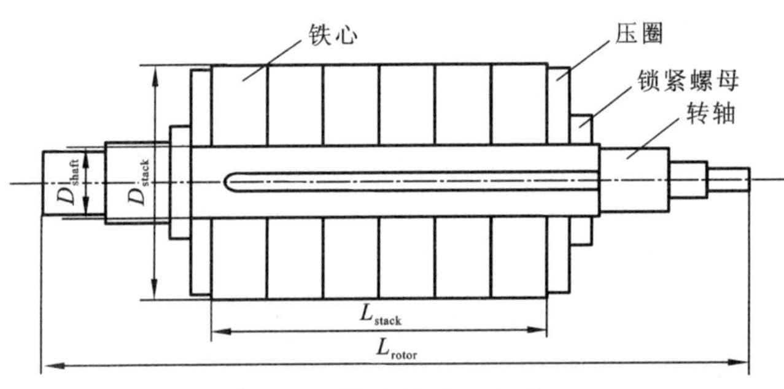

图 4.3.6　转子模型示意图

表 4.3.1　转子参数

参数	数值/mm	参数	数值/mm
转子长度 L_{rotor}	214	转轴直径 D_{shaft}	38
铁心叠长度 L_{stack}	96	铁心直径 D_{stack}	118

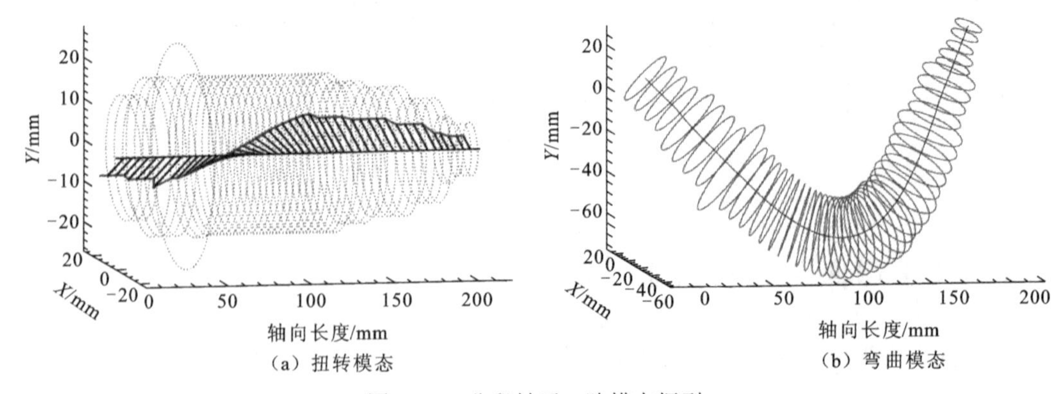

图 4.3.7　分段转子 1 阶模态振型

4.3.3　模态试验与模型校准

本章建立的转子三维有限元模型如图 4.3.8 所示。有限元模型包含转子轴、转子铁心和压圈，同时为了描述转子铁心段间接触以及转轴和铁心之间的接触，建立了弹簧单元来模拟接触层单元特性。转轴采用四面体单元进行划分，单元数为 92 165 个；转子铁心采用实体单元进行划分，单元数为 81 426 个；压圈和锁紧螺母同样采用实体单元进行划分，单元数量为 21 458 个。两个接触表面采用 Bushing 接触条件，每对节点之间设置三个方向的刚度。图 4.3.9 所示为有限元仿真得到的转子 1 阶和 2 阶扭转模态以及 1 阶弯曲模态。为了验证转子部件之间的接触刚度对转子模态频率的影响，进一步仿真对比时不考虑转子段间接触刚度，也就是直接将转子部件看作一个整体，部件之间的有限元模型共节点，仿真得到的转子的扭转模态频率和弯曲模态频率对比如表 4.3.2 所示。通过仿真结果可知，不考虑转子部件之间的接触刚度，转子的 1 阶扭转模态频率相比精细化分段转子模型增加约 700%，模态频率达到了 7 000 Hz，与实际的转子扭转频率差异很大。由此可知，需要充分考虑转子部件之间的接触刚度，才能得到正确的转子动力学模型。同时，通过对比有限元仿真结果进一步证明了本章提出的转子多自由度动力学模型的准确性。

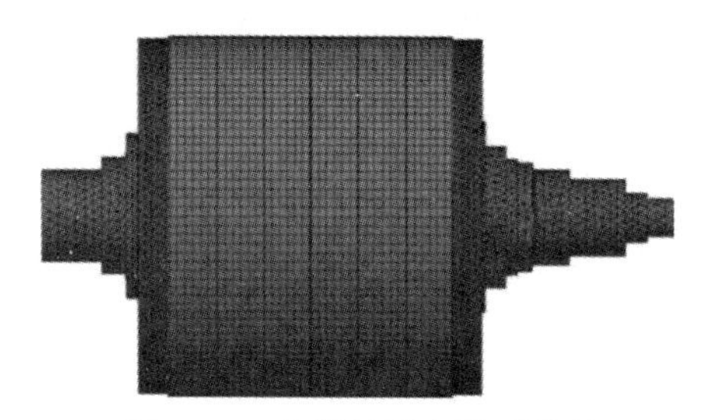

图 4.3.8　分段转子有限元模型

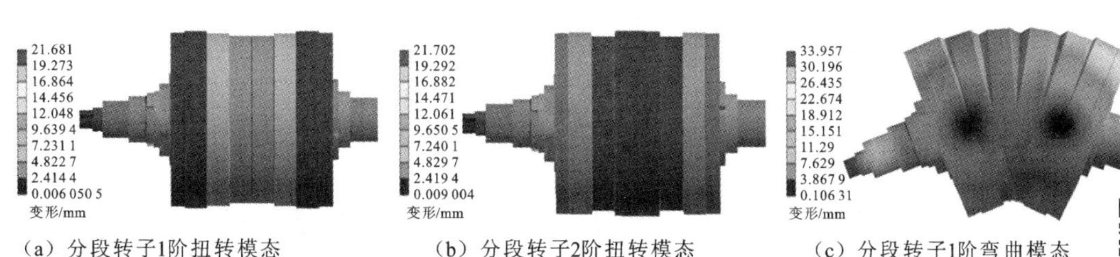

（a）分段转子1阶扭转模态　（b）分段转子2阶扭转模态　（c）分段转子1阶弯曲模态

图 4.3.9　分段转子模态有限元计算结果

扫码看彩图

表 4.3.2　分段转子模态测试结果

模态	模态频率/Hz				本节模型相对误差/%
	三维有限元（考虑接触刚度）	三维有限元（不考虑接触刚度）	模态测试	本节模型	
1 阶扭转	1 726	7 208	1 786	1 797	0.6
2 阶扭转	3 421	8 426	3 608	3 489	3.3
1 阶弯曲	2 695	7 422	2 698	2 626	2.7

为进一步验证上述转子动力学模型的准确性，对转子进行模态测试。转子模态测试设置如图 4.3.10 所示，转子通过弹性绳固定模拟自由约束，振动传感器安装在转子铁心不

同测点，通过力锤施加脉冲激励，结合移动传感器方式测试各测点频率响应函数。利用模态参数识别方法对转子模态频率和振型进行识别。通过模态测试得到的转子 1 阶扭转、2 阶扭转和 1 阶弯曲模态振型如图 4.3.11 所示。进一步识别转子的模态频率，如表 4.3.2 所示，对比模态测试和转子多自由度动力学模型的计算结果可知，转子扭转与弯曲模态的仿真和测试结果之间的误差约为 3%，本章建立的转子多自由度动力学仿真模型可准确模拟转子动力学特性。

（a）测试转子实物图

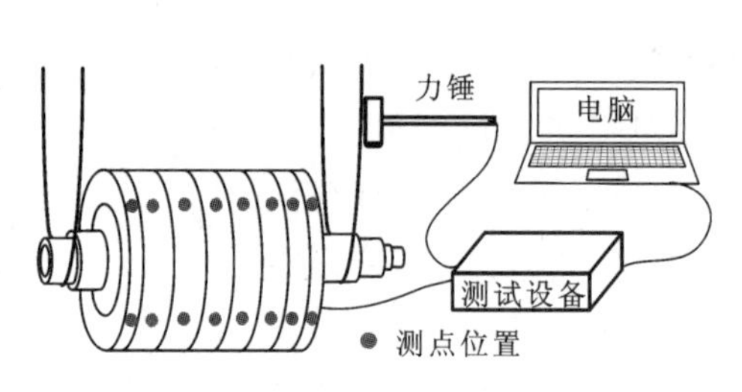

（b）模态测试平台示意图

图 4.3.10　转子模态测试设置

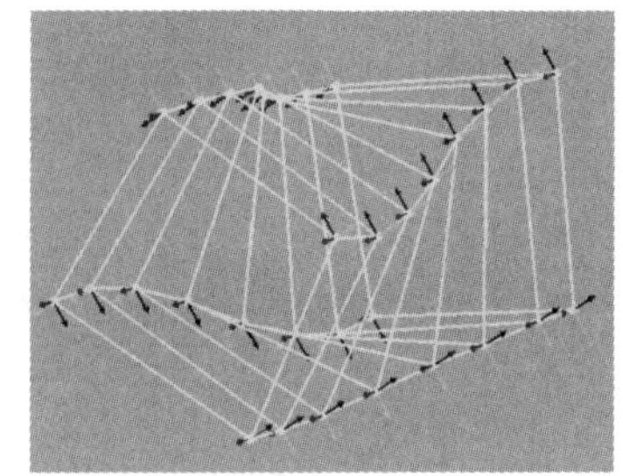

（a）分段转子 1 阶扭转模态

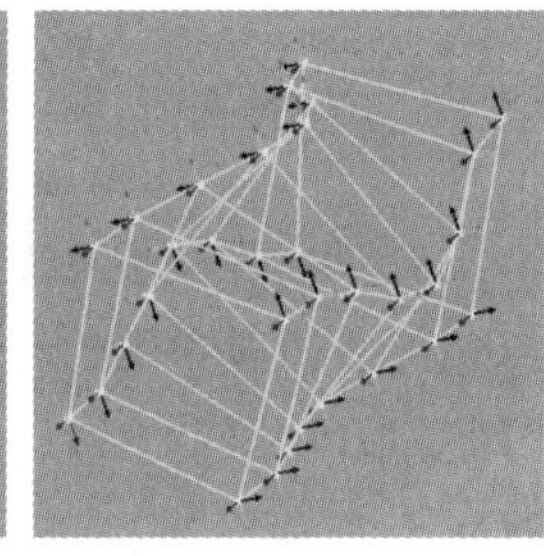

（b）分段转子 2 阶扭转模态

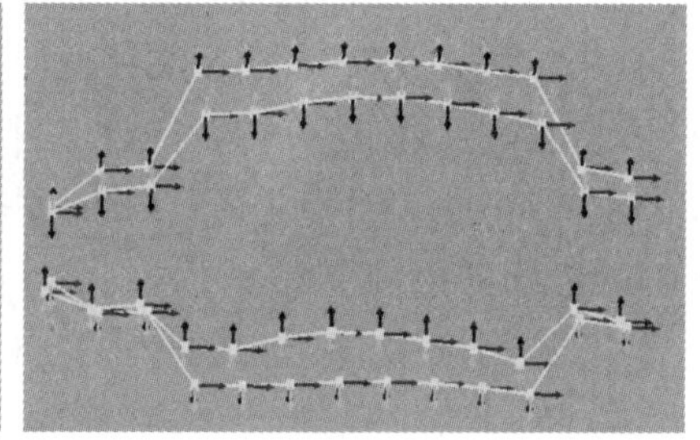

（c）分段转子 1 阶弯曲模态

图 4.3.11　分段转子模态测试结果

4.4　基于灵敏度分析的分段转子结构动力学特性优化

为优化电磁力激励下分段转子动力学特性，本节针对转子的主要设计参数进行参数灵敏度分析，找出可以有效优化转子弯曲扭振特性的设计参数。参数灵敏度分析方法是一种评估模型输出对输入参数变化的敏感程度的方法，常用于动力学模型结构和参数的优化。参数灵敏度分析的一般流程如下：

（1）确定模型的输入参数和输出指标；

（2）选择合适的参数范围和分布；

（3）从参数空间中抽样生成参数组合；

（4）运行模型，得到每个参数组合对应的输出结果；

（5）评价输入参数对输出性能的影响。

在参数选择过程中，一种常用的抽样方法是拉丁超立方抽样（Latin hypercube

sampling，LHS）。该方法是一种分层抽样方法，可保证每个参数在其范围内均匀分布，同时避免参数之间的相关性。拉丁超立方抽样的基本步骤如下：

（1）将每个参数的范围划分为 n 个等间距的区间，其中 n 为抽样次数；

（2）在每个区间内随机生成一个数值，作为该区间的代表值；

（3）将每个参数的 n 个代表随机排列，形成 $n\times k$ 矩阵，其中 k 为参数的个数；

（4）每一行的 k 个数值作为一组参数组合，用于模型运行。

预后代理模型（metamodel of optimal prognosis，MOP）是一种自动选择最优元模型的方法，可以根据模型输出的敏感性分析，去除不重要的输入变量，提高元模型的预测质量和效率。MOP 方法采用不同的元模型技术（如多项式回归、径向函数、神经函数等），对样本点进行拟合，得到不同的原模型。采用交叉验证的方法，计算每个元模型的预后系数（coefficient of prognosis，CoP），作为元模型的评价指标。采用逐步回归的方法，逐渐去除对输出响应较小的输入变量，重新构建元模型，计算 CoP，直到 CoP 达到最大值或者不能再提高为止。从所有元模型中，选择 CoP 最大的那个作为最优元模型，用于后续的优化或分析。

为了分析转子设计参数和工艺过程参数对转子弯曲和扭转模态的影响，本节选择 10 个典型参数进行参数灵敏度分析，所选择的参数和设计变化范围如图 4.4.1 和表 4.4.1 所示，采用拉丁超立方抽样方法生成 2 000 组输入参数组合，计算各个组合下的转子弯曲和扭转模态频率，并采用 MOP 方法生成输入-输出的元模型，计算各个参数的预测系数，评价参数灵敏度。

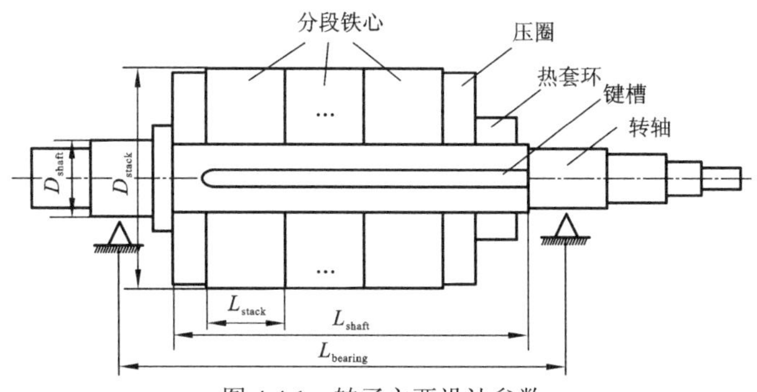

图 4.4.1　转子主要设计参数

表 4.4.1　电机转子参数

参数	变量名称	名义值	变化范围
铁心段间法向接触刚度/MPa	X_1	500	（250,1 000）
铁心段间切向接触刚度/MPa	X_{12}	0.1	（0.05,0.2）
转子铁心与转轴法向接触刚度/MPa	X_2	10 000	（5 000,20 000）
转子铁心与转轴切向接触刚度/MPa	X_{22}	0.15	（0.075,0.3）
单段铁心长度 L_{stack}/mm	X_3	16.0	（15.2,16.8）

续表

参数	变量名称	名义值	变化范围
转轴外径 D_{shaft}/mm	X_4	19.0	（18.05,19.95）
轴承间距离 $L_{bearing}$/mm	X_5	169.0	（160,177）
铁心外径 D_{stack}/mm	X_6	58.8	（55.86,61.74）
键槽宽度/mm	X_7	6.0	（5.7,6.3）
压圈质量/g	X_8	0.244	（0.232,0.256）

4.4.1 分段转子弯曲模态参数灵敏度分析

从图 4.4.2 和图 4.4.3 可知，转子的设计参数和工艺参数对电机转子的弯曲模态均有影响，但影响各不同相同。对于 1 阶弯曲模态，灵敏度最高的参数为变量 X_4，对应为转子转轴直径 D_{shaft}，该参数直接影响转子整体弯曲刚度，对转子弯曲模态频率有最显著的影响，随着转子转轴直径增大，转子弯曲模态频率显著提升。与之相比，变量 X_5 轴承间距 $L_{bearing}$ 同样影响转子弯曲模态，但影响趋势与转子直径相反，随着轴承间距的增加，分段转子的整体刚度降低，从而转子 1 阶弯曲模态频率也降低。对于 2 阶弯曲模态，转子设计参数同样对弯曲模态频率有直接影响，其中变量 X_4 转轴外径、变量 X_5 轴承间距离和变量 X_6 铁心外径 D_{stack} 是影响转子弯曲模态频率的显著因素。另外，变量 X_1 铁心段间法向接触刚度也对转子 2 阶弯曲模态有显著影响，通过增加转子与铁心之间的过盈量以提升转子与铁心间接触刚度，可以提升转子整体刚度和转子弯曲模态频率。

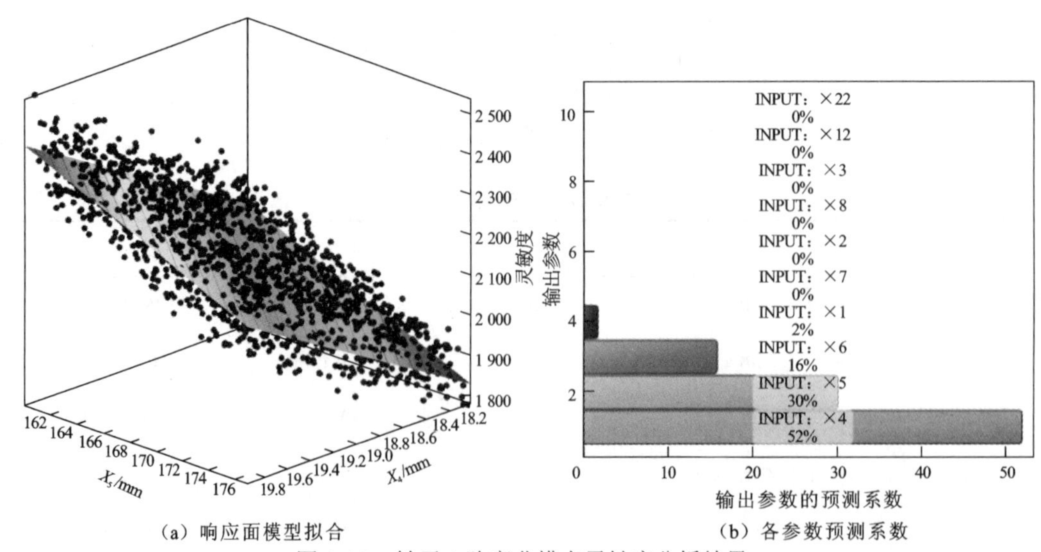

（a）响应面模型拟合　　（b）各参数预测系数

图 4.4.2　转子 1 阶弯曲模态灵敏度分析结果

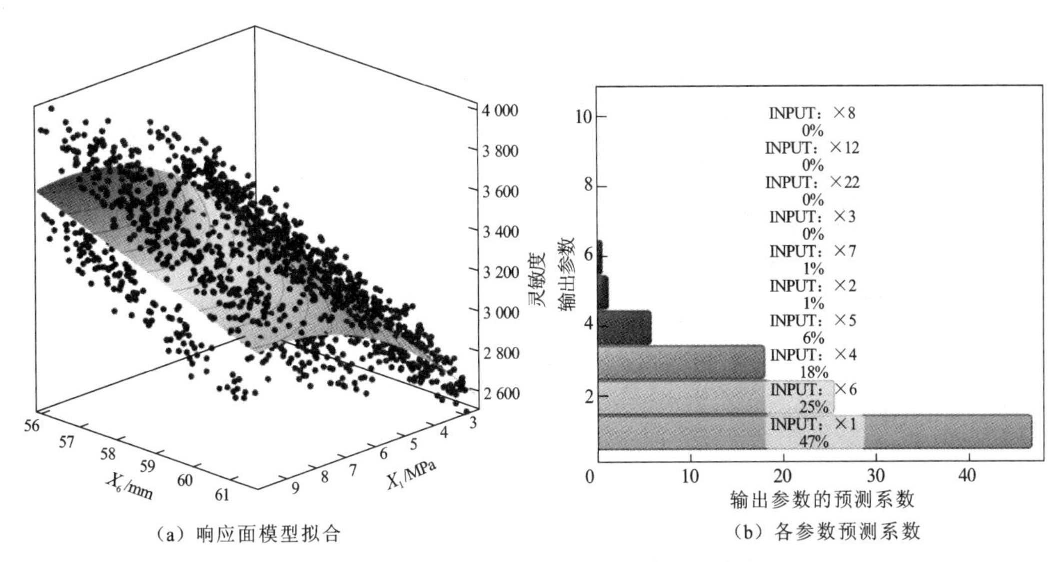

图 4.4.3　转子 2 阶弯曲模态灵敏度分析结果

4.4.2　分段转子扭转模态参数灵敏度分析

从图 4.4.4 和图 4.4.5 可知，转子各设计参数、转子段间轴向预紧力、转轴与铁心过盈量及键槽尺寸参数对转子扭转模态频率影响各不相同。对于 1 阶扭转模态频率，转子设计参数相比工艺参数对扭转模态频率的影响更为直接，变量 X_6 转子铁心外径 D_{stack} 对扭振频率的影响最为显著，该参数直接影响转子整体的转动惯量，从而降低转子的扭振频率。同时，变量 X_4 转子转轴外径 D_{shaft} 同样影响转子的扭振频率，转轴外径的增加可以直接提升转子整体的扭转刚度，从而提升转子的扭振频率。此外，变量 X_{12} 铁心段间切向接触刚度同样影响转子的扭振频率，该参数直接影响铁心段间扭转刚度，对转子扭转模态频率有直接影响。此外，变量 X_{22} 转子铁心与转轴切向接触刚度主要影响转子系统径向刚度，对转子整体扭转刚度及扭转模态均有影响。变量 X_7 键槽宽度的影响较小，主要是由两个原因造成：一是键槽宽度的变化对转子转轴的极惯性矩和扭转刚度影响较小；二是键槽主要影响转轴扭转刚度，转轴扭转刚度相比于转子段间扭转连接刚度较大，而分段转子整体扭转刚度值为二者的并联计算值，其主要取决于转子段间扭转连接刚度，转子转轴扭转刚度对分段转子整体扭转刚度贡献较小。对于 2 阶扭转模态频率，转子铁心外径同样直接影响转子扭振频率，但相比 1 阶扭转模态频率，转子段间接触刚度和转子铁心与转轴间的接触刚度对扭振频率的影响更为突出。

综上可知，转子的弯曲和扭转模态频率均受到转子设计参数和工艺参数的影响，其中转子设计参数对模态频率的影响更加直接，在设计之初就应该充分考虑转子弯曲和扭转模态的影响，通过设计参数保证转子模态频率的合理分布。此外，通过调整转子段间接触压力和转子过盈量，可以改善转子弯曲和扭转模态，适用于设计完成后的转子共振问题优

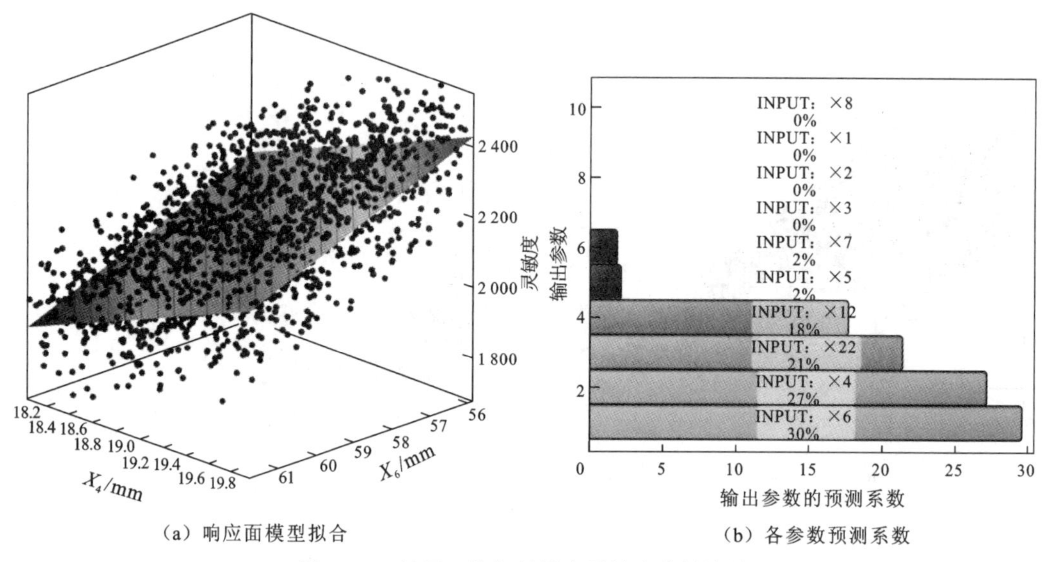

（a）响应面模型拟合　　（b）各参数预测系数

图 4.4.4　转子 1 阶扭转模态灵敏度分析结果

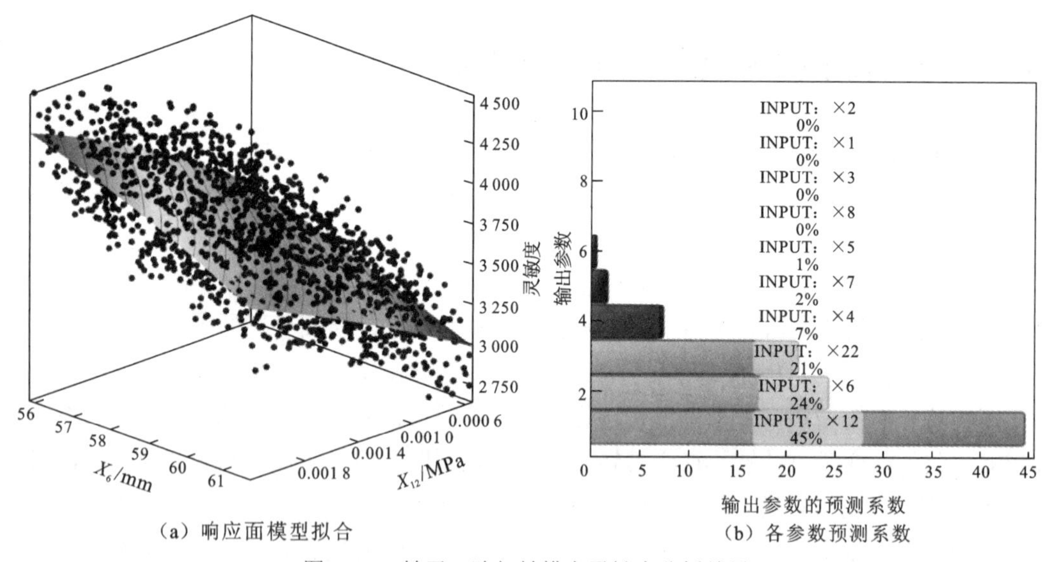

（a）响应面模型拟合　　（b）各参数预测系数

图 4.4.5　转子 2 阶扭转模态灵敏度分析结果

化。特别对于转子扭转模态，可以通过增加段间压力来增加转子段间接触刚度，从而提升转子扭转模态频率，优化扭振问题带来的振动噪声问题。

4.4.3　实验验证

结合 4.3 节和 4.4 节的电磁激励下的转子振动特性和参数灵敏度分析，可以对转子振动导致的电机振动噪声问题进行分析及优化。径向电磁力激励下产生的转子径向振动可以通过轴承直接传递到电机结构，从而引起电机外表面的振动和声辐射，振动传递路径清晰。切向电磁力激励下引起的转子扭转振动，通常无法直接通过转子位置的轴承传递，主要是由于轴承在扭转方向表现为滚动，不能传递转子扭转振动产生的形变及位移。转子扭转振动通过电机的轴系进行传递，在斜齿轮位置将扭矩脉动转换为径向、切向和轴向三个方向的分力，进而通过齿轮轴承位置传递扭转振动，引起电机外表面的振动和声辐射。

本小节对安装 8 极 48 槽电机的新能源车整车的噪声特性进行测量，具体的噪声测试设置如图 4.4.6 所示，电机的主要参数如表 4.4.2 所示。噪声测试的麦克风测点位置选择驾驶员右耳位置，测试工况为节气门全开（WOT）工况和滑行（coasting）工况，电机扭矩和转速信号如图 4.4.7 所示。在 WOT 工况中，电机转速从 0 加速到 10 000 r/min，最大输出扭矩为 90 N·m；在 coasting 工况中，电机转速在负扭矩−20 N·m 的载荷下从 10 000 r/min 降到 1 000 r/min。麦克风采集两种工况下的噪声信号，通过快速傅里叶分析得到的坎贝尔（Campbell）图如图 4.4.8 和图 4.4.9 所示。从图中可知，两种工况下车内 48 阶噪声信号在 3 200 r/min 时有明显的共振峰值，其对应的频率为 2 500 Hz。该峰值特性表现为典型的有调噪声，容易被驾驶员识别为啸叫特征。

（a）噪声测试

（b）永磁同步电机

图 4.4.6 整车车内噪声测试

表 4.4.2 电机主要参数

参数	数值	参数	数值
外径/mm	180	槽数	48
轴向长度/mm	72	额定扭矩/（N·m）	40
气隙/mm	0.8	极数	8
转子分段数	3	相数	3
转子斜极形式	线性斜极	额定转速/（r/min）	4 100

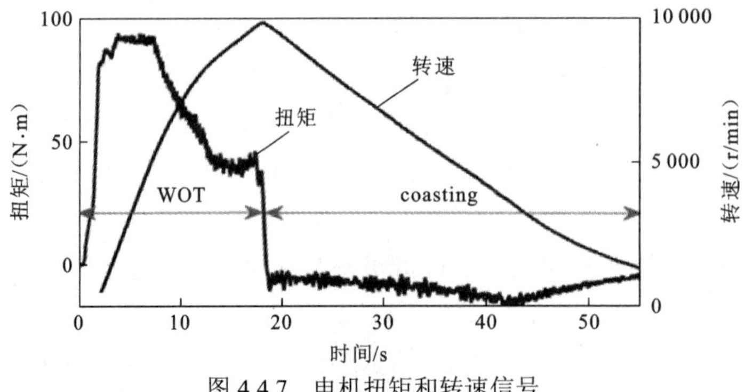

图 4.4.7　电机扭矩和转速信号

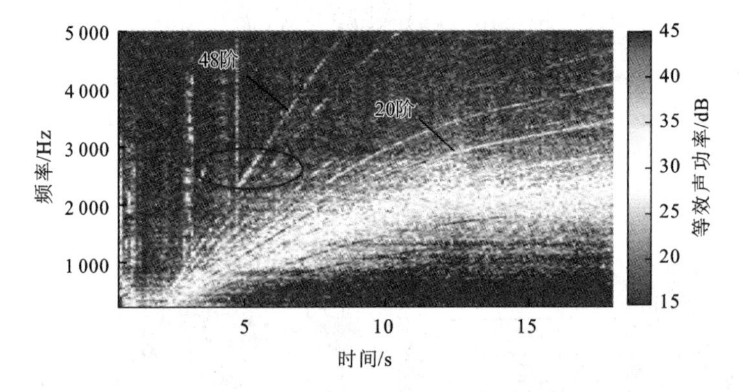

图 4.4.8　原始状态整车车内噪声瀑布图（WOT 工况）

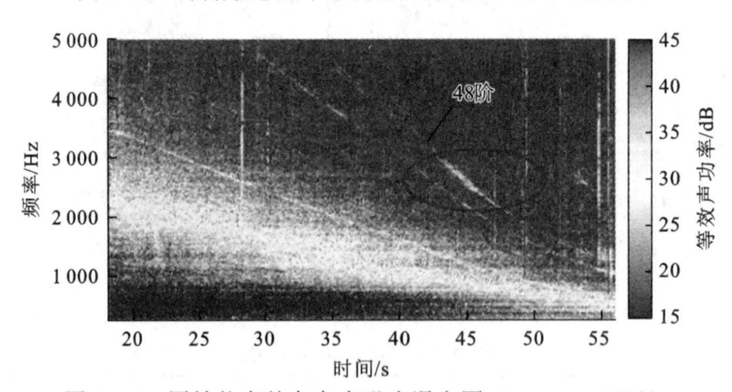

图 4.4.9　原始状态整车车内噪声瀑布图（coasting 工况）

为了定位该共振频率对应的部件，通过模态测试得到了转子 1 阶扭振频率，测得转子 1 阶扭振频率为 2 530 Hz，该频率符合车内噪声测试瀑布图中的共振峰值所在的频率，由此可知车内啸叫是由切向电磁力作用下的转子共振导致的。

由 4.2 节中分析可知，转子扭转共振产生的原因为分段斜极下的电磁力激励由于斜极产生在 $0\sim2\pi$ 相位均布的激励特性，该力形与分段转子的扭转模态振型相互耦合从而产生扭转共振。此外，从噪声信号的坎贝尔图中可以看到明显的 20 阶噪声，该特征阶次对应为齿轮的阶次，可以通过齿形修形得到改善。

结合 4.4.2 小节分段转子扭转模态参数灵敏度分析结论可知，转子铁心外径、转子转轴外径、转子铁心段间切向接触刚度和转子铁心与转轴切向接触刚度均对转子 1 阶扭转共振频率有直接影响。在设计初始阶段，改变转子铁心外径等参数可以有效提升转子扭振频率，有效避免转子扭转共振的问题。但对于改善量产后的转子扭振问题，若采用改变转子设计参数，特别是转子的斜极形式的方法，需付出较高的经济代价，并且影响产品按时交付。因此，选择合理的工艺参数来改进转子扭转模态是更为合适的方法。本节介绍通过改善转子段间接触压力，以增加转子段间切向接触刚度，从而提升转子扭振频率的方法。如图 4.4.10 所示，可以通过压力机施加不同的转子段间装配预紧力，来提升转子的段间接触压力。

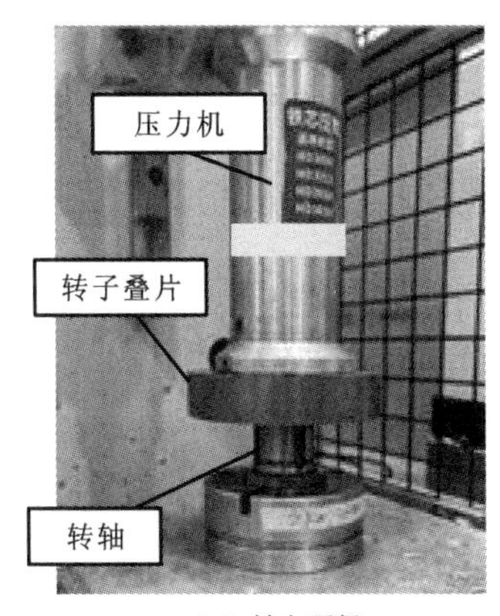

（a）轴向预紧

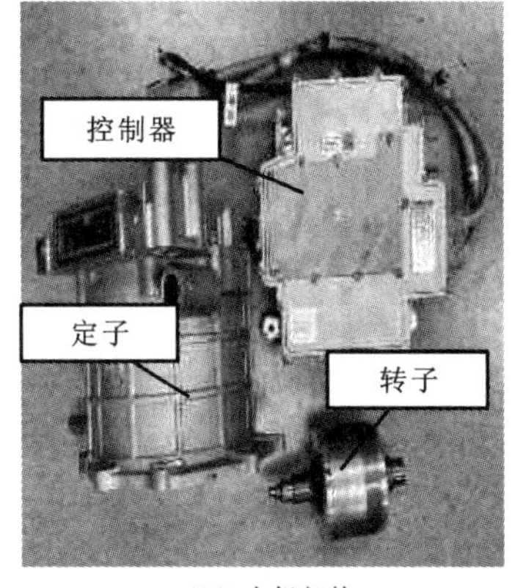

（b）电机部件

图 4.4.10　转子铁心轴向预紧

为验证转子段间装配预紧力对转子扭转共振频率及扭振响应的影响，本节对比原始预紧力 20 kN 和优化预紧力 40 kN 两种状态下的转子扭振特性，基于模态分析对比两种状态下转子扭转共振频率，基于整车噪声测试对比两种状态下电机整机装车噪声水平。

首先对两种预紧力的转子扭转模态频率进行测试，测试结果如表4.4.3所示。分析可知，相比原始20 kN预紧力状态的转子，40 kN预紧力下的转子1阶扭转模态频率约从2 500 Hz提高到3 000 Hz，模态频率提高约20%，转子段间装配预紧力可有效提高转子1阶扭转共振频率。进一步对比两种状态电机48阶车内噪声，如图4.4.11和图4.4.12所示，改善后的电机整车车内噪声48阶峰值减小15 dB，且峰值电机转速从3 200 r/min提高到3 700 r/min，对应共振频率约从2 500 Hz提高到3 000 Hz。由上可知，转子段间装配预紧力为40 kN的电机整车车内噪声水平得到显著改善，有效减小了车内驾驶员右耳噪声。转子扭振频率优化后的整车噪声坎贝尔图如图4.4.13和图4.4.14所示。

表 4.4.3　电机转子模态测试结果

样件	轴向预紧力/kN	1 阶扭转模态频率/Hz
1#	20	2 530
2#	40	3 020
3#	40	3 041
4#	40	3 037

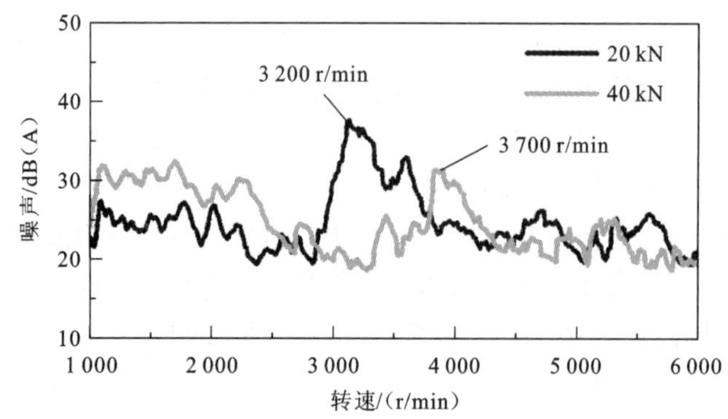

图 4.4.11　整车车内噪声测试 48 阶曲线对比（WOT 工况）

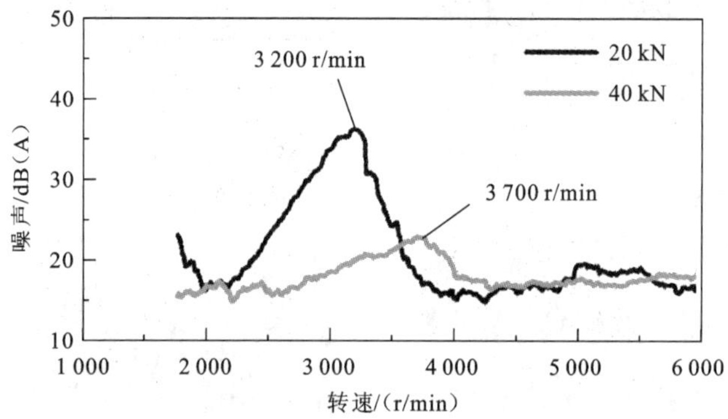

图 4.4.12　整车车内噪声测试 48 阶曲线对比（coasting 工况）

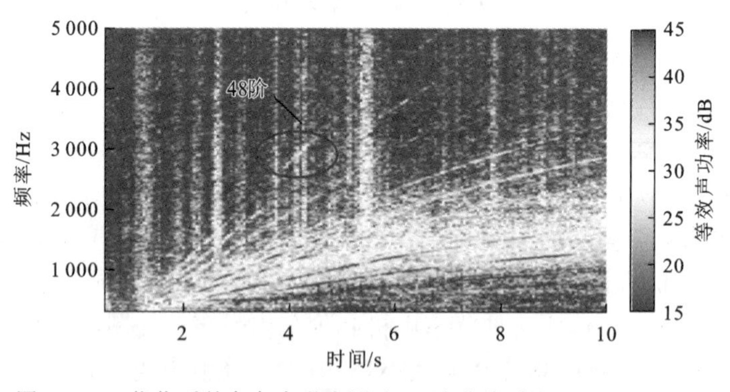

图 4.4.13　优化后整车车内噪声测试 48 阶曲线对比（WOT 工况）

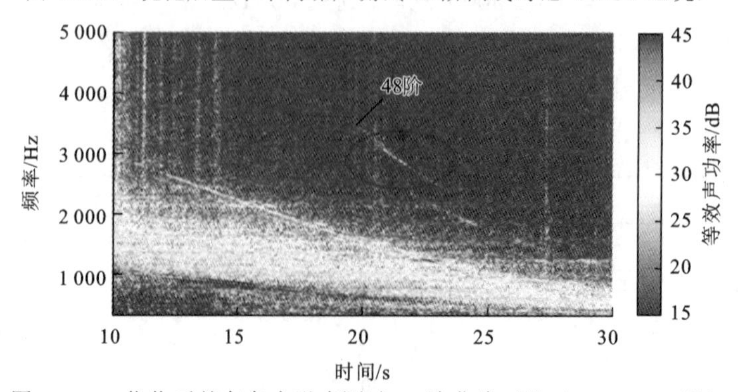

图 4.4.14　优化后整车车内噪声测试 48 阶曲线对比（coasting 工况）

由以上实验结果可知，转子斜极下的切向电磁力产生扭振激励特性，导致转子产生扭振并传递给电机以及整车，在驾驶员右耳位置的麦克风产生共振啸叫特性。该啸叫特性不仅出现在 WOT 工况，同时在 coasting 工况也容易被驾驶员主观探测到。为了优化以上整车啸叫特性，调整转子段间轴向预紧力以增加转子段间切向扭转刚度，从而达到提升转子扭转模态频率的目的。模态测试和整车测试对比结果验证了方案的有效性，增大转子段间轴向预紧力后，转子扭转模态频率约从 2 500 Hz 提升到了 3 000 Hz，同时整车啸叫出现的对应转速从 3 200 r/min 提高到了 3 700 r/min，且啸叫噪声的幅值降低 15 dB，得到了显著的优化，验证了本节的分析结论。

4.5　分段斜极转子永磁电机电磁振动计算

现有研究集中在定子振动噪声响应计算与分析，关于转子振动及其对电机振动噪声的影响的研究文献鲜有发表。定子振动噪声研究聚焦在呼吸模态共振，模态频率在 6 000 Hz 左右。相比定子，转子的共振点更多，且频率更低，共振啸叫风险更为突出，极大影响电机振动噪声性能。因此，需开展转子电磁振动计算与分析研究。本节通过对电磁力作用下的定子和转子振动特性进行综合建模，建立考虑转子振动响应的电机振动噪声计算模型，对电机电磁振动噪声特性进行完整表征，构建电机全速域振动噪声分析方法，具体流程如图 4.5.1 所示。

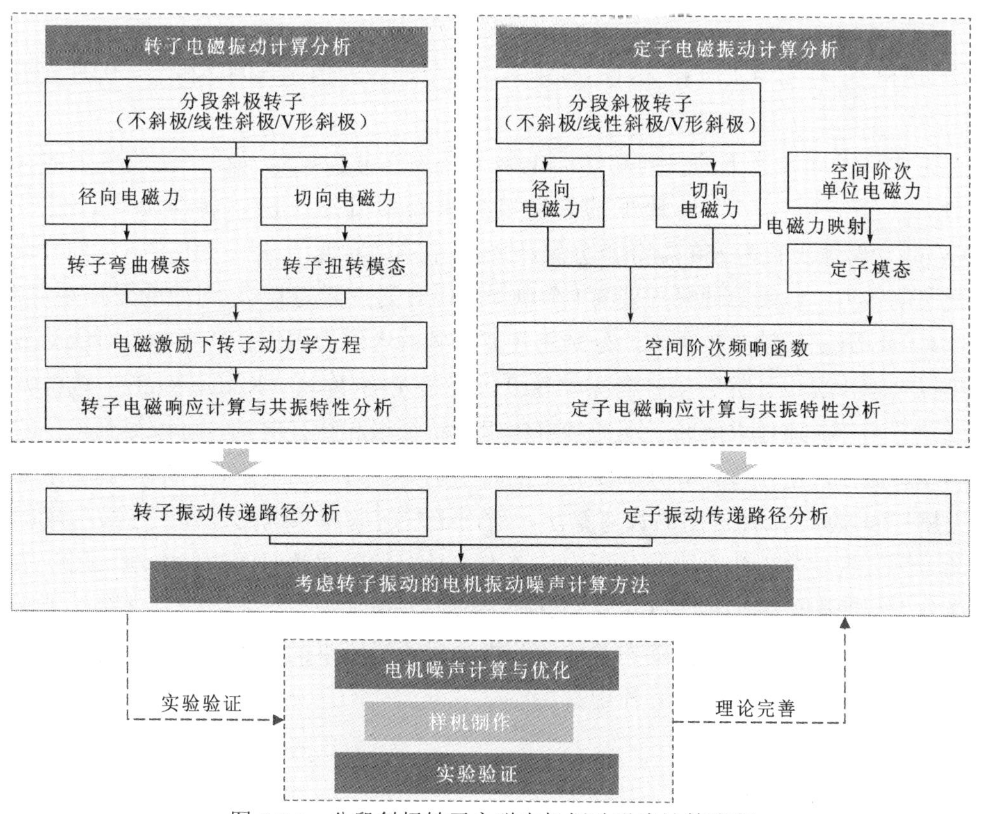

图 4.5.1　分段斜极转子永磁电机振动噪声计算流程

为分析转子径向振动和切向振动对电机振动噪声的影响，本节结合多自由度转子动力学模型求解径向电磁力和切向电磁力作用下的转子电磁振动响应，该模型考虑了分段转子的多个自由度，对转子的振动特性进行了准确详细的描述。结合分段转子动力学模型和电磁力激励描述，同时考虑非线性段间接触刚度，可得到电磁力激励作用下的分段转子动力学方程为

$$\boldsymbol{M}\ddot{\boldsymbol{x}}+\boldsymbol{G}\dot{\boldsymbol{x}}+\boldsymbol{K}\boldsymbol{x}=\boldsymbol{F}_{\mathrm{u}}+\boldsymbol{F}_{\mathrm{m}} \tag{4.5.1}$$

式中：$\boldsymbol{M}$、$\boldsymbol{G}$ 和 $\boldsymbol{K}$ 分别为转子的质量矩阵、陀螺矩阵和刚度矩阵；$\boldsymbol{F}_{\mathrm{u}}$ 为不平衡力激励；$\boldsymbol{F}_{\mathrm{m}}=\boldsymbol{F}_{\mathrm{r}}+\boldsymbol{F}_{\mathrm{t}}$ 为电磁力激励，$\boldsymbol{F}_{\mathrm{r}}$ 和 $\boldsymbol{F}_{\mathrm{t}}$ 分别表示径向和切向电磁力激励。

转子结构包含 n 个节点，位移向量为 $\boldsymbol{x}=[x^1,y^1,\alpha^1,\beta^1,\gamma^1,\cdots,x^n,y^n,\alpha^n,\beta^n,\gamma^n]$。分段转子的结构阻尼在陀螺矩阵 $\boldsymbol{G}$ 中得到了体现，在实际应用中，通常假定结构阻尼为质量矩阵和刚度矩阵的线性组合，即为瑞利（Rayleigh）阻尼，转子结构阻尼矩阵的瑞利阻尼表示为

$$\boldsymbol{C}=\alpha\boldsymbol{M}+\beta\boldsymbol{K} \tag{4.5.2}$$

式中：线性组合的系数 α 和 β 分别表示为

$$\alpha=\frac{(\omega_{\mathrm{n2}}\zeta_1-\omega_{\mathrm{n1}}\zeta_2)\omega_{\mathrm{n1}}\omega_{\mathrm{n2}}}{\pi(\omega_{\mathrm{n2}}^2-\omega_{\mathrm{n1}}^2)} \tag{4.5.3}$$

$$\beta=\frac{\pi(\omega_{\mathrm{n2}}\zeta_2-\omega_{\mathrm{n1}}\zeta_1)}{12(\omega_{\mathrm{n2}}^2-\omega_{\mathrm{n1}}^2)} \tag{4.5.4}$$

式中：ω_{n1} 和 ω_{n2} 对应为 1 阶和 2 阶固有频率，本节取经验值 $\zeta_1=0.02$ 和 $\zeta_2=0.04$ 为模态阻尼比[111]。

首先计算不同转速下的径向和切向电磁力，为充分描述转子在全转速域下的径向振动特性，本节计算了多个转速下的振动响应来模拟升速工况，转速范围选择为 0～8 000 r/min，转速步长为 250 r/min，分别计算 32 个不同转速的各斜极角度下不同分段的径向和切向电磁力。电磁力计算周期为 1 个电周期，时间点数为 128，对应的采样频率为 512 倍转频，可以满足后续分析需求。分别将计算得到的电磁力施加在转子分段对应的节点位置，模拟升速工况以计算转轴径向振动速度，采用龙格-库塔（Runge-Kutta）数值方法求解系统动态响应。通过求解转子动力学方程组的特征根和特征向量，可以得到转子的固有频率和模态振型，进一步计算外部激励下的转子动力学方程组的解，可以得到转子动态响应。龙格-库塔法是一种常用的数值算法，适用于求解动态系统的方程。它被广泛应用于结构动力学、振动分析和有限元分析中。该方法是一种隐式的时间积分方法，用于求解 2 阶常微分方程的数值解，相对欧拉法和其他显式方法更加稳定。本节分别计算转子在径向电磁力和切向电磁力作用下的动态响应，分析电磁力激励下的转子径向和切向振动特性及其与转子弯曲和扭转模态的相互作用。

4.5.1　转子径向振动

本小节利用图 4.3.5 所示的分段转子多自由度仿真模型对径向电磁力作用下的转子动态响应进行分析。使用电磁场有限元分析软件 Ansoft Maxwell 计算不同斜极形式下在 10% 静偏心情况下的各段气隙电磁力作为激励力，并分别施加在对应节点位置，模拟升速工况计算转轴径向振动速度，采用龙格-库塔法求解系统动态响应。计算得到的不斜极、线性斜极和 V 形斜极状态下转子径向振动响应分别如图 4.5.2～图 4.5.4 所示，响应计算结果包含 24 阶和 48 阶切向响应，其他阶次由于圆周空间相互对称抵消，无法产生有效径向力及转子径向振动响应，这与 4.1.4 小节的分析结论相符合。通过对比三种斜极形式下的转子径向振动响应可知，线性斜极情况下的径向振动幅值最大，而不斜极和 V 形斜极两种情况下的径向振动较小。在电磁力评估时，通常考虑电机各段径向电磁力的合力，斜极形式下不同段的电磁力存在相位差而产生较小的合力。但在转子动力学特性分析中，转子的径向振动响应由径向电磁力激励和转子模态特性二者综合得到，线性斜极情况下的径向电磁力合力虽然较小，但其激励的空间分布特性容易激励起转子的俯仰模态，从而产生较大的振动响应幅值。而不斜极情况下的各分段电磁力合力虽然相对较大，但其空间分布特性决定其无法激励起转子的主要模态，振动响应值相对较小。

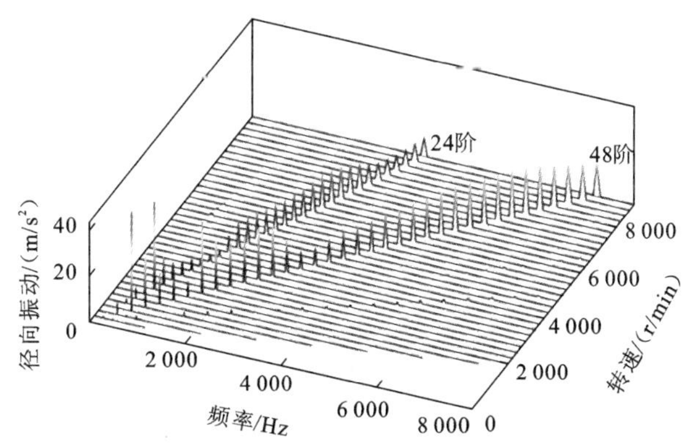

图 4.5.2　10%静偏心不斜极转子阶径向振动

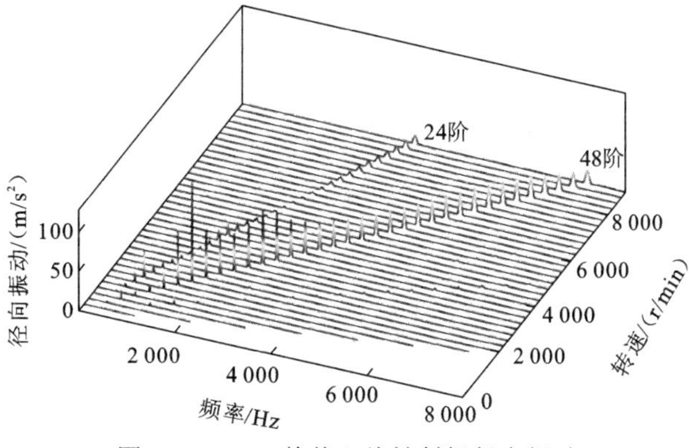

图 4.5.3　10%静偏心线性斜极径向振动

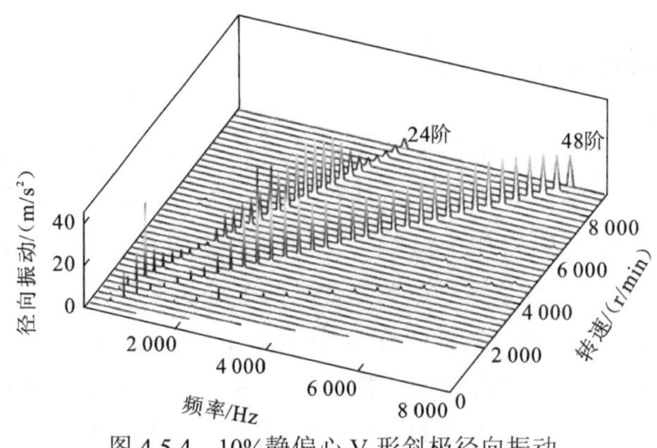

图 4.5.4　10%静偏心 V 形斜极径向振动

提取径向振动响应 24 阶阶次曲线，如图 4.5.5 所示，24 阶扭振响应在 1 750 r/min 附近有峰值，对应共振频率为 700 Hz，为转子径向平动共振频率。不斜极情况下的转子径向激励大于其他两种斜极形式，这主要是由于斜极下 24 阶径向力相位相差 60°，合成到平动方向的合力幅值更小；线性斜极和 V 形斜极分别在 4 000 r/min 和 6 500 r/min 处有明显峰值，对应共振频率分别为 1 600 Hz 和 2 600 Hz，其振动形式分别为转子的俯仰模态和转子 1 阶弯曲模态，这主要是由于线性斜极形式下的径向电磁力相位分布特性匹配俯仰模态，而 V 形斜极下的径向电磁力分布特性匹配 1 阶弯曲模态。

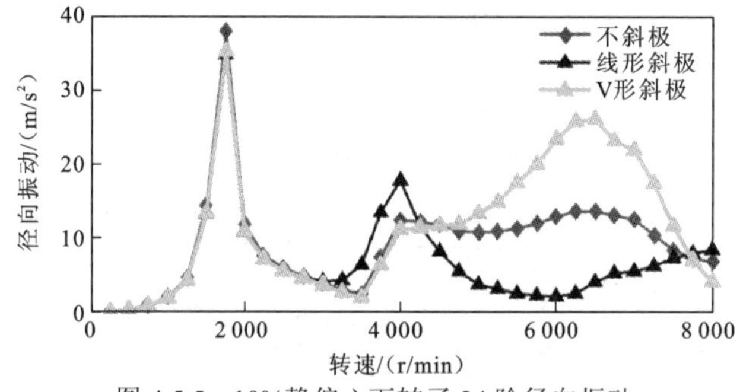

图 4.5.5　10%静偏心下转子 24 阶径向振动

进一步提取振动响应 48 阶阶次曲线，如图 4.5.6 所示，不斜极情况下的主要峰值在 850 r/min 附近，对应为转子径向平动共振频率，主要由于不斜极情况下每段电磁力的相位相同，与平动模态更加匹配。线性斜极情况下的主要峰值在 2 000 r/min，对应为转子俯仰模态，主要由于线性斜极形式下的 48 阶径向电磁力相位分布特性匹配俯仰模态。V 形斜极情况下的主要峰值在 3 250 r/min，对应为转子 1 阶弯曲模态，主要由于 V 形斜极形式下的 48 阶径向电磁力相位分布特性匹配 1 阶弯曲模态。

通过转子径向响应计算分析可知，分段转子在受到不同斜极角度下的各个分段的电磁力激励时，由于段间电磁力的相位差而产生不同的空间激励特性，该激励特性与转子的平动模态、俯仰模态和弯曲模态相匹配而产生不同的共振特性。如图 4.5.7～图 4.5.9 所示，10%静偏心下 48 阶电磁力在不斜极下各分段下没有相对相位差，容易激励起平动模态；线性斜极下各分段的电磁力在 0～2π 范围内具有均布的相位差，容易激励起俯仰模态；对于 V 形斜极设计，各分段的电磁力具有镜像对称分布的相位差，该特性容易激励起 1 阶弯曲模态。

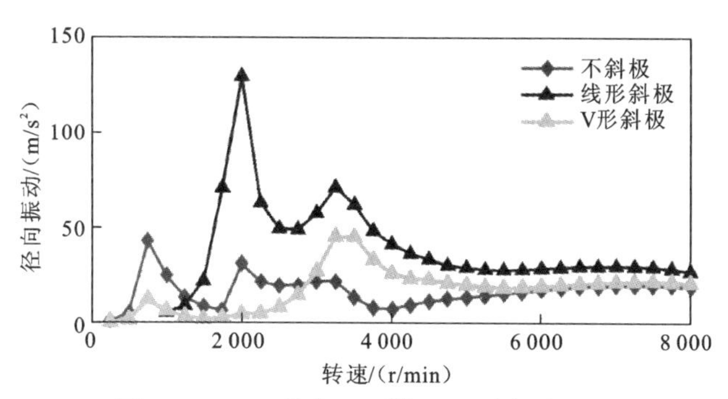

图 4.5.6 10%静偏心下转子 48 阶径向振动

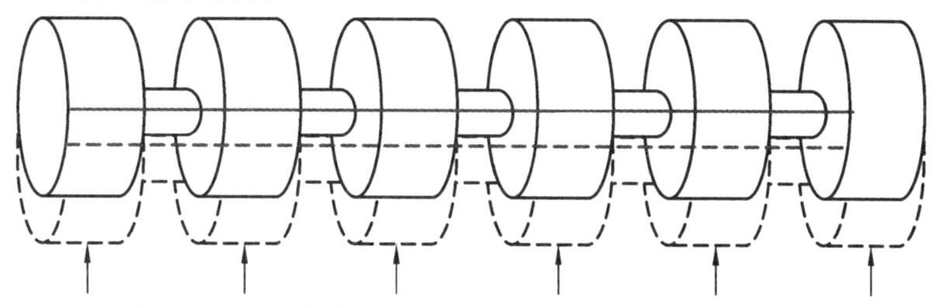

图 4.5.7 10%静偏心不斜极下转子的 48 阶径向振动形式

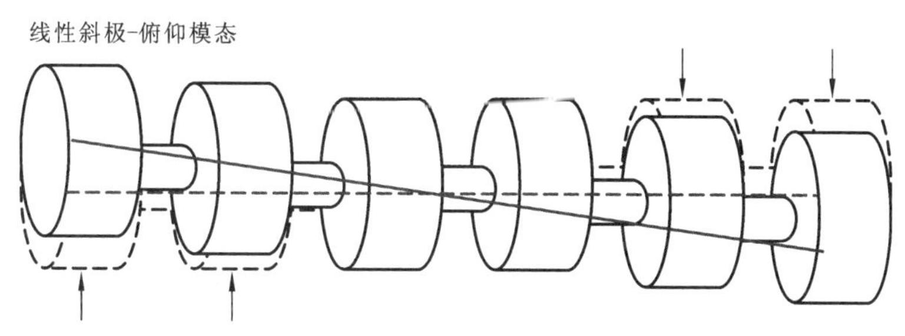

图 4.5.8 10%静偏心线性斜极下转子的 48 阶径向振动形式

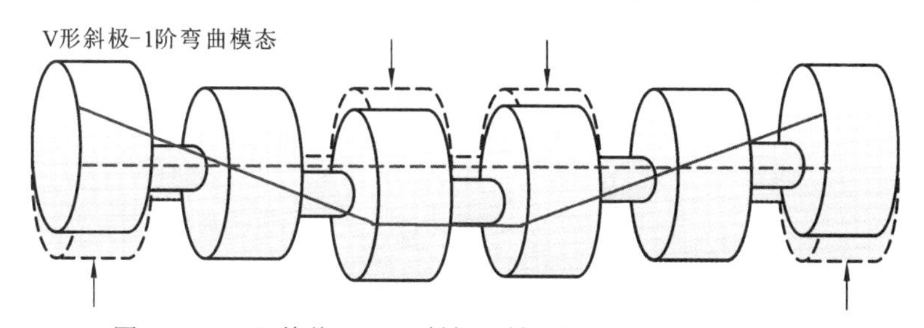

图 4.5.9 10%静偏心 V 形斜极下转子的 48 阶径向振动形式

4.5.2 转子切向振动

和转子径向振动计算类似，利用上述分段转子多自由度仿真模型对切向电磁力作用下的转子动态响应进行分析。计算得到的不斜极、线性斜极和 V 形斜极下转子扭转振动响应分别如图 4.5.10～图 4.5.12 所示，响应计算结果包含 24 阶和 48 阶切向响应，其他阶次由于圆周空间相互对称抵消，无法产生有效扭矩及转子扭振响应，这与本章前面的分析结论相符合。

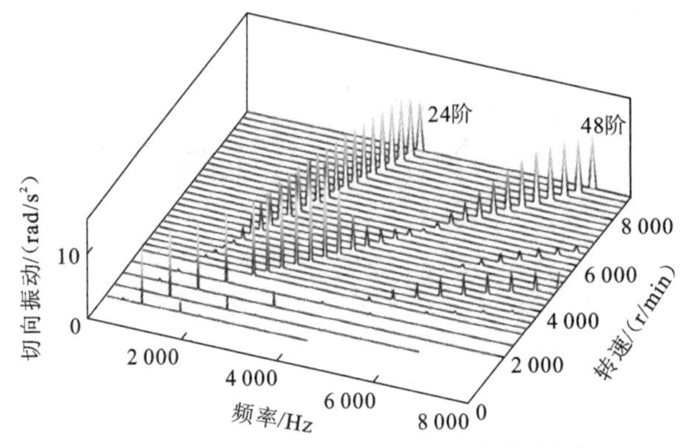

图 4.5.10　不斜极形式下的转子扭转振动

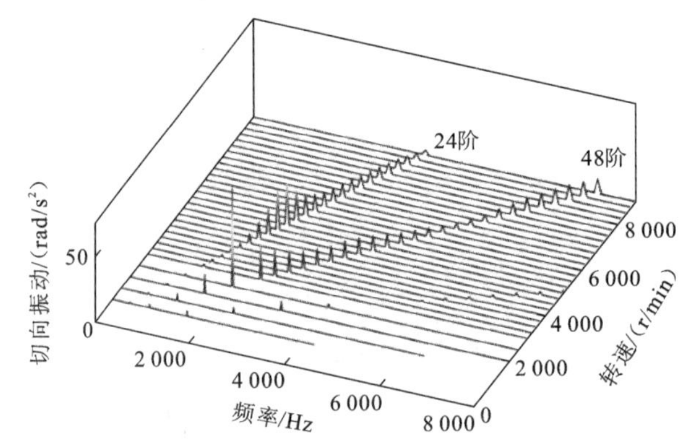

图 4.5.11　线性斜极形式下的转子扭转振动

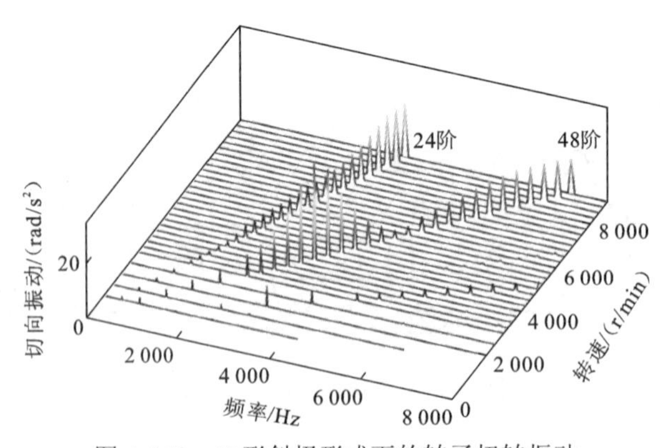

图 4.5.12　V 形斜极形式下的转子扭转振动

提取扭振响应 24 阶阶次曲线，如图 4.5.13 所示，24 阶扭振响应在 4 500 r/min 附近有峰值，对应共振频率为 1 800 Hz，为转子 1 阶扭转共振频率。不斜极情况下的转子扭振响应优于有斜极情况，结合切向力激励因子分析可知斜极状态下的切向电磁力空间力形与转子扭振振型更匹配，从而产生比不斜极状态下更明显的扭振响应。V 形斜极情况下的 24 阶扭振响应在 8 500 r/min 附近有峰值，对应共振频率为 3 400 Hz，为转子 2 阶扭转共振频率，结合切向力激励因子分析可知 V 形斜极状态下的切向电磁力空间力形与转子 2 阶扭振振型更匹配。

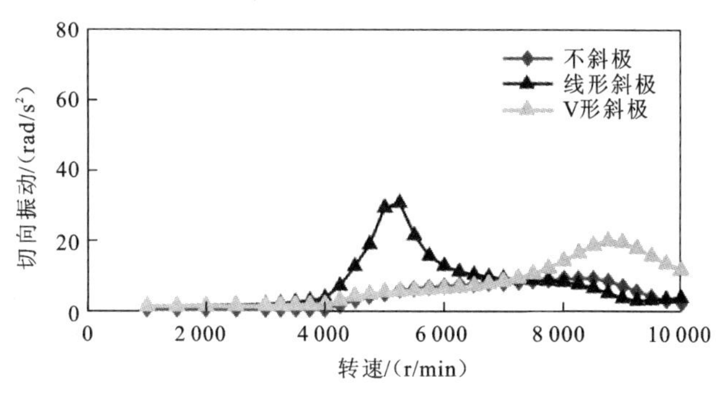

图 4.5.13　不同斜极形式下的转子 24 阶扭转振动响应

进一步提取响应 48 阶阶次曲线，如图 4.5.14 所示，48 阶扭振响应在 2 250 r/min 附近有峰值，对应为转子 1 阶扭转共振频率。与 24 阶响应相同，不斜极下的 48 阶振动优于有斜极状态，线性斜极下的48阶切向力激励特性与转子1阶扭振振型匹配，产生更明显的扭转振动响应；不斜极状态下的各段切向电磁力无相位差，其空间力形决定无法有效激励起转子 1 阶扭转模态。但不斜极设计状态下的分段电磁力综合幅值相比有斜极状态更大，易导致转矩脉动幅值增大，带来振动噪声风险，在电机设计中通常不被采用。V 形斜极下的 48 阶扭振响应在 4 250 r/min 附近有峰值，对应为转子 2 阶扭转共振频率。

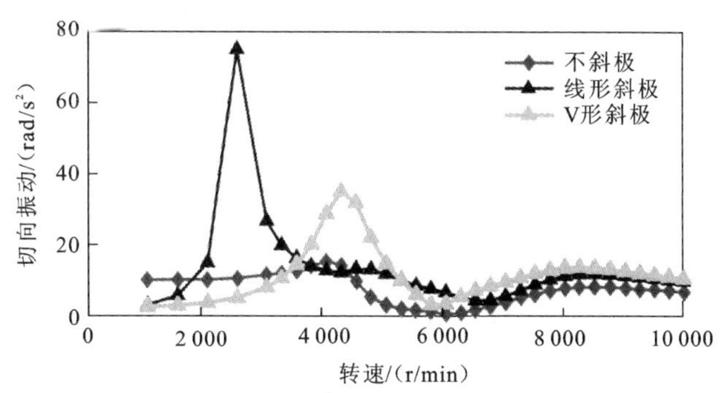

图 4.5.14　不同斜极形式下的转子 48 阶扭转振动响应

通过转子切向响应计算分析可知，分段转子在受到不同斜极角度下的各个分段的电磁力激励时，由于段间电磁力的相位差而产生不同的空间激励特性，该激励特性与转子的刚体转动模态、1 阶扭转模态和 2 阶扭转模态相匹配而产生不同的共振特性。如图 4.5.15～图 4.5.17 所示，48 阶电磁力在不斜极下各分段没有相对相位差，容易激励起刚体转动模态；线性斜极下各分段的电磁力在 0～2π 范围内具有均布的相位差，容易激励起 1 阶扭转模态；对于 V 形斜极，各分段的电磁力具有镜像对称分布的相位差，该特性容易激励起 2 阶扭转模态。

综上可知，转子在电磁径向力和切向力作用下表现出典型的共振特性。偏心情况下产生的单边磁拉力激励起转子的平动模态、俯仰模态和 1 阶弯曲模态，而切向电磁力激励起转子的扭转模态。此外，不同的斜极形式影响转子的振动响应形式，不斜极形式下各个

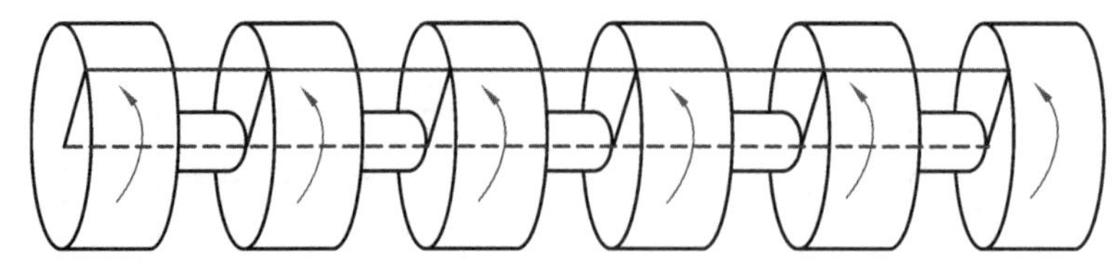

图 4.5.15　不斜极下转子的 48 阶切向振动形式

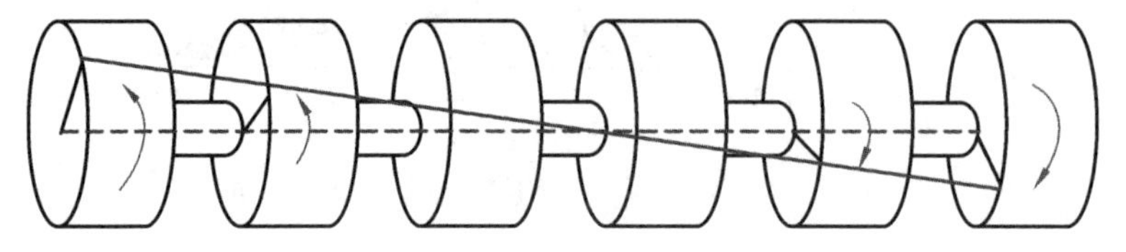

图 4.5.16　线性斜极下转子的 48 阶切向振动形式

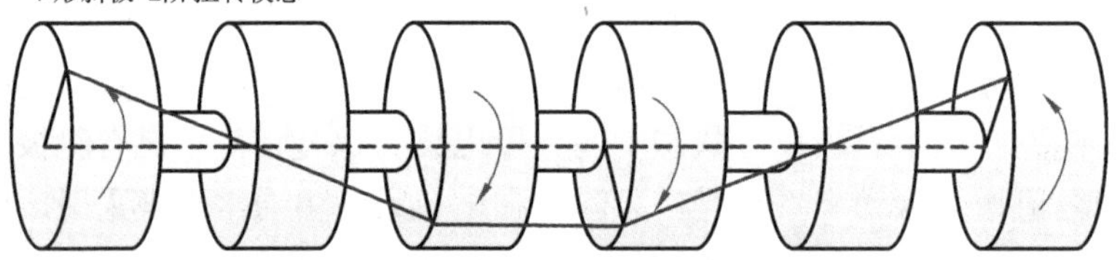

图 4.5.17　V 形斜极下转子的 48 阶切向振动形式

分段之间的电磁力相位相同且不存在相位差，只能激励起转子的平动模态或者刚体模态，振动幅值较小。对于线性斜极，各分段电磁力具有典型的空间相位分布特性，容易激励起转子的俯仰模态和 1 阶扭转模态，振动幅值相对较高。对于 V 形斜极，各分段电磁力相对于线性斜极形式下具有更高的空间阶次，对应激励起的模态振型阶次也较高，振动幅值较小。因此，针对转子的振动响应分析，不仅需要分析各分段电磁力的大小，而且需要结合各分段电磁力的相位特性，分析其与转子模态特性的耦合作用，综合分析以达到优化转子振动响应特性的目的。

同时，结合电磁力作用下的转子振动特性可知，相比定子的呼吸模态共振，转子斜极下的电磁力会激励起转子的平动模态、俯仰模态、各阶次的弯曲模态和扭转模态。因此，电磁激励下的转子共振特性更加突出，对电机振动噪声产生显著影响。

4.5.3　融合定转子振动的电机振动噪声计算方法

电磁力激励作用下的转子振动响应和定子振动响应特性差异显著。定子的振动响应主要与电磁力的时空特性和定子的模态特性相关，从第 2 章的分析可知，电磁力的空间阶次主要为极对数的偶数倍。高阶电磁力空间阶次通常难以激励起定子圆周空间模态，主要关注低阶的空间阶次，如空间阶次为 0 和 8 的电磁力，其中空间阶次为 0 的电磁力主要为转子磁场和定子磁场相互作用产生，转子空间阶次对应为 $2k_1 \pm 1$，定子空间阶次对应为

$6k_2 \pm 1$，当 $k_1 = 3$，$k_2 = 1$ 时，转子磁场和定子磁场空间阶次相同，二者相互作用产生空间阶次为 0 的电磁力，对应的时间阶次为 $6k\omega_c$，也就是 6 倍电频率。对于空间阶次为 8 的电磁力，对应为基波磁场相互作用产生，此时 $k_1 = 0$，$k_2 = 0$，对应的时间阶次为极对数的偶数倍。定子模态也体现出特定的形式，典型如 0 阶呼吸模态，定子呼吸模态与空间 0 阶的 48 阶径向电磁力相互耦合产生共振特性；定子的 8 阶空间模态频率更高，频率值超过 10 000 Hz，响应幅值通常较小，不是本小节的研究重点。因此，对于电磁力作用在定子上产生的响应，主要关注空间 0 阶电磁力与定子呼吸模态耦合产生的共振特性，对应的定子振动响应主要表现为定子呼吸模态相关的频率特征，其特性较为单一，且对应的频率范围较高，通常在 6 000～8 000 Hz 存在共振峰值。

转子模态特性更丰富，包含转子平动、俯仰、1 阶和 2 阶弯曲、1 阶和 2 阶扭转模态等，且模态频率分布范围宽，覆盖 400～3 000 Hz 频率范围，因此在低转速容易出现共振峰值。

综上可知，定子和转子振动表现为不同频率特性，且在不同的转速范围内主导程度不同，与转子相关的共振峰值点集中在低速范围，与定子相关的共振峰值点集中在高速范围。图 4.5.18 所示为某电动汽车电机定子和转子的频响函数。

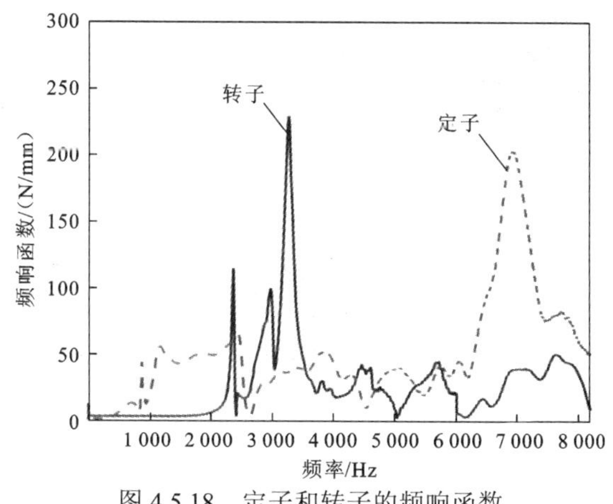

图 4.5.18　定子和转子的频响函数

定子的主要模态频率为空间 0 阶呼吸模态，电磁力的空间阶次为极对数的偶数倍，电磁力的空间阶次难以和空间 2/3/4 阶定子模态耦合，因此主要关注空间阶次为 0 的定子呼吸模态。图 4.5.18 中空间 0 阶模态频率为 6 800 Hz。转子的主要模态频率包含转子弯曲和扭转模态，频率分别为 2 800 Hz 和 3 200 Hz，相比定子呼吸模态频率更低。

由上可知，在电磁力激励下定子和转子表现出不同的频率特性，定子可在空间 0 阶电磁力的作用下产生呼吸模态振动特性，频率范围相对较高；转子可在径向电磁力和切向电磁力的作用下产生转子弯曲和转子扭转振动特性，频率范围相对较低。因此，为了全面准确评估电机振动噪声特性，需要同时考虑定子振动和转子振动对整机振动响应的影响。

1. 振动传递路径

电磁力作用下的定转子产生的振动会进一步传递给电机机壳，进而在机壳表面产生振动并向外辐射噪声。定子振动和转子振动的传递路径不同，对电机整机的振动产生不同的影响。因此有必要进一步分析电磁力作用下定转子振动的传递路径。

定子振动的传递路径相对清晰，电磁力作用在定子齿上导致定子产生不同频率的振动形式，进而带动电机整体产生振动和声辐射。电磁力的作用不限于定子齿，定子槽和绕组也是影响因素。电流通过定子绕组时波动的磁场在定子铁心上产生周期性电磁力，其分布和强度随时间和空间位置变化。这些力引发的定子铁心振动可能表现为轴向、径向或扭转形式，具体取决于电磁力分布、定子铁心的几何形状和材料特性。定子振动通过机械连接传递至电机其他部件，如轴承和机座，并通过空气传播形成声波，成为电机噪声的主要来源。

因此，控制定子振动对降低电机噪声水平至关重要。减少定子振动传递的措施包括优化定子铁心的几何形状和材料特性，以及在定子与机座间增加隔振材料。图 4.5.19 所示为定子振动传递路径，电磁力作用在定子齿尖上引起定子振动，通过机壳传递到整机引起整机模态和振动。

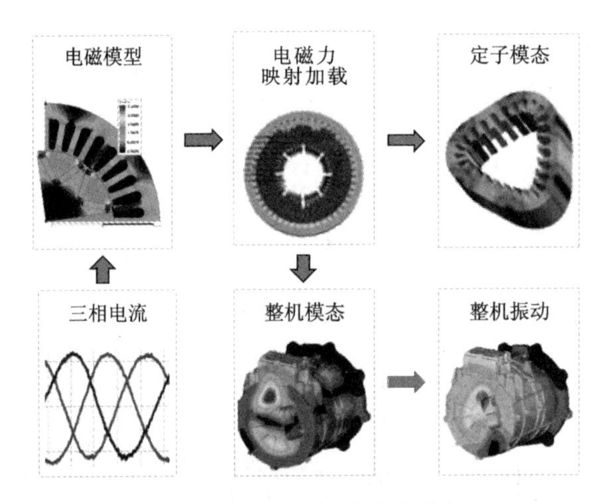

图 4.5.19　定子振动传递路径

转子作为电机内部的旋转部件，其振动包括弯曲和扭转振动，振动需要通过一定的传递路径才能传递到电机外部，最主要的振动传递路径是通过转子轴承传递振动，具体传递路径如图 4.5.20 所示。具体来说，转子的振动首先会通过轴承和支撑结构传递至电机壳体。电机壳体具有一定的质量和刚度，能够对转子振动进行部分吸收和衰减。随后，振动能量会在电机壳体表面产生反射、散射和辐射，最终以声波的形式传递到电机外部环境中。在振动传递过程中，转子的振动特性，如其共振频率和振动模态，会影响振动能量在传递路径上的分布。同时，电机壳体的材料特性和结构设计也会影响振动和噪声的传播效率和衰减效果。例如，壳体的几何形状、壁厚和内部结构都会对振动传递路径产生影响。因此，轴承位置的特性和转子振动模态对振动传递的效率和特性具有重要影响。轴承的刚度和阻尼特性会影响振动在轴承位置的传递效果，而转子的振动模态则决定了振动在传递路径上的能量分布和传递特性。为了准确评估电机的振动噪声特性，需要对转子振动的传递路径进行深入的理解和分析。

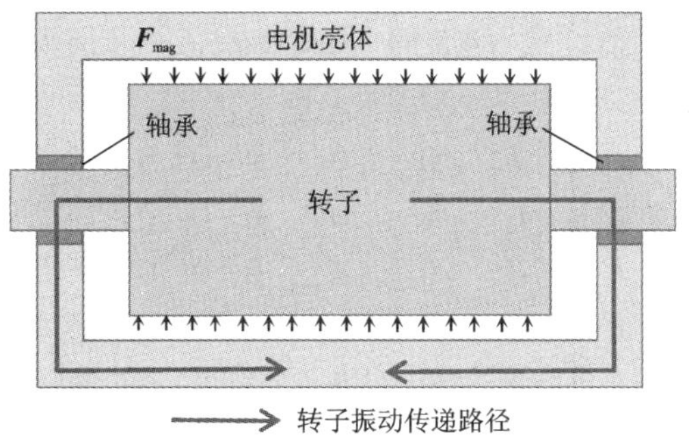

图 4.5.20　转子振动传递路径

结合精细化转子动力学模型，获得电磁力激励在不同斜极形式下转子振动响应，并将转子轴承位置的轴承力作为激励，作用在电机轴承座位置，得到转子响应影响下的电机整体动力学响应，如图 4.5.21 所示。径向电磁力激励作用下的转子弯曲振动可以通过转子轴承传递给电机，从而产生振动噪声，传递路径相对清晰。而切向电磁力激励作用下的转子扭转振动，无法直接通过转子轴承传递给电机，因为电机轴承旋转方向主要表现为滚动，不能传递切向的振动位移，电机转子产生的扭转振动主要通过电机轴系进行传递，在斜齿轮位置将扭转振动分解为切向、径向和轴向三个方向的力，从而通过轴承进一步传递到电机机壳表面，产生相应的表面振动和声辐射。

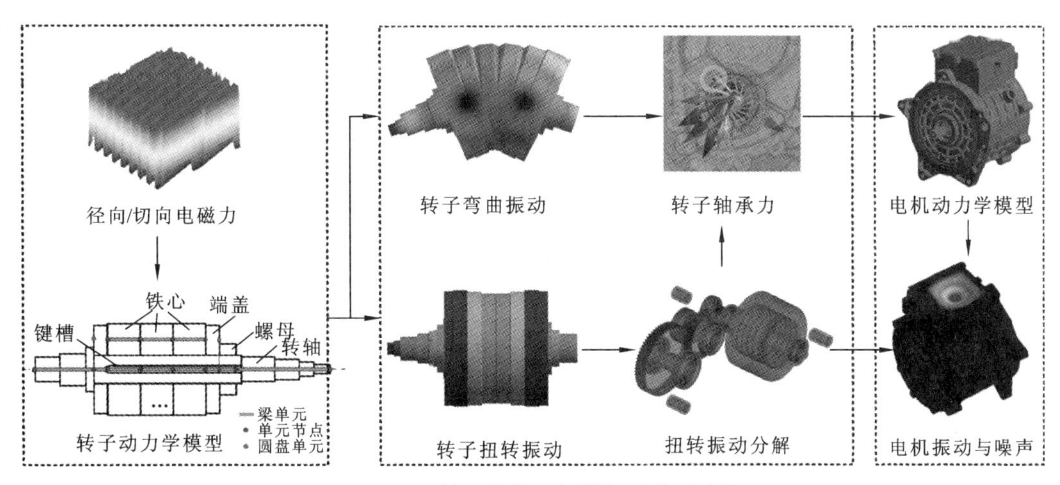

图 4.5.21　转子弯曲和扭转振动传递路径

2. 轴承刚度及轴承力计算

为准确模拟转子振动响应的影响，需要在整机模型中包含轴承，最简单的建模是直接约束转子轴，在整机模型中不计入轴承的刚度影响。更复杂的模型通常需要包含轴承刚度，包括径向轴承刚度（k_{yy} 和 k_{zz}）和轴向轴承刚度（k_{xx}），这些刚度可以通过解析方法计算得到，并可以表示为对角矩阵。但上述模型并未考虑转轴弯曲和斜齿轮影响下的倾斜刚度。

为考虑倾斜变形影响下的动力学行为，进一步精确化仿真转子振动响应对整机的振动噪声特性，需要考虑旋转刚度和矩阵中的非对角交叉耦合项，通常可以基于解析方法或者接触有限元方法计算刚度值。式（4.5.5）和式（4.5.6）分别为不考虑交叉耦合项和考虑交叉耦合项的轴承力学方程：

$$\begin{bmatrix} F_x \\ F_y \\ F_z \\ F_\alpha \\ F_\beta \\ F_\gamma \end{bmatrix}=\begin{bmatrix} K_{xx} & 0 & 0 & 0 & 0 & 0 \\ 0 & K_{yy} & 0 & 0 & 0 & 0 \\ 0 & 0 & K_{zz} & 0 & 0 & 0 \\ 0 & 0 & 0 & 0 & 0 & 0 \\ 0 & 0 & 0 & 0 & 0 & 0 \\ 0 & 0 & 0 & 0 & 0 & 0 \end{bmatrix}\begin{bmatrix} X \\ Y \\ Z \\ \alpha \\ \beta \\ \gamma \end{bmatrix} \tag{4.5.5}$$

$$\begin{bmatrix} F_x \\ F_y \\ F_z \\ F_\alpha \\ F_\beta \\ F_\gamma \end{bmatrix}=\begin{bmatrix} K_{xx} & K_{xy} & K_{xz} & K_{x\alpha} & K_{x\beta} & 0 \\ K_{yx} & K_{yy} & K_{yz} & K_{y\alpha} & K_{y\beta} & 0 \\ K_{zx} & K_{zy} & K_{zz} & K_{z\alpha} & K_{z\beta} & 0 \\ K_{\alpha x} & K_{\alpha y} & K_{\alpha z} & K_{\alpha\alpha} & K_{\alpha\beta} & 0 \\ K_{\beta x} & K_{\beta y} & K_{\beta z} & K_{\beta\alpha} & K_{\beta\beta} & 0 \\ 0 & 0 & 0 & 0 & 0 & 0 \end{bmatrix}\begin{bmatrix} X \\ Y \\ Z \\ \alpha \\ \beta \\ \gamma \end{bmatrix} \tag{4.5.6}$$

轴承刚度矩阵表示为

$$\boldsymbol{K}=\begin{bmatrix} K_{xx} & K_{xy} & K_{xz} & K_{x\alpha} & K_{x\beta} & 0 \\ K_{yx} & K_{yy} & K_{yz} & K_{y\alpha} & K_{y\beta} & 0 \\ K_{zx} & K_{zy} & K_{zz} & K_{z\alpha} & K_{z\beta} & 0 \\ K_{\alpha x} & K_{\alpha y} & K_{\alpha z} & K_{\alpha\alpha} & K_{\alpha\beta} & 0 \\ K_{\beta x} & K_{\beta y} & K_{\beta z} & K_{\beta\alpha} & K_{\beta\beta} & 0 \\ 0 & 0 & 0 & 0 & 0 & 0 \end{bmatrix} \tag{4.5.7}$$

式中：x 和 y 表示轴承平面中的轴，z 表示轴向；α 和 β 分别为围绕 x 轴和 y 轴的面外角挠度。刚度矩阵中的对角线项包括径向刚度 k_{xx}/k_{yy}、轴向刚度 k_{zz} 和倾斜刚度 $k_{\alpha\beta}$。非对角交叉耦合项分为径向和轴向挠度之间的耦合、径向角和面外角之间的耦合偏转、轴向角挠度与面外角挠度的耦合。

负载条件下的轴承刚度计算较为复杂，不仅受到轴承设计参数的影响，还受到负载大小、方向和分布的影响。这里选择 SMT MASTA 软件对负载条件下的轴承刚度进行计算分析，如图 4.5.22 所示，该软件可以模拟轴承在实际工作条件下的内部应力分布和变形，通过高保真度模型预测轴承实际刚度。计算结果如表 4.5.1 和表 4.5.2 所示。

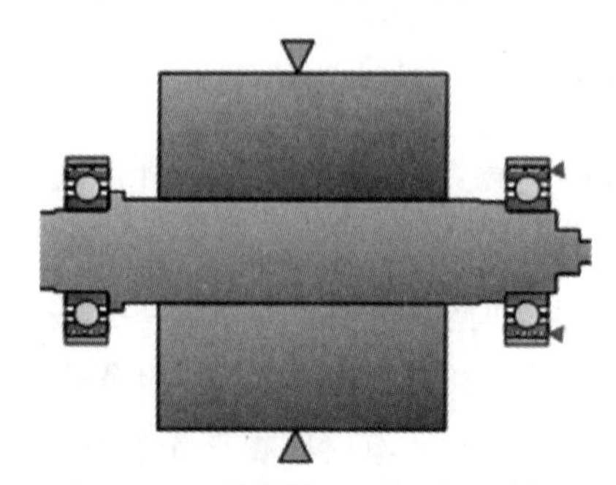

图 4.5.22　电机转子-轴承计算模型

表 4.5.1　左端轴承刚度计算结果

	D_x	D_y	D_z	R_x	R_y
F_x	221.91	−4.33	4.67	−66.80	−1 598.20
F_y	−4.33	209.22	29.51	1 510.00	66.80
F_z	4.67	29.51	55.83	341.23	−10.43
M_x	−66.80	1 510.00	341.23	14 474.00	557.56
M_y	−1 598.20	66.80	−10.43	557.56	15 064.00

表 4.5.2　右端轴承刚度计算结果

	D_x	D_y	D_z	R_x	R_y
F_x	134.95	−23.24	−0.31	6.691 5	−9.64
F_y	−23.24	78.94	−1.42	−28.319	−6.69
F_z	−0.319	−1.42	5.18	36.09	97.28
M_x	6.69	−28.3	36.09	801.83	510.42
M_y	−9.64	−6.69	97.28	510.42	1 943.10

在电机振动传递中，将转子在轴承位置的振动转换为轴承位置的轴承力，并将其作为激励力施加在整机上，是一种常用的模拟转子振动传递到整机后的振动响应的方法。这一方法基于振动传递路径分析和结构动力学理论，结合有限元分析等计算方法，可以深入研究转子振动对整机振动的影响机理。首先，在转子轴承位置振动的分析中，需要考虑转子的动力学特性和轴承的刚度、阻尼等特性。通过动力学建模和有限元分析，可以计算得到转子在轴承位置产生的轴承力，并确定其振动特性。这个轴承力可以被视为激励力，作用于整个电机结构。其次，利用结构动力学理论和振动传递路径分析方法，可以计算得到电机结构在轴承位置受到激励力后的振动响应。这个振动响应包括电机壳体等位置的振动情况，从而反映了转子振动传递到整机后的振动特性。通过振动传递路径分析，可以揭示转子振动与整机振动的传递机制和能量传递路径，为电机振动噪声的控制和优化提供重要依据。这种基于振动传递路径分析的方法，不仅能够量化转子振动对整机振动的影响，还能够评估不同转子振动特性和轴承特性对整机振动响应的影响程度。因此，它在电机振动噪声的分析、优化和控制中具有重要应用价值，可以帮助提高电机的性能和可靠性。总之，将转子在轴承位置的振动转换为轴承位置的轴承力，并将其作为激励力施加在整机上，可有效用于研究转子振动传递到整机后的振动响应特性，为电机振动噪声的分析和优化提供重要的工具和方法。

图4.5.23所示为计算转子轴承力和转子响应频响函数的流程，可准确快速计算电磁力作用下的转子振动响应及其传递到整机后的振动响应。转子轴承力计算结果如图 4.5.24 所示，进一步结合基于空间阶次频响函数的定子振动响应计算方法，可以求解电磁力作用下的整机振动响应。

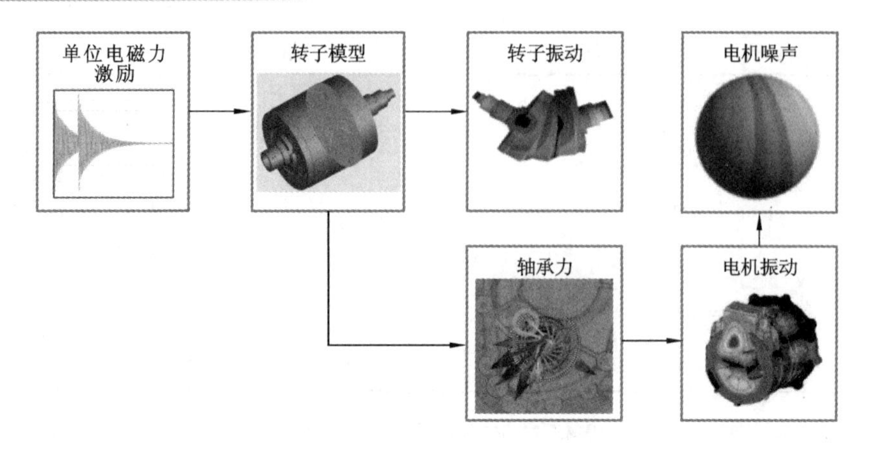

图 4.5.23　转子响应频响函数计算流程

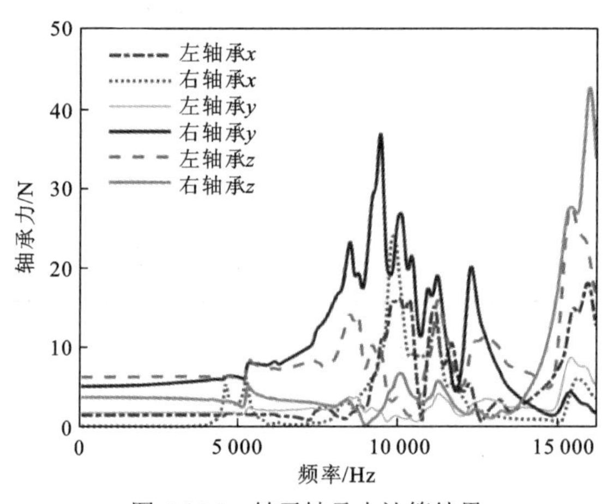

图 4.5.24　转子轴承力计算结果

3. 考虑转子振动响应的电机振动噪声计算方法

综上，下面提出考虑转子振动响应的电机振动噪声计算方法，具体流程如图 4.5.25 所示。该方法基于空间传递函数计算不同空间阶次电磁力作用下的电机振动噪声响应，并结合转子振动传递路径求解完整的电机电磁振动响应。

求解电磁力激励下由转子振动产生的电机整机振动响应的方法为：结合单位电磁力激励和分段转子多自由度动力学模型，求解转子振动响应和轴承力，并进一步分析转子振动传递路径，计算轴承力激励下由转子振动产生的电机振动响应，得到单位电磁力激励下转子振动响应频响函数，描述由转子振动产生的电机振动响应固有动态特性。进一步结合实际径向电磁力和切向电磁力激励和转子响应频响函数，求解电磁力激励下由转子振动产生的电机整机振动噪声幅值和频率特性。

求解电磁力激励下由定子振动产生的电机整机振动响应的方法为：将实际径向电磁力和切向电磁力分解为不同空间阶次的电磁力，并映射加载到定子齿节点，形成空间阶次电磁力激励。通过单位空间阶次电磁力激励求解各空间阶次下的定子响应频响函数。综合得到实际电磁力激励下由定子振动产生的电机整机振动噪声幅值和频率特性。

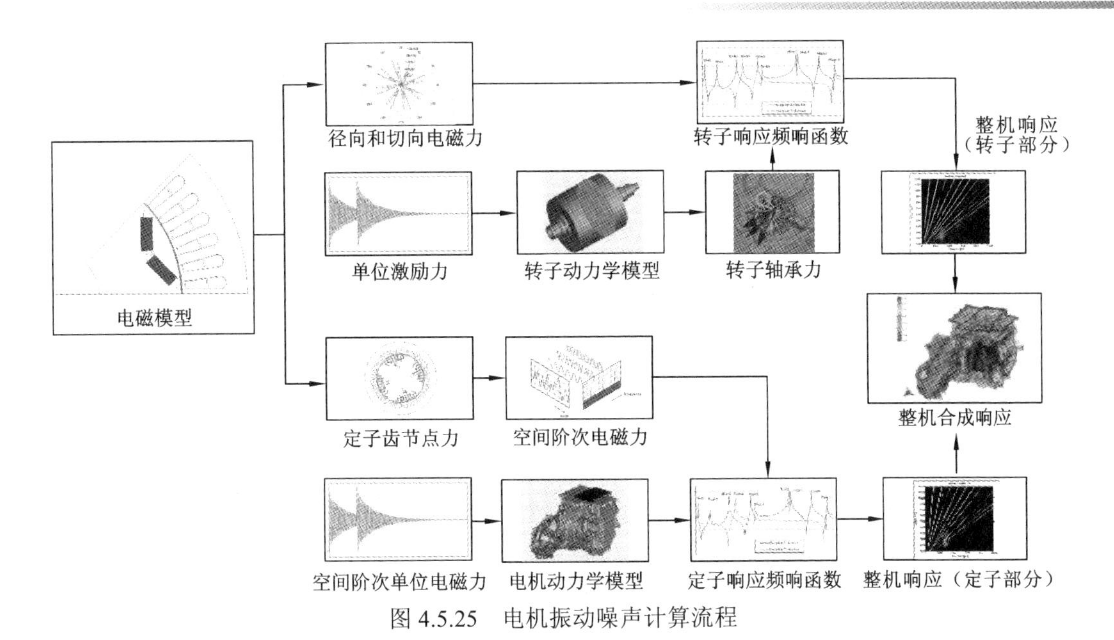

图 4.5.25 电机振动噪声计算流程

综合考虑转子振动和定子振动对整机振动响应的影响，通过线性叠加可以得到考虑定转子振动响应的电机振动噪声计算结果。这里忽略定转子振动相互耦合的情况，主要原因是电磁力激励下的定子和转子形变相对较小，对气隙大小影响可忽略不计，无法产生显著的电磁-振动耦合现象。因此，下面主要基于定转子振动响应线性叠加方法计算电机振动噪声，实现电机振动噪声全面、精准、快速评估。

应用上述电机振动噪声计算方法，对某电动汽车电机振动噪声进行计算分析，所优化的电机为永磁同步电机，磁钢结构采取单 V 形，其转子模型如图 4.5.26（a）所示，具体的电机主要参数如表 4.5.3 所示。由于振动噪声与结构的模态参数强相关，电机的电磁力需要加载在实际的电驱动总成模型上，如图 4.5.26（b）所示，计算的噪声结果才能更接近真实工况。为了提升转子的扭转模态频率，结合第 3 章的分析结论，在转子装配时采用

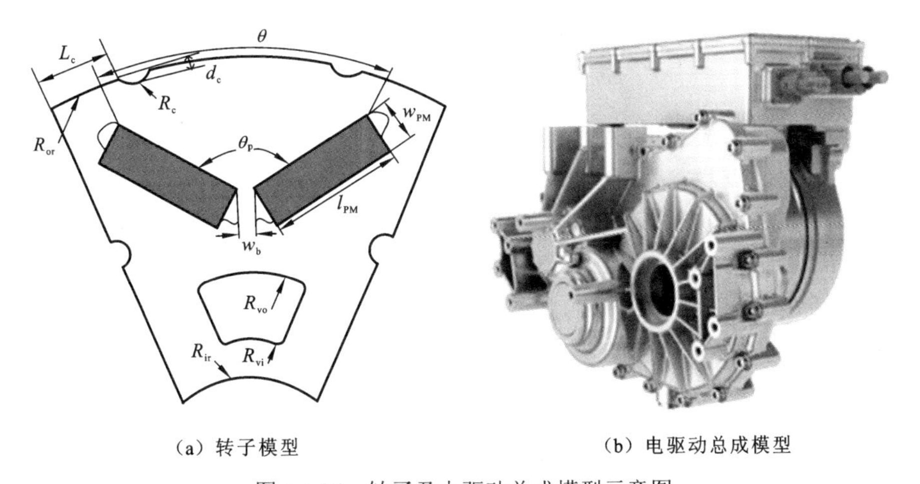

（a）转子模型　　（b）电驱动总成模型

图 4.5.26 转子及电驱动总成模型示意图

40 kN 的轴向预紧力以提升转子模态频率。同时，为了全面分析电机在全转速域下的振动噪声特性，应用本小节提出的考虑转子振动响应的电机振动噪声计算方法，准确计算了节气门全开（wide open throttle，WOT）工况和节气门 25%开度（part open throttle 25%，POT 25%）工况的噪声结果，计算结果如图 4.5.27 所示。从图中可以看出，WOT 和 POT 25%工况下的 48 阶噪声在 8 000 r/min 转速下存在明显峰值，24 阶噪声在 4 000 r/min 以下存在峰值。因此，有必要分析 48 阶噪声在 8 000 r/min 和 24 阶噪声在 4 000 r/min 以下转速范围的噪声产生原因，并进行针对性优化。

表 4.5.3　电机主要设计参数

参数	数值	参数	数值
外径/mm	180	槽数	48
轴向长度/mm	72	极数	8
气隙/mm	0.8	相数	3
额定扭矩/（N·m）	40	额定转速/（r/min）	4 100
永磁体长度/mm	19.6	减重孔内径/mm	96
永磁体宽度/mm	6.2	减重孔外径/mm	56
极弧角度/（°）	38.7	极弧系数	0.74

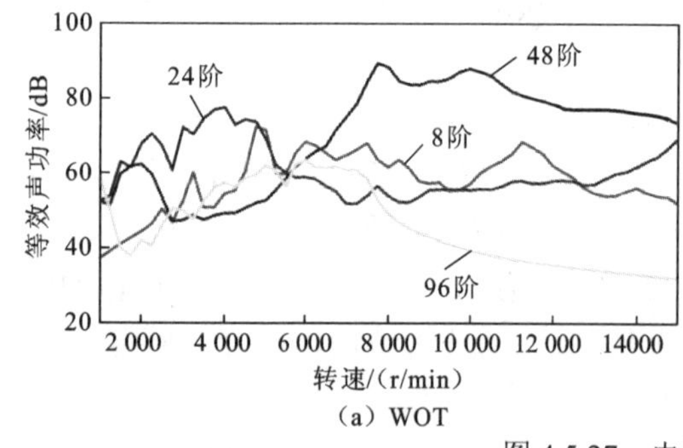

（a）WOT

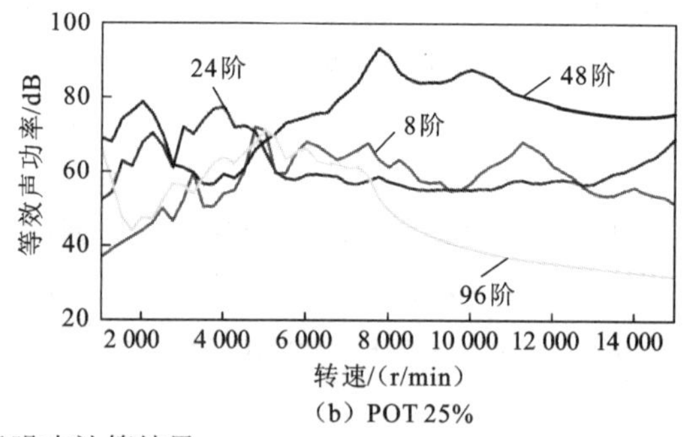

（b）POT 25%

图 4.5.27　电机噪声计算结果

计算两种工况下 24 阶和 48 阶的径向电磁力和转矩脉动，计算结果如图 4.5.28 和图 4.5.29 所示，分析可知，电机 48 阶径向电磁力在高转速区域，特别是 8 000 r/min 下的径向电磁力密度接近 8 000 Pa，径向电磁力激励较大，需针对性优化。此外，24 阶转矩脉动在 4 000 r/min 以下同样较大，约为 3 N·m，转矩脉动较大，需要针对性优化。

为优化电机电磁力，建立电机电磁参数化模型，以转子结构设计参数为优化变量，包含转子辅助槽的尺寸、隔磁桥的厚度和长度、磁钢的夹角、厚度和长度以及一些圆角半径等共计 16 个变量。通过遗传算法进行多目标寻优，对电机电磁力和电磁振动噪声进行优化。

考虑到计算量巨大，无法采取计算所有工况点参与优化的方式，通常仅计算必要的工况点。如前所述，需要计算 WOT 工况下 8 000 r/min 的 48 阶径向电磁力和 WOT 工况下

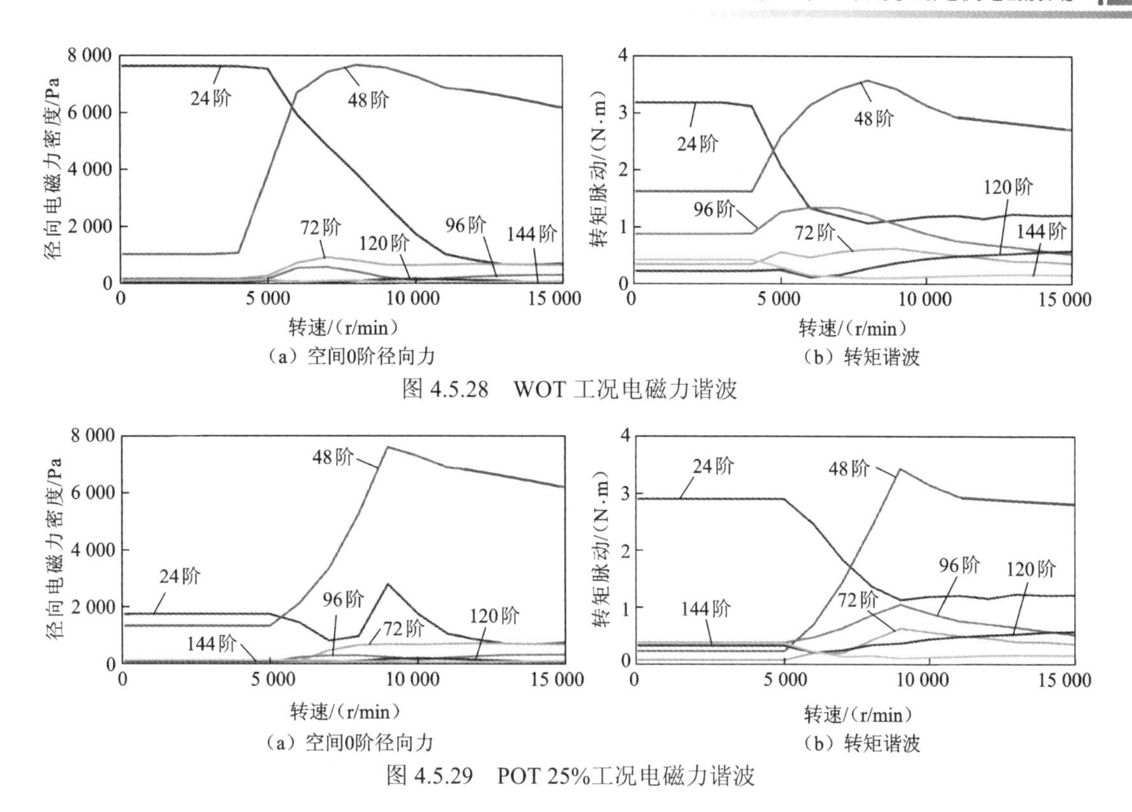

图 4.5.28　WOT 工况电磁力谐波

图 4.5.29　POT 25%工况电磁力谐波

4 000 r/min 以下的 24 阶转矩脉动。另外需保证优化过程中电机的路谱效率不降低，对于路谱效率，主要考虑绕组铜耗和铁耗，同时计算 50 N·m@8 000 r/min 时的工况数据，把该工况的铁耗作为约束条件。所有计算工况点如表 4.5.4 所示。

表 4.5.4　计算工况点

工况点	转速/（r/min）	参数
WOT	8 000	径向电磁力
WOT	4 000	转矩脉动
50 N·m	8 000	铁耗

转子参数化模型由于有很多圆角，常存在几何干涉。转子几何模型的合理性主要分为三类：第一类是连续轮廓无交点；第二类是不同轮廓无交点；第三类是限制几何最小尺寸，以满足机械强度。这里的转子模型要求隔磁桥不小于 1 mm。将峰值转矩和 50 N·m 下 8 000 r/min 的铁耗作为约束条件，WOT 工况下 8 000 r/min 的 48 阶径向电磁力和 WOT 工况下 4 000 r/min 的 24 阶转矩脉动作为优化目标。

根据上述计算设置，经过50多代计算，优化目标已呈现明显的Pareto前沿，如图4.5.30所示，图中横坐标为转矩脉动，纵坐标为 48 阶径向电磁力密度，矩形框为原方案的结果，圆形框为优化方案结果。选取过程中，使转矩谐波接近并尽可能小，使得低频噪声峰值较低。可以看出，优化后的径向电磁力和转矩脉动相比原方案大幅度降低。

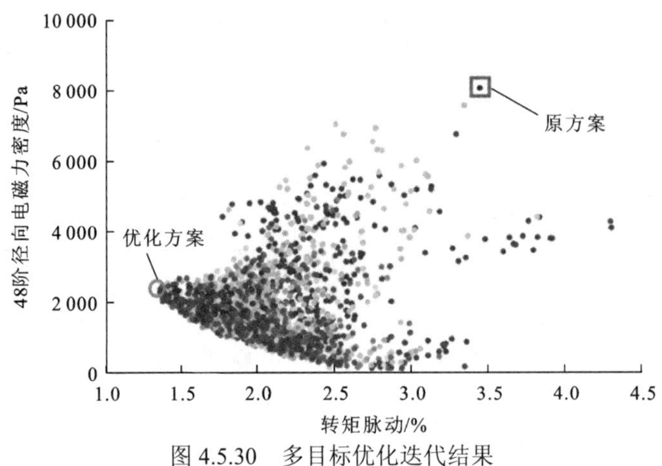

图 4.5.30　多目标优化迭代结果

根据图 4.5.30 所选的优化方案，计算其主要电磁力谐波，如图 4.5.31 和图 4.5.32 所示，其中实线为原方案，虚线为优化方案。通过对比，WOT 工况下 24 阶转矩谐波降低至原方案的 1/4 左右，其他次谐波也有不同幅度优化；48 阶径向力@8 000 r/min 降低至原方案的 1/8。POT 25%工况下 48 阶转矩谐波@10 000 r/min 降低至原方案的 1/4，由于小转矩工况下，整体电磁力谐波幅值都较小，其噪声水平也较低，其他谐波不予讨论。

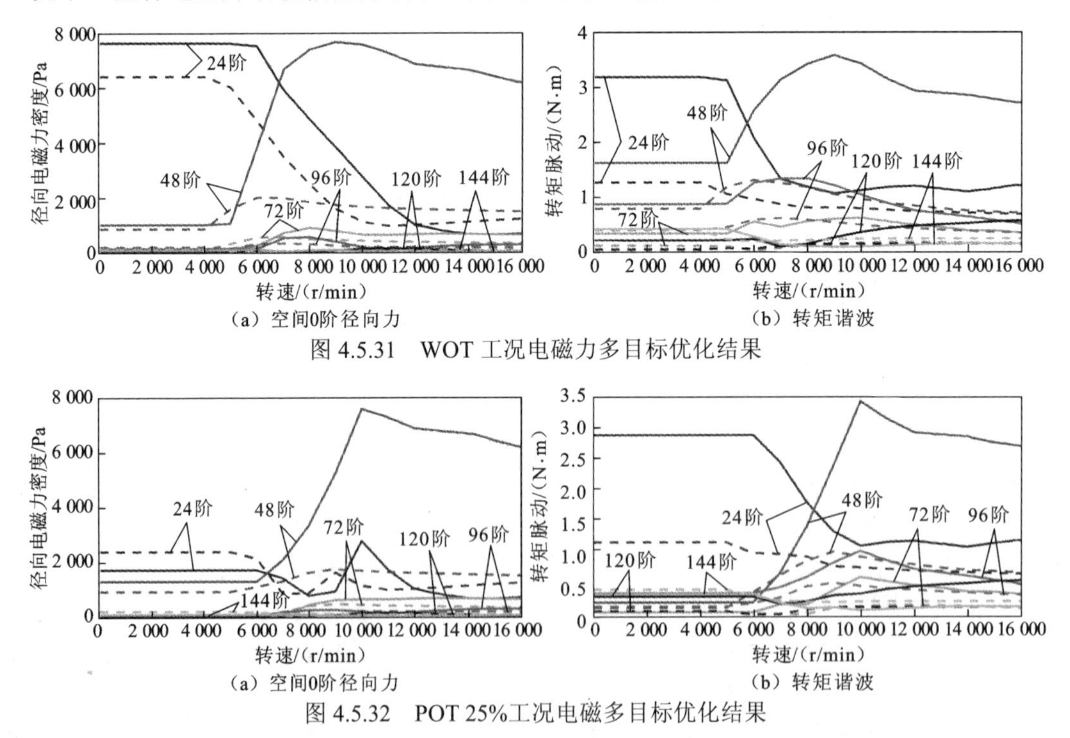

图 4.5.31　WOT 工况电磁力多目标优化结果

图 4.5.32　POT 25%工况电磁多目标优化结果

优化方案的关键阶次电磁力谐波都大幅下降，通过计算其等效声功率，优化方案的 WOT 工况和 POT 25%工况的噪声结果如图 4.5.33 所示，其中实线为原方案，虚线为优化方案。由图中可以看出，通过多目标优化，电机的 48 阶和 24 噪声得到了优化，可以有效降低 WOT 和 POT 25%两个工况下的电磁振动噪声，实现在共振区域对应转速 8 000 r/min

下的 48 阶噪声幅值最大降低 10 dB（A）。

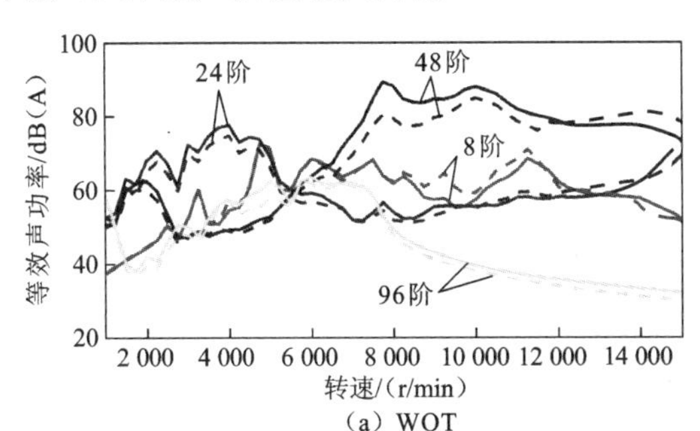

（a）WOT

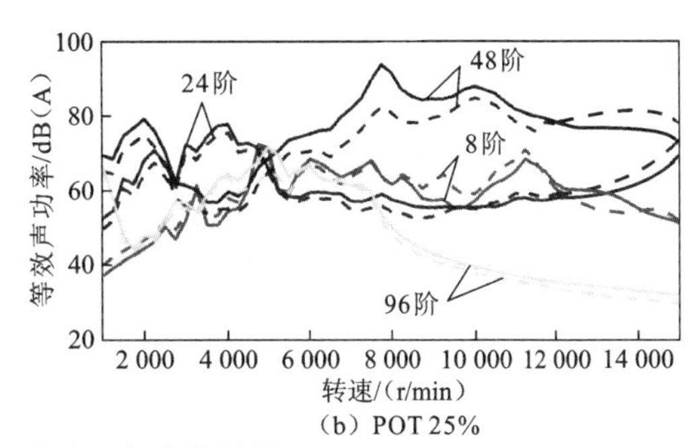

（b）POT 25%

图 4.5.33 电机振动噪声多目标优化结果

综上可知，运用遗传算法优化车用永磁同步电机的电磁振动噪声，以转子辅助槽尺寸、隔磁桥尺寸、磁钢尺寸及夹角为优化变量，电机在优化后最大 48 阶噪声幅值降噪量达到 10 dB（A），显著提高了产品的 NVH 性能。

4.5.3.4 实验验证

为进一步结合噪声测试验证优化结果的有效性，根据优化结果制作样机，并测试电机在 WOT 工况下的噪声。噪声测试环境为半消音室，背景噪声小于 25 dB（A），截止频率为 50 Hz，自由场半径大于 1.5 m。电机安装在专用实验台架，通过测功机施加不同的负载转矩来模拟不同的节气门开度。在本次测试中采用高精度传感器以及信号采集系统，麦克风选用 PCB Piezotronics Model 378B02，其频率响应范围为 3.75～20 000 Hz，遵循 ISO—9001 规范，是电机噪声测试中的常用传感器。信号采集器型号为 6 通道的 LMS SCADAS，最高采样频率为 51.2 kHz。电机噪声测试系统如图 4.5.34 所示。

图 4.5.34 电机噪声测试系统

采集噪声信号后利用傅里叶变换计算噪声信号的坎贝尔图并提取各个阶次的噪声幅值。详细测试结果如图 4.5.35 所示。从图中可以看出，电机的台架噪声测试结果表现出典型的阶次特性，包含电机阶次噪声和减速器阶次噪声，减速器阶次噪声不是本节的研究重点，本节主要关注电机的电磁力阶次，包括 8 阶、24 阶、48 阶和 96 阶。分析测试结果可知，电机的 48 阶噪声表现最突出，主要的峰值点位于电机的呼吸模态频率 6 000 Hz 附近，这与 4.4 节的分析结论相同。在低频段（500～4 000 Hz），由于存在转子模态和整机模态，噪声坎贝尔图中包含更丰富的模态共振特性。

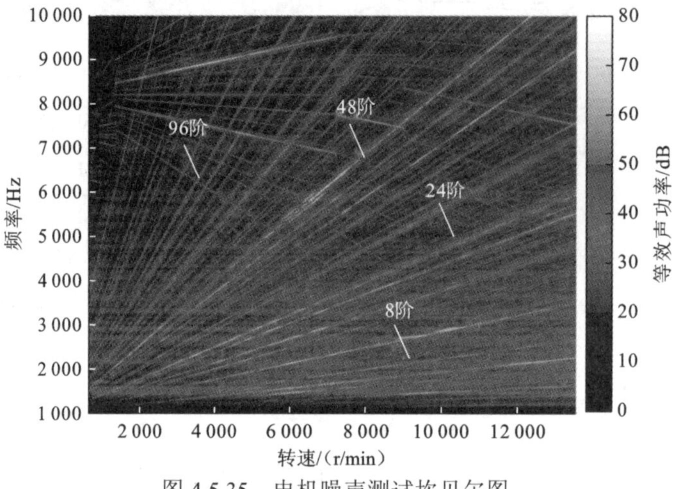

图 4.5.35　电机噪声测试坎贝尔图

进一步提取各个阶次的噪声曲线，并与仿真结果进行对比，详细结果如图4.5.36所示，从图中可知，测试结果和仿真结果在 8 阶和 24 阶吻合相对较好，48 阶噪声在 2 000 r/min 附近存在共振频率，对应为转子俯仰模态 1 600 Hz，仿真和实验相比计算结果幅值相当，但峰值所在转速存在差异，这主要与轴承的刚度值计算相关，需要进一步优化轴承刚度计算方法。48 阶噪声在 8 000 r/min 附近存在峰值，对应为电机 6 000 Hz 呼吸模态，测试和仿真结果的转速点和幅值较符合。对于高转速范围（8 000～12 000 r/min），48 阶噪声测试值与仿真值存在较大差异，这与有限元法计算噪声准确性不足相关，同时高频噪声具有较强的方向性，造成仿真值比测试值偏大。96 阶噪声由于阶次较高，其幅值相对较小，且仿真计算和测试结果相对较符合。综上可知，通过噪声测试实验，可以验证本节计算模型具有较高的准确性，可以用于电机噪声优化过程中的噪声预测。

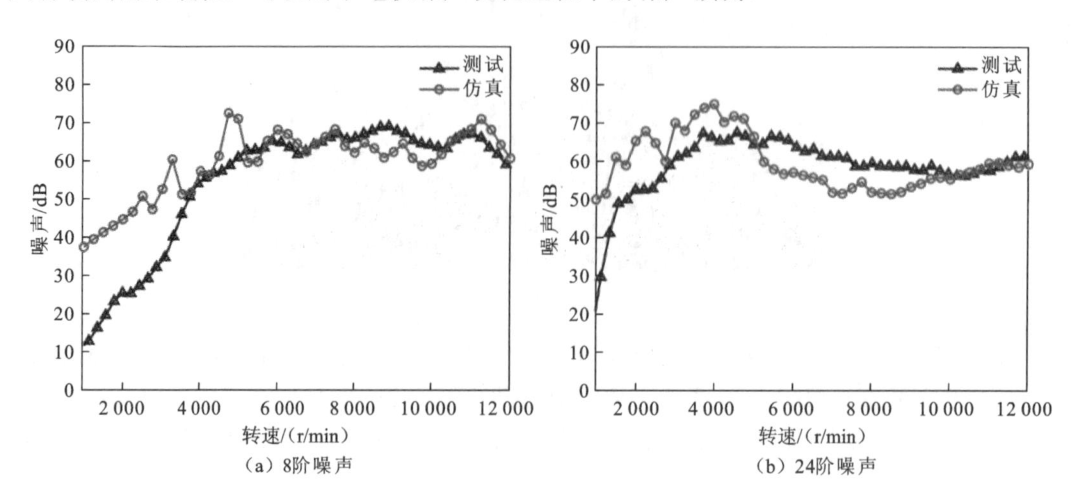

5.1.3　多相电机矢量空间解耦模型

1. 双同步旋转坐标系变换

前面已经提到可以将六相绕组看作是由两套标准的三相绕组空间相移 30° 电角度构成的，因此可直接利用传统三相电机在同步旋转坐标系下的变换矩阵，将六相电机的两套三相绕组 ABC 和 UVW 分别变换到两个同步旋转坐标系下，分别记为 d_1q_1 坐标系和 d_2q_2 坐标系，该变换过程称为双同步旋转坐标变换（以下简称“双 dq 变换”）。

恒幅值双 dq 变换的变换矩阵为

$$\boldsymbol{T}_{6\mathrm{ph}}^{\mathrm{dual}}(\theta_{\mathrm{e}})=\begin{bmatrix}\boldsymbol{T}_{3\mathrm{ph}}(\theta_{\mathrm{e}}) & \boldsymbol{0}_{2\times3}\\ \boldsymbol{0}_{2\times3} & \boldsymbol{T}_{3\mathrm{ph}}(\theta_{\mathrm{e}}-\pi/6)\end{bmatrix} \tag{5.1.11}$$

式中：$\boldsymbol{0}_{2\times3}$ 为 2 行 3 列零矩阵，$\boldsymbol{T}_{3\mathrm{ph}}(\theta_{\mathrm{e}})$ 为去掉最后一行零序分量变换的三相同步旋转变换，具体表达式为

$$\boldsymbol{T}_{3\mathrm{ph}}(\theta_{\mathrm{e}})=\frac{2}{3}\begin{bmatrix}\cos\theta_{\mathrm{e}} & \cos\left(\theta_{\mathrm{e}}-\dfrac{2}{3}\pi\right) & \cos\left(\theta_{\mathrm{e}}-\dfrac{4}{3}\pi\right)\\ -\sin\theta_{\mathrm{e}} & -\sin\left(\theta_{\mathrm{e}}-\dfrac{2}{3}\pi\right) & -\sin\left(\theta_{\mathrm{e}}-\dfrac{4}{3}\pi\right)\end{bmatrix} \tag{5.1.12}$$

对相电感矩阵进行双 dq 变换为

$$\boldsymbol{L}_{dq}^{\mathrm{dual}}=\boldsymbol{T}_{6\mathrm{ph}}(\theta_{\mathrm{e}})\cdot\boldsymbol{L}_{\mathrm{s}}\cdot[\boldsymbol{T}_{6\mathrm{ph}}(\theta_{\mathrm{e}})]^{-1}=\begin{bmatrix}\boldsymbol{L}_{dq1} & \boldsymbol{M}_{dq12}\\ \boldsymbol{M}_{dq21} & \boldsymbol{L}_{dq2}\end{bmatrix} \tag{5.1.13}$$

式中：$\boldsymbol{L}_{dq1}$ 和 $\boldsymbol{L}_{dq2}$ 分别为两套三相绕组在各自 dq 坐标系下的电感矩阵，且 $\boldsymbol{L}_{dq1}=\boldsymbol{L}_{dq2}$；$\boldsymbol{M}_{dq12}$ 与 $\boldsymbol{M}_{dq21}$ 分别为 UVW 绕组对 ABC 绕组及 ABC 绕组对 UVW 绕组在双同步旋转坐标系下的互感矩阵，且 $\boldsymbol{M}_{dq12}=\boldsymbol{M}_{dq21}$。各电感矩阵的展开表达式为

$$\boldsymbol{L}_{dq1}=\begin{bmatrix}L_{d1} & 0\\ 0 & L_{q1}\end{bmatrix}=\begin{bmatrix}L_{\mathrm{s0}}+\dfrac{L_{\mathrm{s2}}}{2}-M_{\mathrm{s0}}+M_{\mathrm{s2}} & 0\\ 0 & L_{\mathrm{s0}}+\dfrac{L_{\mathrm{s2}}}{2}-M_{\mathrm{s0}}-M_{\mathrm{s2}}\end{bmatrix} \tag{5.1.14}$$

$$\boldsymbol{M}_{dq12}=\begin{bmatrix}M_{d12} & 0\\ 0 & M_{q12}\end{bmatrix}=\frac{3}{2}\begin{bmatrix}M_{\mathrm{m0}}+M_{\mathrm{m2}} & 0\\ 0 & M_{\mathrm{m0}}-M_{\mathrm{m2}}\end{bmatrix} \tag{5.1.15}$$

通过观察电感矩阵可以看出，虽然双 dq 变换可以做到每套三相绕组内部解耦，但两套绕组之间的耦合依然存在，而且这种耦合会给控制系统设计带来困难，也会影响控制系统的动态性能。

2. 矢量空间解耦变换

双 dq 变换将六相绕组看作两个三相绕组，与此不同，矢量空间解耦（vector space decomposition，VSD）变换则是将六相电机看作对称的十二相电机，直接按照对称十二相

电机来选取变换矩阵，再根据各相电流和相电压之间的约束关系来简化，从而得到六相电机的矢量空间解耦变换矩阵。六相电机的VSD变换矩阵可以表示为

$$\boldsymbol{T}_{\mathrm{VSD}}=[\boldsymbol{\alpha},\boldsymbol{\beta},\boldsymbol{x},\boldsymbol{y},\boldsymbol{o}_1,\boldsymbol{o}_2]^{\mathrm{T}} \tag{5.1.16}$$

矩阵中的变量应满足如下关系：

$$\boldsymbol{\alpha}^{\mathrm{T}}\cdot\boldsymbol{\beta}=\boldsymbol{\alpha}^{\mathrm{T}}\cdot\boldsymbol{x}=\boldsymbol{\alpha}^{\mathrm{T}}\cdot\boldsymbol{y}=\boldsymbol{\alpha}^{\mathrm{T}}\cdot\boldsymbol{o}_1=\boldsymbol{\alpha}^{\mathrm{T}}\cdot\boldsymbol{o}_2=\boldsymbol{0} \tag{5.1.17}$$

$$\boldsymbol{\beta}^{\mathrm{T}}\cdot\boldsymbol{x}=\boldsymbol{\beta}^{\mathrm{T}}\cdot\boldsymbol{y}=\boldsymbol{\beta}^{\mathrm{T}}\cdot\boldsymbol{o}_1=\boldsymbol{\beta}^{\mathrm{T}}\cdot\boldsymbol{o}_2=\boldsymbol{0} \tag{5.1.18}$$

$$\boldsymbol{x}^{\mathrm{T}}\cdot\boldsymbol{y}=\boldsymbol{x}^{\mathrm{T}}\cdot\boldsymbol{o}_1=\boldsymbol{x}^{\mathrm{T}}\cdot\boldsymbol{o}_2=\boldsymbol{y}^{\mathrm{T}}\cdot\boldsymbol{o}_1=\boldsymbol{y}^{\mathrm{T}}\cdot\boldsymbol{o}_2=\boldsymbol{o}_1^{\mathrm{T}}\cdot\boldsymbol{o}_2=\boldsymbol{0} \tag{5.1.19}$$

以α、β，x、y和o_1、o_2为坐标轴分别作三个独立正交的平面，根据三角函数正交性，任意的电机变量通过$\boldsymbol{T}_{\mathrm{VSD}}$变换，必定可以映射到$\alpha$-$\beta$、$x$-$y$和$o_1$-$o_2$中的一个或几个平面。六相电机的VSD变换矩阵具体可表示为

$$\boldsymbol{T}_{\mathrm{VSD}}=\frac{1}{3}\begin{bmatrix} 1 & \frac{-1}{2} & \frac{-1}{2} & \frac{\sqrt{3}}{2} & \frac{-\sqrt{3}}{2} & 0 \\ 0 & \frac{\sqrt{3}}{2} & \frac{-\sqrt{3}}{2} & \frac{1}{2} & \frac{1}{2} & -1 \\ 1 & \frac{-1}{2} & \frac{-1}{2} & \frac{-\sqrt{3}}{2} & \frac{\sqrt{3}}{2} & 0 \\ 0 & \frac{-\sqrt{3}}{2} & \frac{\sqrt{3}}{2} & \frac{1}{2} & \frac{1}{2} & -1 \\ 1 & 1 & 1 & 0 & 0 & 0 \\ 0 & 0 & 0 & 1 & 1 & 1 \end{bmatrix} \tag{5.1.20}$$

基于矢量空间解耦矩阵，六相电机相坐标系下的物理量的直接解耦变换过程可表示为

$$\boldsymbol{F}_{\mathrm{VSD}}=\boldsymbol{T}_{\mathrm{VSD}}\cdot\boldsymbol{F}_{\mathrm{S}}$$

式中：$\boldsymbol{F}_{\mathrm{VSD}}$为经VSD变换后的物理量，可以为电压、电流、磁链或电感；$\boldsymbol{F}_{\mathrm{S}}$为相坐标系下的变量，同样可以为电压、电流、磁链或电感。$\boldsymbol{F}_{\mathrm{VSD}}$和$\boldsymbol{F}_{\mathrm{S}}$可分别表示为

$$\boldsymbol{F}_{\mathrm{VSD}}=[F_{\alpha},F_{\beta},F_{x},F_{y},F_{o_1},F_{o_2}]^{\mathrm{T}} \tag{5.1.21}$$

$$\boldsymbol{F}_{\mathrm{S}}=[F_{\mathrm{a}},F_{\mathrm{b}},F_{\mathrm{c}},F_{\mathrm{u}},F_{\mathrm{v}},F_{\mathrm{w}}]^{\mathrm{T}} \tag{5.1.22}$$

经过上述VSD变换，六相电机的六维空间降维成三个子平面，分别为：

（1）α-β平面。包含基波成分以及$12k\pm1(k=1,2,3,\cdots)$次谐波成分，又被称为基波平面，α-β平面上的分量是机电能量转换主要部分。

（2）x-y平面。包含$6k\pm1(k=1,3,5,\cdots)$次谐波成分，又被称为谐波平面，谐波平面对机电能量转换贡献很小，主要引起电流的畸变和损耗。

（3）o_1-o_2平面。包含$3k(k=1,3,5,\cdots)$次谐波，因只含零序分量又被称为零序平面，当六相电机中性点不连接的时候，两套绕组间没有形成零序电流回路，此平面不存在。

与三相同步旋转坐标系变换类似，VSD变换后的结果可以进行同步旋转坐标变换，使得α-β平面上的基波分量变成直流量，变换矩阵$\boldsymbol{T}_{dq}(\theta_{\mathrm{e}})$仅对$\boldsymbol{F}_{\alpha\beta}$作用，变换过程为

$$\begin{bmatrix} F_d \\ F_q \end{bmatrix} = \boldsymbol{T}_{dq}(\theta_{\mathrm{e}}) \cdot \begin{bmatrix} F_\alpha \\ F_\beta \end{bmatrix} \tag{5.1.23}$$

式中：

$$\boldsymbol{T}_{dq}(\theta_{\mathrm{e}}) = \begin{bmatrix} \cos\theta_{\mathrm{e}} & \sin\theta_{\mathrm{e}} \\ -\sin\theta_{\mathrm{e}} & \cos\theta_{\mathrm{e}} \end{bmatrix} \tag{5.1.24}$$

x-y 平面主要含 $6k \pm 1(k=1,3,5,\cdots)$ 次谐波分量，为方便 x、y 轴也可以进行同步旋转变换，将 $6k \pm 1$ 次谐波成分统一变换为 $6k$ 次谐波成分，变换过程为

$$\begin{bmatrix} F_{dz} \\ F_{qz} \end{bmatrix} = \boldsymbol{T}_{dqz}(\theta_{\mathrm{e}}) \cdot \begin{bmatrix} F_x \\ F_y \end{bmatrix} \tag{5.1.25}$$

式中：

$$\boldsymbol{T}_{dqz}(\theta_{\mathrm{e}}) = \begin{bmatrix} -\cos\theta_{\mathrm{e}} & \sin\theta_{\mathrm{e}} \\ \sin\theta_{\mathrm{e}} & \cos\theta_{\mathrm{e}} \end{bmatrix} \tag{5.1.26}$$

结合式（5.1.24）和式（5.1.26）可写出同步旋转 VSD 变换矩阵为

$$\boldsymbol{T}_{6\mathrm{s}4\mathrm{r}}(\theta_{\mathrm{e}}) = \frac{1}{3}\begin{bmatrix} \cos\theta_{\mathrm{e}} & \cos\left(\theta_{\mathrm{e}}-\frac{2\pi}{3}\right) & \cos\left(\theta_{\mathrm{e}}-\frac{4\pi}{3}\right) & \cos\left(\theta_{\mathrm{e}}-\frac{\pi}{6}\right) & \cos\left(\theta_{\mathrm{e}}-\frac{5\pi}{6}\right) & \cos\left(\theta_{\mathrm{e}}-\frac{3\pi}{2}\right) \\ \sin\theta_{\mathrm{e}} & -\sin\left(\theta_{\mathrm{e}}-\frac{2\pi}{3}\right) & -\sin\left(\theta_{\mathrm{e}}-\frac{4\pi}{3}\right) & -\sin\left(\theta_{\mathrm{e}}-\frac{\pi}{6}\right) & -\sin\left(\theta_{\mathrm{e}}-\frac{5\pi}{6}\right) & -\sin\left(\theta_{\mathrm{e}}-\frac{3\pi}{2}\right) \\ -\cos\theta_{\mathrm{e}} & -\cos\left(\theta_{\mathrm{e}}-\frac{2\pi}{3}\right) & -\cos\left(\theta_{\mathrm{e}}-\frac{4\pi}{3}\right) & \cos\left(\theta_{\mathrm{e}}-\frac{\pi}{6}\right) & \cos\left(\theta_{\mathrm{e}}-\frac{5\pi}{6}\right) & \cos\left(\theta_{\mathrm{e}}-\frac{3\pi}{2}\right) \\ \sin\theta_{\mathrm{e}} & \sin\left(\theta_{\mathrm{e}}-\frac{2\pi}{3}\right) & \sin\left(\theta_{\mathrm{e}}-\frac{4\pi}{3}\right) & -\sin\left(\theta_{\mathrm{e}}-\frac{\pi}{6}\right) & -\sin\left(\theta_{\mathrm{e}}-\frac{5\pi}{6}\right) & -\sin\left(\theta_{\mathrm{e}}-\frac{3\pi}{2}\right) \\ 1 & 1 & 1 & 0 & 0 & 0 \\ 0 & 0 & 0 & 1 & 1 & 1 \end{bmatrix} \tag{5.1.27}$$

式（5.1.27）相对应的同步旋转 VSD 变换过程可表示为

$$\boldsymbol{F}_{\mathrm{r}} = \boldsymbol{T}_{6\mathrm{s}4\mathrm{r}}(\theta_{\mathrm{e}}) \cdot \boldsymbol{F}_{\mathrm{S}} \tag{5.1.28}$$

式中：$\boldsymbol{F}_{\mathrm{r}} = [F_d, F_q, F_{dz}, F_{qz}, F_{o1}, F_{o2}]^{\mathrm{T}}$，$\boldsymbol{F}_{\mathrm{S}} = [F_{\mathrm{a}}, F_{\mathrm{b}}, F_{\mathrm{c}}, F_{\mathrm{u}}, F_{\mathrm{v}}, F_{\mathrm{w}}]^{\mathrm{T}}$，$\boldsymbol{F}$ 可表示电压、电流、磁链或电感。

将相电感矩阵 $\boldsymbol{L}_{\mathrm{s}}$ 进行同步旋转 VSD 变换，可得变换后的电感矩阵为

$$\boldsymbol{L}_{\mathrm{r}} = \begin{bmatrix} L_d & 0 & 0 & 0 & M_0 & M_o' \\ 0 & L_q & 0 & 0 & -M_o' & M_0 \\ 0 & 0 & L_{dz} & 0 & -M_0 & M_o' \\ 0 & 0 & 0 & L_{qz} & M_o' & M_0 \\ M_0 & -M_o' & -M_0 & M_o' & L_{o1} & 0 \\ M_o' & M_0 & M_o' & M_0 & 0 & L_{o2} \end{bmatrix} \tag{5.1.29}$$

式中：相电感矩阵中对角线元素的具体表达式为

$$L_d=(2L_{s0}+L_{s2}-2M_{s0}+2M_{s2}+3M_{m0}+3M_{m2})/2 \tag{5.1.30}$$

$$L_q=(2L_{s0}-L_{s2}-2M_{s0}-2M_{s2}+3M_{m0}-3M_{m2})/2 \tag{5.1.31}$$

$$L_{dz}=(2L_{s0}+L_{s2}-2M_{s0}+2M_{s2}-3M_{m0}-3M_{m2})/2 \tag{5.1.32}$$

$$L_{qz}=(2L_{s0}-L_{s2}-2M_{s0}-2M_{s2}-3M_{m0}+3M_{m2})/2 \tag{5.1.33}$$

$$L_{o1}=L_{o2}=L_{s0}+2M_{s0} \tag{5.1.34}$$

从式（5.1.29）～式（5.1.34）可以看出，经过同步旋转 VSD 变换后，电感矩阵对角线上的值都变为常数，α-β 平面与 x-y 平面实现了完全解耦。零序平面的自感值也为常数，与另外两个平面有互感存在，且互感与转子位置相关，但是由于通常可以采用中性点不连接的结构完全消除零序分量，故零序平面往往不予考虑。

电压方程在经 VSD 同步旋转变换后，若不考虑 o_1-o_2 零序平面，变换得到的电压方程为

$$\begin{bmatrix} v_d \\ v_q \\ v_{dz} \\ v_{qz} \end{bmatrix}=R_s\begin{bmatrix} i_d \\ i_q \\ i_{dz} \\ i_{qz} \end{bmatrix}+\begin{bmatrix} L_d & 0 & 0 & 0 \\ 0 & L_q & 0 & 0 \\ 0 & 0 & L_{dz} & 0 \\ 0 & 0 & 0 & L_{qz} \end{bmatrix}\frac{\mathrm{d}}{\mathrm{d}t}\begin{bmatrix} i_d \\ i_q \\ i_{dz} \\ i_{qz} \end{bmatrix}+\omega\begin{bmatrix} -L_q i_q \\ L_d i_d+\psi_{pm} \\ -L_{qz} i_{qz} \\ L_{dz} i_{dz} \end{bmatrix} \tag{5.1.35}$$

相应的电磁转矩方程可以写作

$$T_e=3p[\psi_{pm} i_q+(L_d-L_q)i_d i_q] \tag{5.1.36}$$

由式（5.1.31）所示的电压方程，可得六相电机各子平面的等效电路如图 5.1.2 所示。从等效电路可以看出，在定子电阻一定的情况下，x-y 平面电流只和谐波平面的电感有关，谐波平面电感越大，谐波平面的电流越小，也使得整个电机的谐波电流更小。

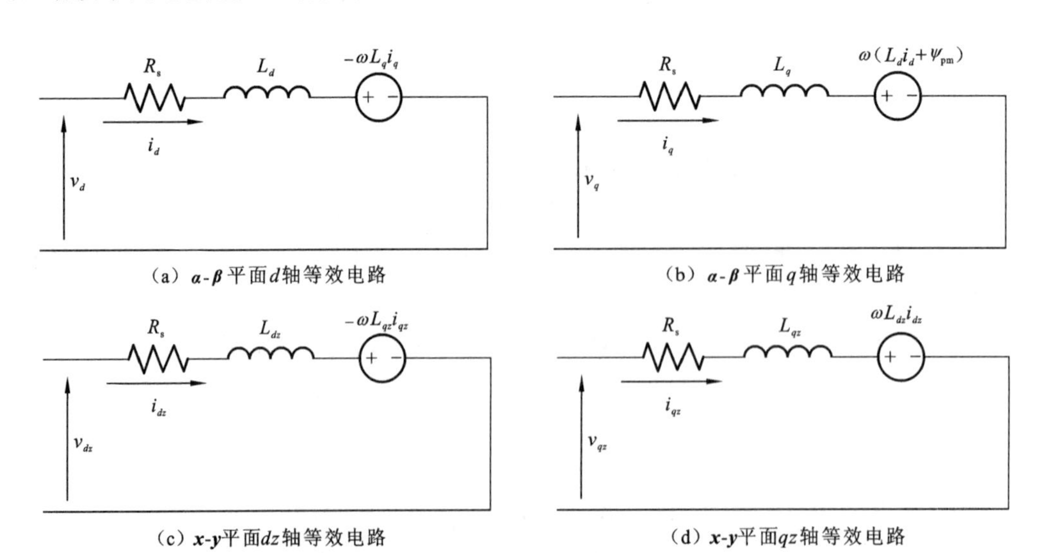

图 5.1.2　六相电机各子平面等效电路

5.2　多相电机谐波平面电感

为分析谐波平面电感的来源，首先对谐波电流的磁场进行分析，图 5.2.1 给出了六相电机在不同频率的电流激励下的磁场分布。可以看到基波电流和 11 次谐波电流的磁力线大部分穿过气隙与转子交链，其磁路为主磁路，主要作用是参与机电能量转换。这和矢量空间解耦变换中对基波平面（α-β 平面）的描述一致，即基波电流以及 $12k \pm 1(k=1,2,3,\cdots)$ 次谐波电流被投影到基波平面，是参与机电能量转换的主要部分，说明矢量空间解耦变换中的基波平面与六相电机的主磁路对应；而 5 次谐波电流和 $2f_c + f_1$ 频率的谐波电流产生的磁力线极少和转子完全交链，其磁路大部分为漏磁路，也和矢量空间解耦中关于谐波平面（x-y 平面）的描述一致，说明谐波平面对应的是六相电机的漏磁路。

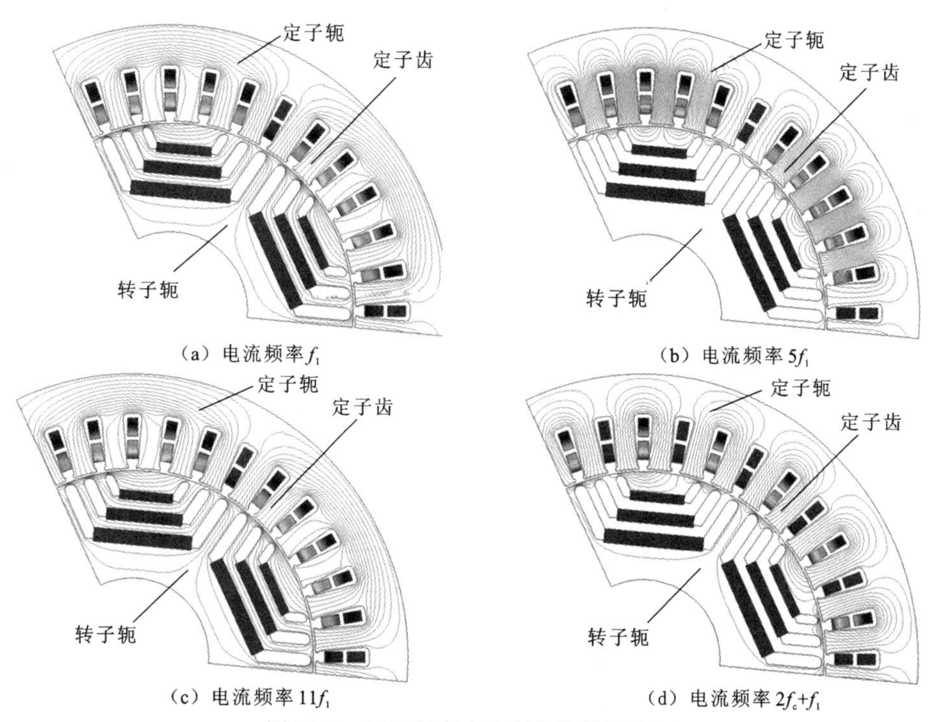

（a）电流频率 f_1　（b）电流频率 $5f_1$

（c）电流频率 $11f_1$　（d）电流频率 $2f_c+f_1$

图 5.2.1　不同频率电流产生的磁场分布

基于对谐波电流磁场的分析，可以看到谐波平面与电机的漏磁路对应，因此谐波平面电感也和电机的漏电感密切相关。由电机学可知，无论是自感还是互感，均由主电感和漏电感两部分构成，其中漏电感为 1 个与转子位置无关的常数，而主电感则随转子位置的改变而改变。

当 A 相绕组匝数为 N_c 时，通过电流 I 时产生的磁动势为 $F_a = N_c I$，其轴线为 A 相绕组轴线，将磁动势分解到磁导为恒值的直轴和交轴上有

$$F_{ad} = N_c I \cos\theta, \qquad F_{aq} = N_c I \sin\theta \tag{5.2.1}$$

进而得到 A 相磁动势在直轴和交轴上产生的基波磁通为

$$\phi_{ad} = F_{ad}\Lambda_d = N_c I\Lambda_d \cos\theta, \quad \phi_{aq} = F_{aq}\Lambda_q = N_c I\Lambda_q \cos\theta \tag{5.2.2}$$

它们与A相绕组交链的自感磁链等于相绕组的有效匝数与直轴、交轴磁通在A相轴线上的分量的代数和，具体为

$$\psi_a = N_c(\phi_{ad}\cos\theta - \phi_{aq}\sin\theta) = N_c^2 I\Lambda_d \cos^2\theta + N_c^2 I\Lambda_q \sin^2\theta \tag{5.2.3}$$

因此A相绕组自感的表达式为

$$\begin{aligned} L_a &= N_c^2 I\Lambda_d \cos^2\theta + N_c^2 I\Lambda_q \sin^2\theta \\ &= \frac{1}{2}(N_c^2\Lambda_d + N_c^2\Lambda_q) + \frac{1}{2}(N_c^2\Lambda_d - N_c^2\Lambda_q)\cos 2\theta \\ &= \frac{(\overline{L_d} + L_{sl}) + (\overline{L_q} + L_{sl})}{2} + \frac{(\overline{L_d} + L_{sl}) - (\overline{L_q} + L_{sl})}{2}\cos 2\theta \\ &= \left(\frac{\overline{L_d} + \overline{L_q}}{2} + L_{sl}\right) + \frac{\overline{L_d} - \overline{L_q}}{2}\cos 2\theta \end{aligned} \tag{5.2.4}$$

式中：$\overline{L_d}$ 和 $\overline{L_q}$ 分别为A相轴线对准 d 轴和 q 轴时的主电感值；L_{sl} 为A相自漏感。A相自感波形如图5.2.2所示，当A相轴线对准 d 轴时自感最大，对准 q 轴时自感最小。同样按照计算自感的方法，可以计算得到一套三相绕组内的互感和两套三相绕组之间的互感，各类电感的平均值和二次分量如下：

$$L_{s0} = \frac{\overline{L_d} + \overline{L_q}}{2} + L_{sl}, \quad L_{s2} = \frac{\overline{L_d} - \overline{L_q}}{2} \tag{5.2.5}$$

$$M_{s0} = \frac{\overline{L_d} + \overline{L_q}}{4} - M_{sl}, \quad M_{s2} = \frac{\overline{L_d} - \overline{L_q}}{2} \tag{5.2.6}$$

$$M_{m0} = \frac{\overline{L_d} + \overline{L_q}}{2} + M_{ml}, \quad M_{m2} = \frac{\overline{L_d} - \overline{L_q}}{2} \tag{5.2.7}$$

式中：M_{sl} 为一套三相绕组内的互漏感；M_{ml} 为两套三相绕组间的互漏感。

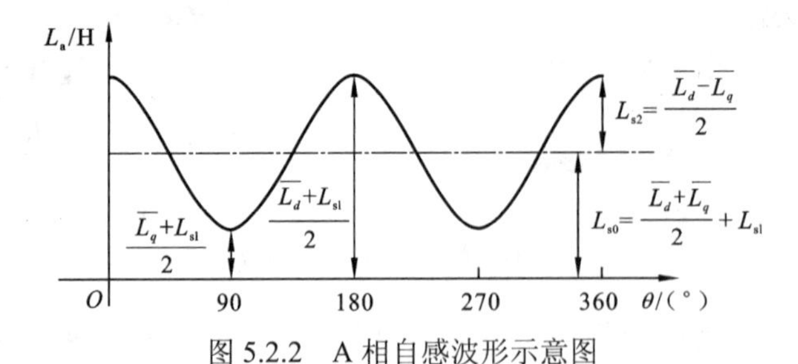

图5.2.2　A相自感波形示意图

将式（5.2.5）～式（5.2.7）代入式（5.1.30）～式（5.1.33）有

$$L_d = 3\overline{L_d} + L_{sl} - M_{sl} + \frac{3}{2}M_{ml} \tag{5.2.8}$$

$$L_q = 3\overline{L_q} + L_{sl} - M_{sl} + \frac{3}{2}M_{ml} \tag{5.2.9}$$

$$L_{dz} = L_{sl} - M_{sl} - \frac{3}{2}M_{ml} \tag{5.2.10}$$

$$L_{qz} = L_{sl} - M_{sl} - \frac{3}{2} M_{ml} \tag{5.2.11}$$

可以看出谐波平面电感只和电机漏电感有关，表明六相电机的谐波平面电感来源于漏电感，且两套三相绕组之间的互漏感的存在会使得谐波平面的电感减小。换言之，对于六相电机而言，两套三相绕组之间的耦合越严重，谐波平面的电感越小。结合图 5.1.2 所示等效电路，可以得出结论：两套绕组之间的耦合越小（两套绕组之间的互漏感越小），谐波平面的电感越大，从而使谐波平面的谐波电流越小，六相电机的总谐波电流也越小。

5.2.1　耦合效应对谐波平面电感的影响

电机的漏感主要包括槽漏感、谐波漏感、齿顶漏感和端部漏感，其中，齿顶漏感和端部漏感由电机的尺寸与结构参数决定，而与绕组的形式无关；槽漏感和谐波漏感则与绕组密切相关，相比于槽漏感，谐波漏感数值较小。因此本章重点研究六相电机槽漏感与绕组连接方式的关系，并总结出六相整数槽绕组谐波平面电感随绕组连接方式的一般变化规律。

对于任意绕组节距系数为 y、每极每相槽数为 q 的六相绕组，在一个极距内，设有 k_1 个槽内的上下层导体属于同一相，k_2 个槽内上下层导体不属于同一相，但属于同一个三相，k_3 个槽内上下层导体不属于同一相，且不属于同一个三相，且有 $k_1 + k_2 + k_3 = q$。以 A 相为例，其总漏磁链为

$$\begin{aligned}\psi_{a\sigma} = & k_1(L_t + L_b + 2M_{tb})i_a \\ & + k_2 L_t i_a + k_2 L_b i_a + k_2 M_{tb} i_b + k_2 M_{tb} i_c \\ & + k_3 L_t i_a + k_3 L_b i_a + k_3 M_{tb} i_d - k_3 M_{tb} i_e\end{aligned} \tag{5.2.12}$$

式中：$\psi_{a\sigma}$ 为 A 相绕组漏磁链；L_t 为上层绕组自漏感；L_b 为下层绕组自漏感；M_{tb} 为上下层绕组之间的互漏感。等号右边第一行代表槽内上下均为 A 相绕组的自漏磁链；第二行代表一个三相之内其余两相产生的漏磁通与 A 相绕组的交链，由图 5.1.1 可以看到，同一个三相内的 B、C 相绕组和 A 相绕组夹角相同，所以 B、C 相漏磁通和 A 相绕组交链的部分符号相同；第三行代表第二个三相绕组产生的漏磁通与 A 相绕组的交链，由图 5.1.1 可知，U 相和 V 相与 A 相的夹角互补，对 A 相的投影方向相反，因此其与 A 相交链的漏磁链的符号也相反，同时 W 相和 A 相垂直，其漏磁通不与 A 相绕组交链。对式（5.2.12）进行简化并将其余相磁链方程按照类似的方法写出，可得六相电机的各相磁链为

$$\psi_{a\sigma} = q(L_t + L_b)i_a + M_{tb}(2k_1 i_a + k_2 i_b + k_2 i_c + k_3 i_u - k_3 i_v) \tag{5.2.13}$$

$$\psi_{b\sigma} = q(L_t + L_b)i_b + M_{tb}(2k_1 i_b + k_2 i_a + k_2 i_c + k_3 i_v - k_3 i_w) \tag{5.2.14}$$

$$\psi_{c\sigma} = q(L_t + L_b)i_c + M_{tb}(2k_1 i_c + k_2 i_a + k_2 i_b + k_3 i_w - k_3 i_u) \tag{5.2.15}$$

$$\psi_{u\sigma} = q(L_t + L_b)i_u + M_{tb}(2k_1 i_u + k_2 i_v + k_2 i_w + k_3 i_a - k_3 i_c) \tag{5.2.16}$$

$$\psi_{v\sigma} = q(L_t + L_b)i_v + M_{tb}(2k_1 i_v + k_2 i_u + k_2 i_w + k_3 i_b - k_3 i_a) \tag{5.2.17}$$

$$\psi_{w\sigma} = q(L_t + L_b)i_w + M_{tb}(2k_1 i_w + k_2 i_u + k_2 i_v + k_3 i_c - k_3 i_b) \tag{5.2.18}$$

式（5.2.13）～式（5.2.18）可用矩阵表示为

$$\boldsymbol{\psi}_\sigma = \boldsymbol{L}_\sigma \boldsymbol{i}_\mathrm{s} = [q(L_\mathrm{t}+L_\mathrm{b})\boldsymbol{E}_6 + M_\mathrm{tb}\boldsymbol{M}_1]\boldsymbol{i}_\mathrm{s} \tag{5.2.19}$$

式中：$\boldsymbol{\psi}_\sigma$ 为漏磁链矩阵；$\boldsymbol{L}_\sigma$ 为漏电感矩阵；$\boldsymbol{i}_\mathrm{s}$ 为相电流矩阵；$\boldsymbol{E}_6$ 为 6 阶单位矩阵；$\boldsymbol{M}_1$ 为互漏感矩阵，具体表达式为

$$\boldsymbol{M}_1 = \begin{bmatrix} 2k_1 & k_2 & k_2 & k_3 & -k_3 & 0 \\ k_2 & 2k_1 & k_2 & 0 & k_3 & -k_3 \\ k_2 & k_2 & 2k_1 & -k_3 & 0 & k_3 \\ k_3 & 0 & -k_3 & 2k_1 & k_2 & k_2 \\ -k_3 & k_3 & 0 & k_2 & 2k_1 & k_2 \\ 0 & -k_3 & k_3 & k_2 & k_2 & 2k_1 \end{bmatrix} \tag{5.2.20}$$

显然矩阵中的参数 k_1、k_2 和 k_3 均是绕组节距的函数，且节距取值满足：

$$y = \frac{mq-j}{mq},\quad 0 \leqslant j < mq, j \in \mathbb{N} \tag{5.2.21}$$

式中：j 为短距绕组相对于整距绕组偏移的槽数；k_1、k_2 和 k_3 的取值如表 5.2.1 所示。

表 5.2.1　不同绕组节距下 k_1、k_2 和 k_3 的取值

	k_1	k_2	k_3
$0 \leqslant j \leqslant 2q$	$f(j)$	$\lvert q-j\rvert - f(j)$	$q-\lvert q-j\rvert$

表 5.2.1 中 $f(j)$ 的具体表达式为

$$f(j) = \begin{cases} q-j, & 0 \leqslant j < q \\ 0, & q \leqslant j \leqslant 2q \end{cases} \tag{5.2.22}$$

从表 5.2.1 中可以看出，当为整距绕组时，$j=0$，$y=1$，所以 $k_1=1$，$k_2,k_3=0$，说明整距绕组所有的槽内上下层绕组均属于同一相。根据电机与绕组的周期性和对称性，当 j 的取值在一个极距的范围内变化时，k_1、k_2 和 k_3 的取值以 $2q$ 为周期重复出现。

为进一步分析谐波平面电感随绕组节距的变化，对式（5.2.19）所示的漏电感矩阵进行矢量空间解耦变换，得到变换后的电感矩阵如下：

$$\begin{aligned} &\boldsymbol{L}_{\sigma\_\mathrm{VSD}} \\ &= \boldsymbol{T}_{6\mathrm{s}4\mathrm{r}}(\theta_\mathrm{e}) \cdot \boldsymbol{L}_\sigma \\ &= q(L_\mathrm{t}+L_\mathrm{b})\boldsymbol{E}_6 \\ &\quad + M_\mathrm{tb} \cdot \mathrm{diag}(2k_1-k_2+\sqrt{3}k_3, 2k_1-k_2+\sqrt{3}k_3, 2k_1-k_2-\sqrt{3}k_3, 2k_1-k_2-\sqrt{3}k_3, 2(k_1+k_2), 2(k_1+k_2)) \end{aligned} \tag{5.2.23}$$

式中：diag 表示对角矩阵。

对应各个子平面下的漏电感为

$$L_{\sigma d} = q(L_\mathrm{t}+L_\mathrm{b}) + M_\mathrm{tb}(2k_1-k_2+\sqrt{3}k_3) \tag{5.2.24}$$

$$L_{\sigma q} = q(L_\mathrm{t}+L_\mathrm{b}) + M_\mathrm{tb}(2k_1-k_2+\sqrt{3}k_3) \tag{5.2.25}$$

$$L_{\sigma dz} = q(L_\mathrm{t}+L_\mathrm{b}) + M_\mathrm{tb}(2k_1-k_2-\sqrt{3}k_3) \tag{5.2.26}$$

$$L_{\sigma qz} = q(L_\mathrm{t}+L_\mathrm{b}) + M_\mathrm{tb}(2k_1-k_2-\sqrt{3}k_3) \tag{5.2.27}$$

将式（5.2.8）～式（5.2.11）中漏电感用式（5.2.24）～式（5.2.27）中的槽漏感替换，基波和谐波平面电感表达式可以改写为式（5.2.15）的形式。

$$L_d = \overline{L_d} + q(L_t + L_b) + M_{tb}(2k_1 - k_2 + \sqrt{3}k_3) \tag{5.2.28}$$

$$L_q = 3\overline{L_q} + q(L_t + L_b) + M_{tb}(2k_1 - k_2 + \sqrt{3}k_3) \tag{5.2.29}$$

$$L_{dz} = q(L_t + L_b) + M_{tb}(2k_1 - k_2 - \sqrt{3}k_3) \tag{5.2.30}$$

$$L_{qz} = q(L_t + L_b) + M_{tb}(2k_1 - k_2 - \sqrt{3}k_3) \tag{5.2.31}$$

以图 2.1.6（b）中 36 槽 6 极内置式永磁电机为例，其采用整距、5/6 短距及 4/6 短距六相绕组时的绕组分布如图 5.2.3 所示。该槽极配合下，每极每相槽数 $q=1$，将三种节距下 k_1、k_2 和 k_3 的值分别代入式（5.2.28）～式（5.2.31），可得三种节距下的谐波平面电感分别为

$$L_{dz,y=1} = L_t + L_b + 2M_{tb} \tag{5.2.32}$$

$$L_{dz,y=5/6} = L_t + L_b - \sqrt{3}M_{tb} \tag{5.2.33}$$

$$L_{dz,y=4/6} = L_t + L_b - M_{tb} \tag{5.2.34}$$

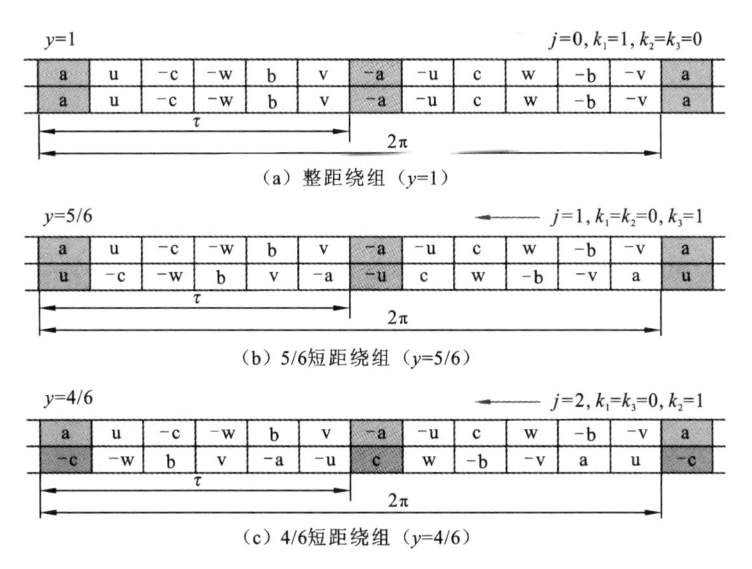

（a）整距绕组（$y=1$）

（b）5/6短距绕组（$y=5/6$）

（c）4/6短距绕组（$y=4/6$）

图 5.2.3　36 槽 6 极六相绕组不同节距绕组示意图

箭头代表绕组平移的方向

通过比较显然有 $L_{dz,y=1} > L_{dz,y=4/6} > L_{dz,y=5/6}$，说明短距绕组会减小谐波平面电感。

为进一步分析谐波平面电感（漏电感）随绕组节距的变化规律，需首先分析槽内上下导体的自漏感和上下导体之间的互漏感。对于本章的36槽6极内置式电机采用矩形半闭口槽的槽漏感计算公式来计算其槽漏感，定子槽尺寸如图 5.2.4 所示，具体计算如下：

$$\Lambda_t = \frac{h_1}{3b_s} + \frac{h_0}{b_s} \tag{5.2.35}$$

$$\Lambda_b = \frac{h_3}{3b_s} + \frac{h_0 + h_1 + h_2}{b_s} \tag{5.2.36}$$

$$\Lambda_{\mathrm{tb}}=\frac{h_1}{2b_{\mathrm{s}}}+\frac{h_0}{b_{\mathrm{s}}} \tag{5.2.37}$$

$$L_{\mathrm{t}}=\left(\frac{N_{\mathrm{c}}}{2}\right)^2\mu_0 L_{\mathrm{stk}}\Lambda_i,\quad i=\mathrm{t,b} \tag{5.2.38}$$

$$M_{\mathrm{tb}}=\left(\frac{N_{\mathrm{c}}}{2}\right)^2\mu_0 L_{\mathrm{stk}}\Lambda_{\mathrm{tb}} \tag{5.2.39}$$

式中：Λ_{t} 为上层边绕组自感对应的比漏磁导；Λ_{b} 为下层边绕组自感对应的比漏磁导；Λ_{tb} 为上下层绕组间互感对应的比漏磁导；N_{c} 为绕组匝数；$N_{\mathrm{c}}=7$；$L_{\mathrm{stk}}=1.85\ \mathrm{mm}$。

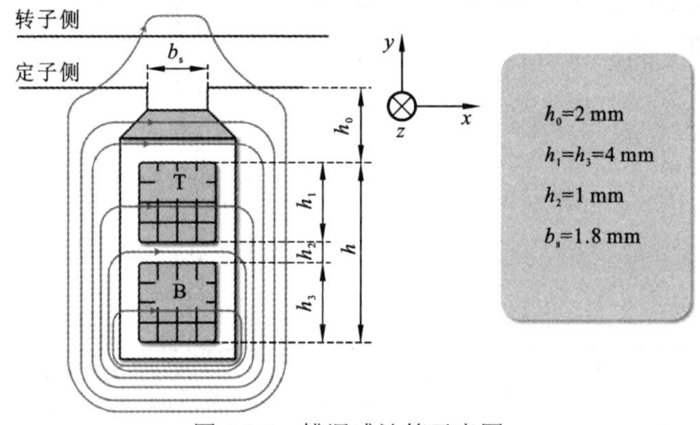

图 5.2.4　槽漏感计算示意图

综合表 5.2.1，式（5.2.22）、式（5.2.24）～式（5.2.27）、式（5.2.35）～式（5.2.39）可以计算得到漏电感随节距的变化关系，如图 5.2.5 所示，可以看出采用短距绕组后 $L_{\sigma dz}$ 和 $L_{\sigma qz}$ 下降明显，且采用 5/6 短距绕组时，谐波平面电感最小。

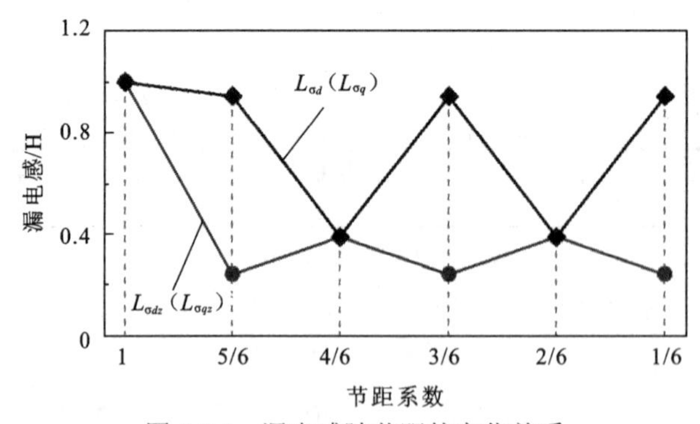

图 5.2.5　漏电感随节距的变化关系

下面从磁场的角度来解释不同绕组节距对谐波平面电感的影响。当只通入 A 相电流时，三种节距下六相绕组电机槽内的磁通密度分布如图 5.2.6 所示。可以看出对于整距绕组，每个槽内的上下层导体均属于同一相，其产生的漏磁链不与其他相交链，即各相之间的漏磁场几乎不耦合，M_{sl} 和 M_{ml} 近似为 0。根据式(5.2.6)可知，此时谐波平面电感 L_{dz} 和 L_{qz} 最大；对于 5/6 短距绕组，任意一个槽内的上下层导体均不属于同一相，并且由于 36 槽

6 极电机每极每相槽数 $q=1$，此时每个槽内的上下层导体分别为两个三相中的某一相，即出现了两套三相绕组之间的直接耦合，该耦合通过两套三相绕组之间的互漏感 M_{ml} 体现。以第一个槽为例，上层绕组 a 产生的漏磁场直接与 v 交链，在这种情况下两个三相之间的漏磁场直接耦合，即两个三相之间的互漏感 M_{ml} 很大；对于 4/6 短距绕组，任意一个槽内的上下层导体均不属于同一相，但此时每个槽内的上下层导体分别为一套三相内的两相，该耦合通过一套三相绕组之内的互漏感 M_{sl} 体现，此时虽同样会使谐波平面电感减小，但减小的幅度小于 5/6 短距绕组。

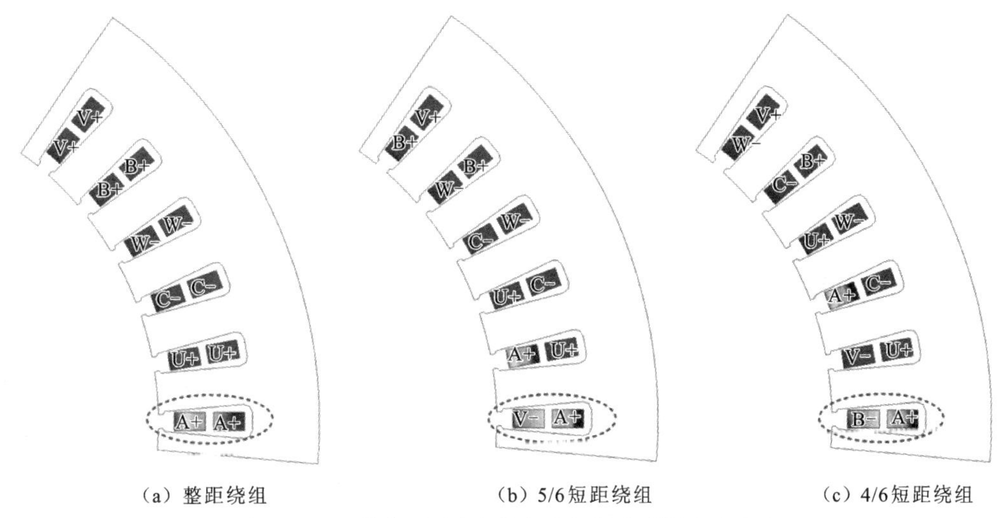

(a) 整距绕组　　(b) 5/6短距绕组　　(c) 4/6短距绕组

图 5.2.6　三种节距下六相绕组电机槽内磁通密度分布

综上所述，六相整数槽绕组电机的谐波平面电感与绕组节距有着密切关系：采用整距绕组时绕组耦合最小，谐波平面电感最大；采用短距绕组时耦合增强，谐波平面电感也相应减小。

5.2.2　考虑耦合效应的谐波平面电感计算

通过以上分析可知，六相绕组两套三相之间的耦合效应可由谐波平面电感来评价，且和绕组的连接方式密切相关。对于本章研究的36槽6极整数槽绕组电机而言，常用的节距系数为 1 和 5/6，当节距系数为 1 时（整距绕组），绕组系数最大，当节距系数为 5/6 时（短距绕组），可以抑制 5 次和 7 次谐波。本小节将对两种节距绕组的谐波平面电感的计算进行介绍，为低振动多相电机的绕组设计提供理论指导。

六相电机采用整距和 5/6 短距绕组时的绕组分布如图 5.2.3（a）和（b）所示。在 A 相中通入额定电流，使用有限元软件提取各相磁链，利用电感的定义计算出A相自感和A相与其他相的互感，并对电感进行傅里叶分析，得到其各次分量，如图 5.2.7 所示。通过对比可以看到，整距绕组的 A 相自感比短距绕组的大，而整距绕组 A 相和 U 相的互感则比短距绕组的小。

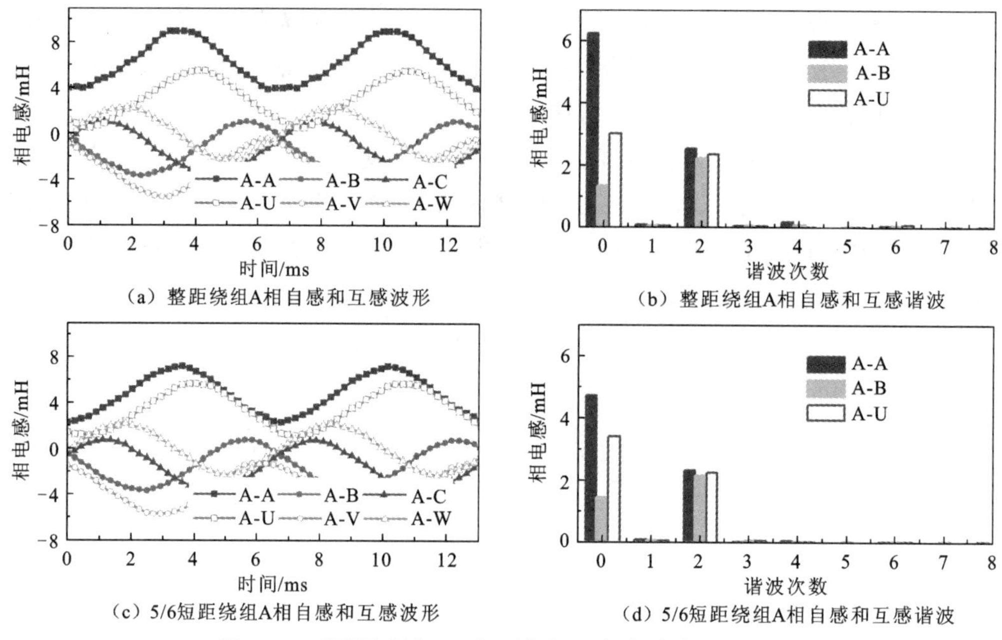

图 5.2.7　整距绕组和 5/6 短距绕组 A 相电感波形及谐波

该电机基波平面及谐波平面电感参数根据式（5.1.30）进行计算，称为谐波提取法，计算结果如表 5.2.2 所示。为了验证式（5.1.30）计算的准确性，采用和计算 A 相自感和互感类似的有限元仿真方法，计算出其余各相自感和互感，并通过矢量空间解耦来计算基波平面和谐波平面的电感，计算结果同样在表 5.2.2 中给出。

表 5.2.2　36 槽 6 极六相电机基波平面和谐波平面电感

节距	方法	电感/mH			
		L_d	L_q	L_{dz}	L_{qz}
整距	谐波提取法	5.78	19.96	2.40	2.35
	矢量空间解耦法	5.97	19.97	2.34	2.42
5/6 短距	谐波提取法	5.39	18.82	0.35	0.21
	矢量空间解耦法	5.57	18.83	0.29	0.28

从表 5.2.2 中的数据可以看出，谐波提取法计算结果和矢量空间解耦法计算结果基本吻合，计算的误差主要来源于谐波提取法只考虑了电感的平均值和二次分量，其余幅值很小的谐波并未考虑。再对比整距绕组和 5/6 短距绕组的电感计算结果，可以看到基波平面的电感差别不大，但整距绕组谐波平面电感约为 5/6 短距绕组的 9 倍，进一步证明了 5/6 短距绕组加剧了六相电机两套三相绕组之间的耦合，大大减小了谐波平面的电感，从而导致其谐波电流急剧增加，恶化电流质量。

5.3 考虑耦合效应的多相电磁振动

5.3.1 不同耦合下的电流谐波

基于表 5.2.2 计算得到的电感和六相电机的数学模型，建立 36 槽 6 极内置式电机的 Simulink 仿真模型。矢量控制系统仿真框图如图 5.3.1 所示，采用四矢量 SVPWM 调制，相电流有效值 5 A，转速 1 000 r/min，开关频率 8 kHz，母线电压 160 V。

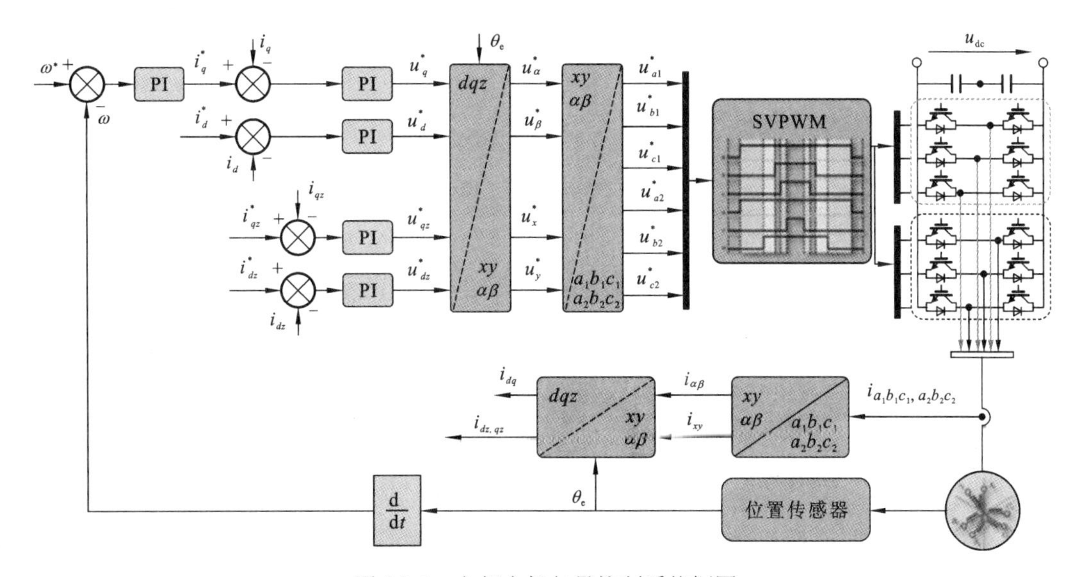

图 5.3.1 六相电机矢量控制系统框图

仿真得到的相电流、基波平面电流、谐波平面电流以及相电流谐波分析如图 5.3.2 所示，从图中可以看出：①整距绕组电机的相电流波形相比于 5/6 短距绕组优势非常明显，整距绕组相电流总谐波畸变率（total harmonic distortion，THD）为 2.2%，而 5/6 短距绕组相电流 THD 为 13.6%；②整距绕组和短距绕组的 d 轴和 q 轴电流波动相差不大，即基波平面的电流相差不大，主要原因在于两种节距下基波平面的电感相差很小。但 5/6 短距绕组谐波平面电流 i_{dz} 和 i_{qz} 的波动明显高于整距绕组，且两者电流波动的比例与谐波电感相差的比例几乎一致。以上分析充分说明 5/6 短距绕组电机的相电流恶化的根本原因是受到谐波平面电流的影响，其本质是短距绕组导致六相绕组两套三相之间耦合加剧，谐波平面电感减小，从而在相同的电压下，短距绕组的谐波电流大幅增加，最终使相电流恶化。

利用第 3 章提出的电磁振动快速计算方法，以图 5.3.2 所示的电流为输入，计算得到六相整距绕组电机和短距绕组电机的加速度频谱，如图 5.3.3 所示，可以看到整距绕组电机的加速度远小于短距绕组电机的加速度。说明对于六相绕组电机，采用整距绕组可以获得更好的振动性能。

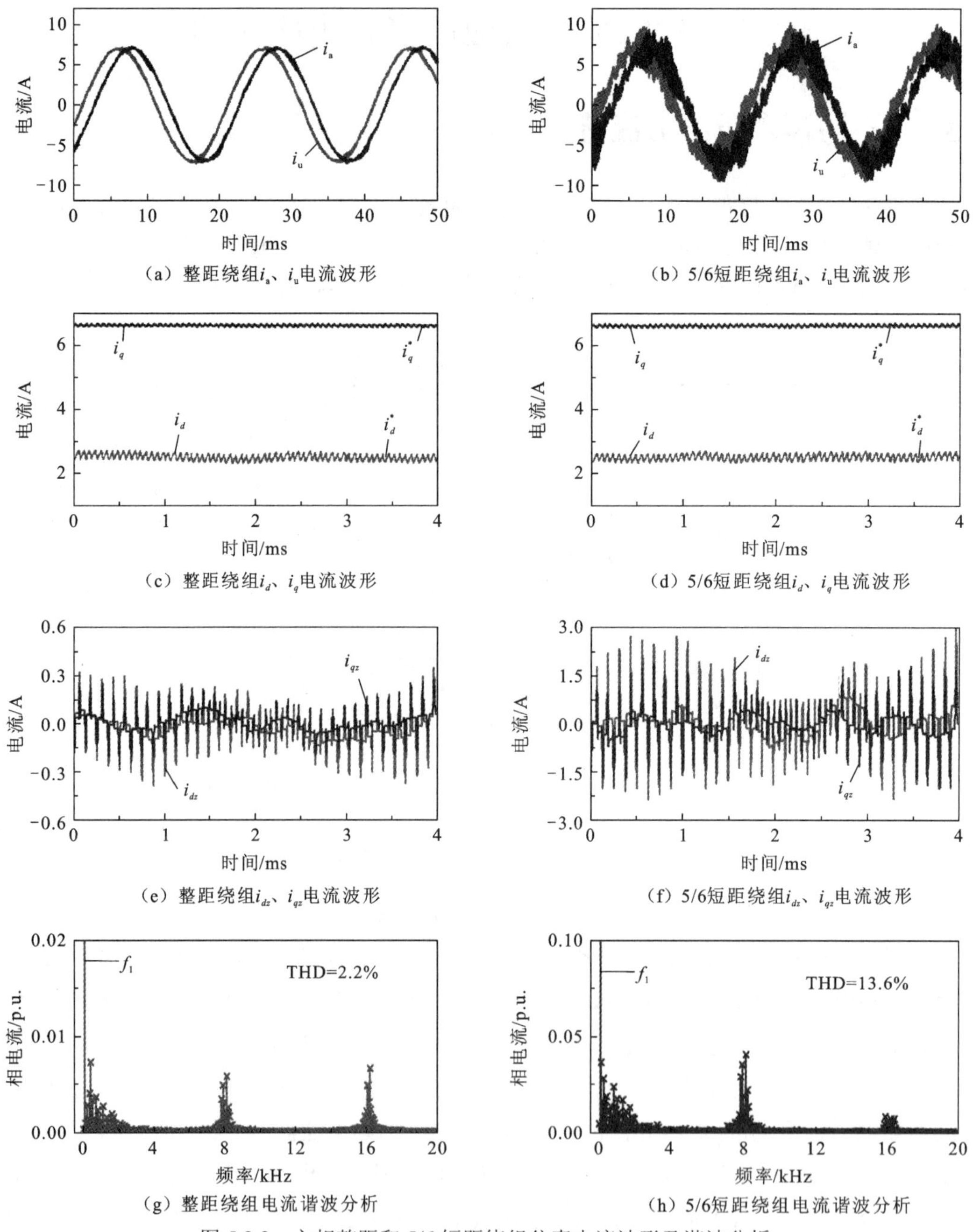

（a）整距绕组i_a、i_u电流波形

（b）5/6短距绕组i_a、i_u电流波形

（c）整距绕组i_d、i_q电流波形

（d）5/6短距绕组i_d、i_q电流波形

（e）整距绕组i_{dz}、i_{qz}电流波形

（f）5/6短距绕组i_{dz}、i_{qz}电流波形

（g）整距绕组电流谐波分析

（h）5/6短距绕组电流谐波分析

图 5.3.2　六相整距和 5/6 短距绕组仿真电流波形及谐波分析

为验证理论分析的正确性，基于图 3.3.6 所示的实验平台，对图 5.3.4 所示的六相整距和短距绕组样机进行测试（图中 DTPM 为双三相永磁同步电机）。两台电机除了绕组连接方式不一样外，定转子结构、尺寸参数以及额定参数等完全一致。额定转速下实验测得的相电流波形、电流频谱以及振动加速度频谱如图 5.3.5 所示。通过实验结果可以看到，整

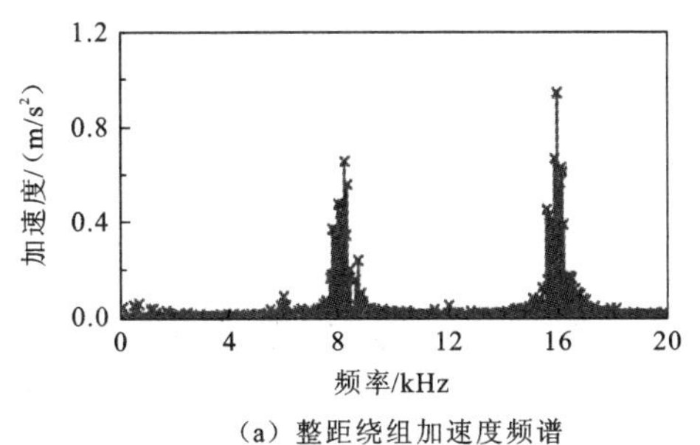

(a) 整距绕组加速度频谱

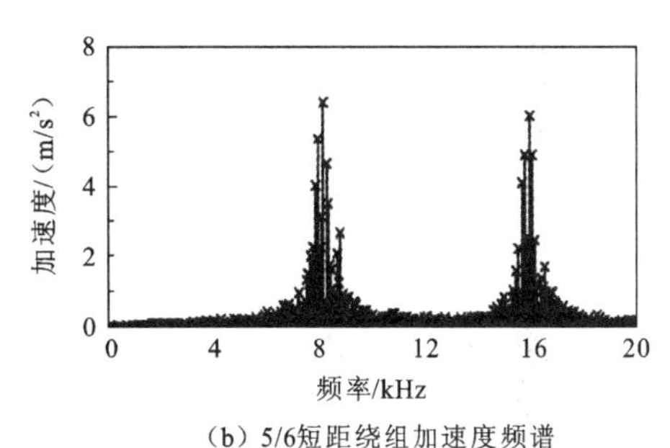

(b) 5/6短距绕组加速度频谱

图 5.3.3　六相整距和 5/6 短距绕组计算加速度频谱

距绕组在电流波形的畸变率、谐波成分以及振动加速度的频谱上均明显优于 5/6 短距绕组，证明仿真和理论分析结果的正确性，也进一步说明六相电机采用整距绕组更加合理。

(a) 定子铁心

(b) 转子铁心

(c) 整距DTPM

(d) 短距DTPM

图 5.3.4　六相整距和短距绕组样机

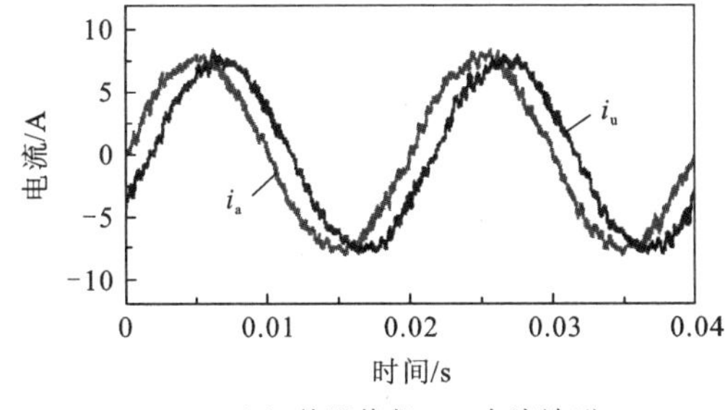

(a) 整距绕组i_a、i_u电流波形

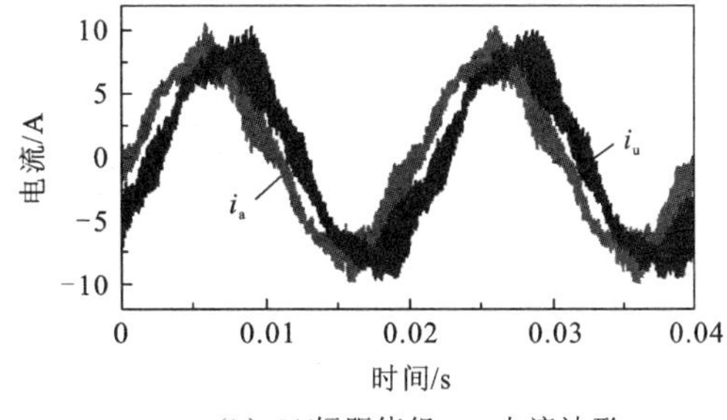

(b) 5/6短距绕组i_a、i_u电流波形

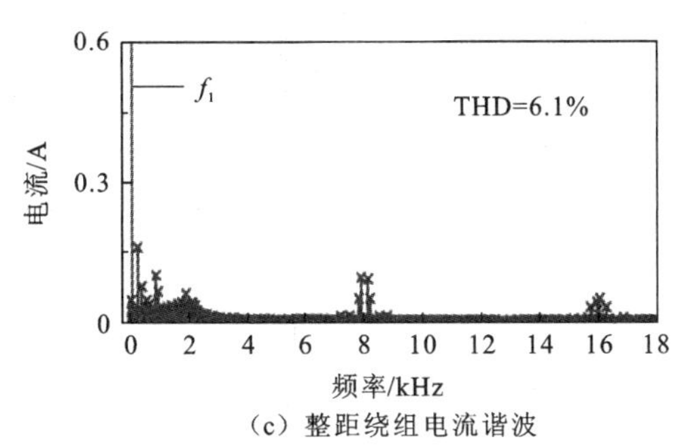

(c) 整距绕组电流谐波

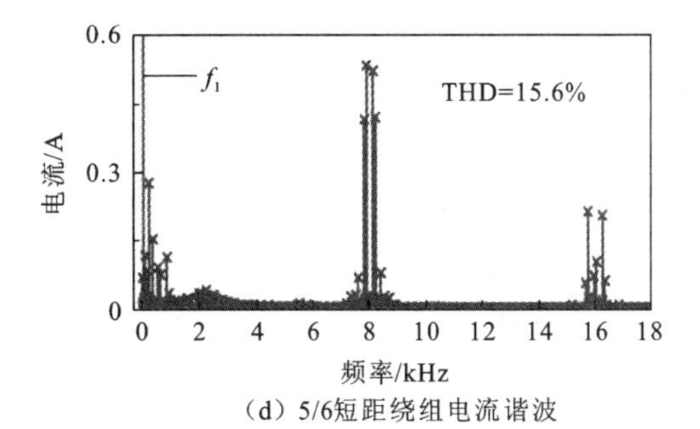

(d) 5/6短距绕组电流谐波

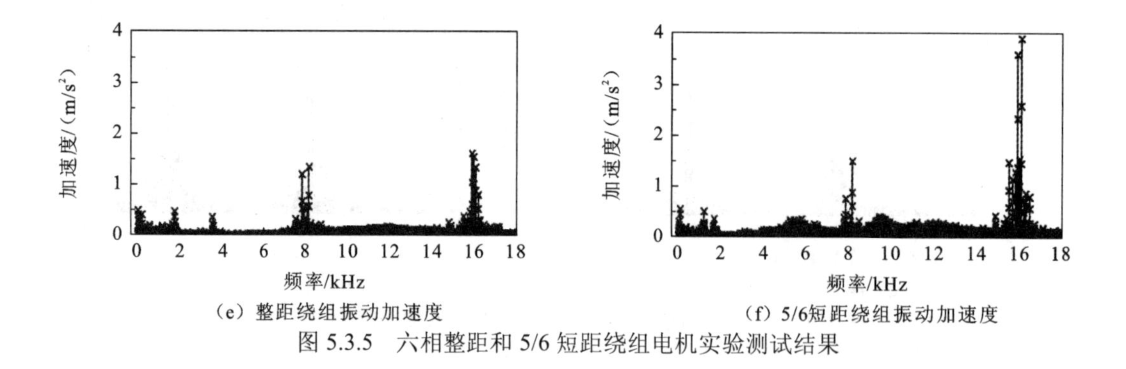

图 5.3.5　六相整距和 5/6 短距绕组电机实验测试结果

5.3.2　不同耦合下的电磁力波及振动

额定运行工况下六相整距和5/6短距绕组的径向电磁力对比如图5.3.6所示，可以看出在大部分频率下，短距绕组电机的径向电磁力幅值要明显大于整距绕组，和实测的加速度信号一致。

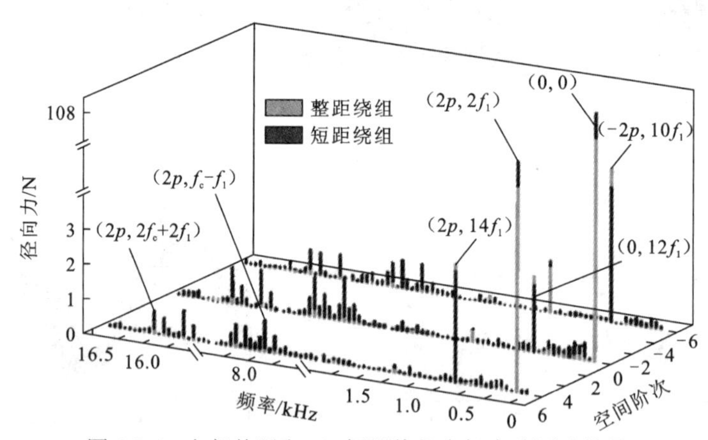

图 5.3.6　六相整距和 5/6 短距绕组电机实验测试结果

六相整距和5/6短距绕组电机300～1 500 r/min加速工况下电流和振动加速度瀑布图如图 5.3.7 和图 5.3.8 所示，通过加速工况下的电流频谱和加速度频谱对比可以看到，整距绕组在全速度范围内的电流谐波和振动水平都要明显优于 5/6 短距绕组。进一步，从图 5.3.7 和图 5.3.8 中可以看出，主要的振动峰值出现在 $f_c \pm f_1$、$2f_c \pm 2f_1$、$f_c \pm 3f_1$、$2f_c \pm 4f_1$ 等频率处，和图中电磁力的谐波分布一致。

综上所述，对于六相整数槽绕组电机而言，谐波平面中的谐波电流虽然几乎不对电机的转矩输出产生贡献，但此类谐波电流同样会产生相应的谐波磁场以及电磁力，从而对电机的振动、损耗及效率产生不利影响。而采用整距绕组可以减小两套三相绕组之间的互漏感，从而增加谐波平面的电感，有效抑制谐波平面中的谐波电流幅值，进而改善电机的电流质量和振动特性。

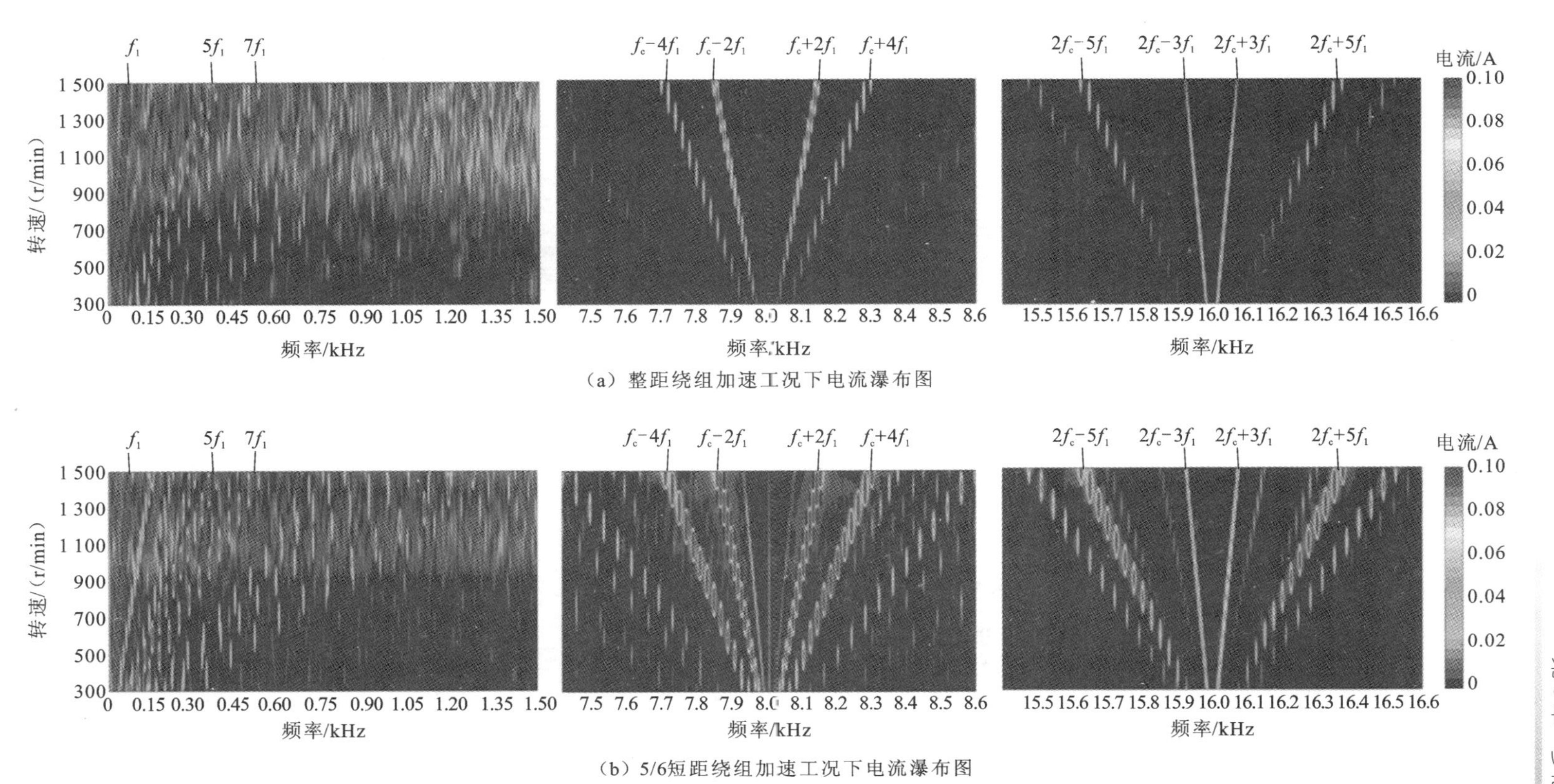

（a）整距绕组加速工况下电流瀑布图

（b）5/6短距绕组加速工况下电流瀑布图

图 5.3.7　300～1 500 r/min加速工况下电流瀑布图

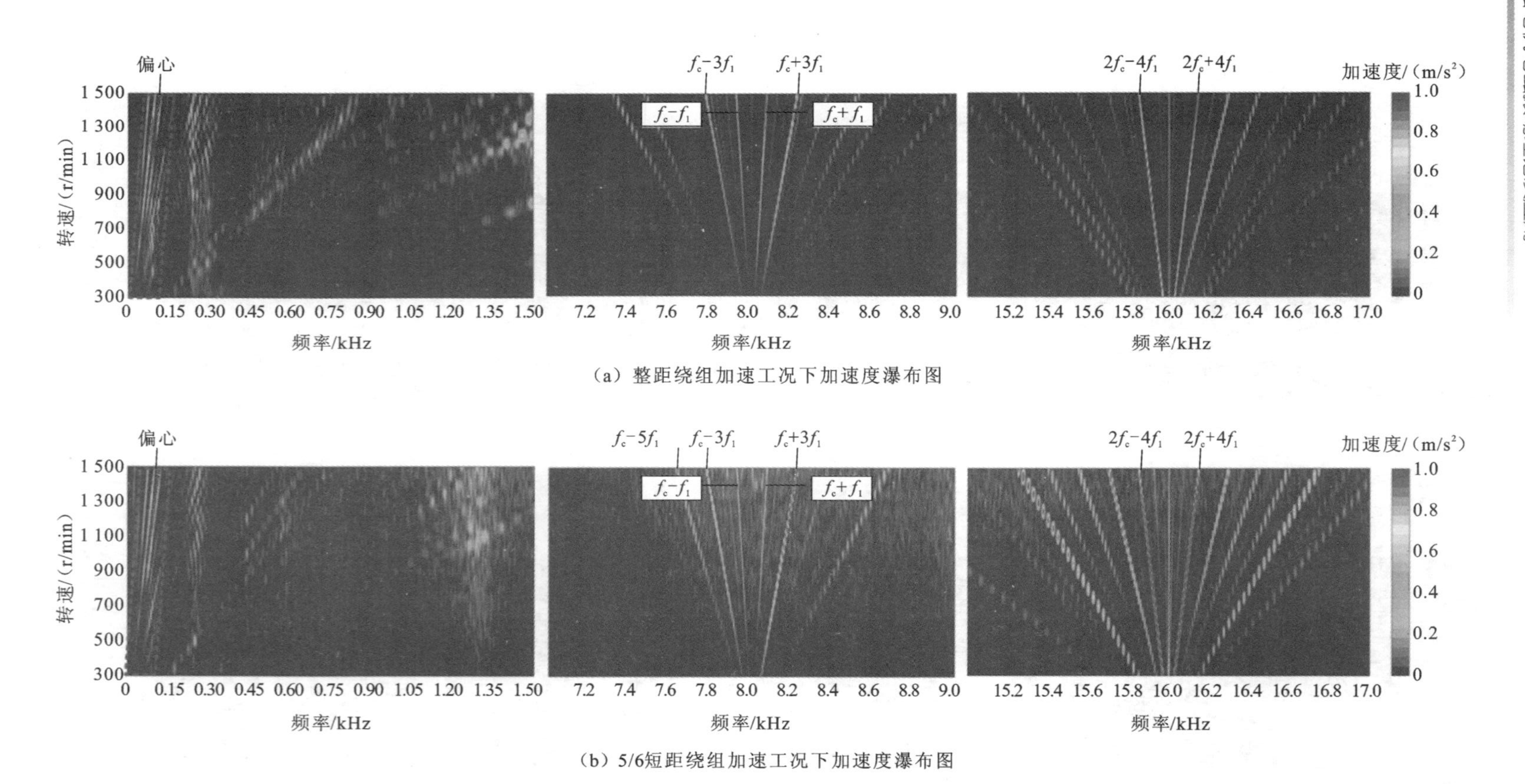

（a）整距绕组加速工况下加速度瀑布图

（b）5/6短距绕组加速工况下加速度瀑布图

图5.3.8　300～1 500 r/min加速工况下加速度瀑布图

5.4　不同绕组相数下的电磁振动

众多研究表明，增加绕组相数可以减少绕组的磁动势谐波，从而可以降低转矩脉动。同样绕组磁动势谐波也是影响振动的重要因素，然而基于第2章对转矩脉动和电磁振动之间的关系的分析结论，转矩脉动的高低与振动的大小之间并无必然联系，因此有必要进一步分析绕组相数对电磁振动的影响。本节以36槽6极内置式永磁电机为对象，研究其分别采用三相绕组和六相绕组时的振动特性，其中三相绕组为了抑制5次和7次磁动势谐波采用5/6短距绕组，六相绕组基于前面的分析采用整距绕组。

5.4.1　正弦电流激励

任意相数绕组产生的电枢磁动势谐波可以根据式（2.1.11）确定，36槽6极三相绕组和六相绕组的磁动势（标幺值）谐波如图5.4.1所示。从图中磁动势的谐波分布可以看出，六相绕组确实可以抑制某些磁动势谐波，但幅值较高的齿谐波却全部保留了下来，并且由于六相电机采用整距绕组，相应的齿谐波随绕组系数的增加略有增加。基于之前的分析，齿谐波是电枢磁场中影响振动的主要因素，因此可以推断在正弦电流下，仅通过增加电机的相数并不能对振动产生实质性的改善。

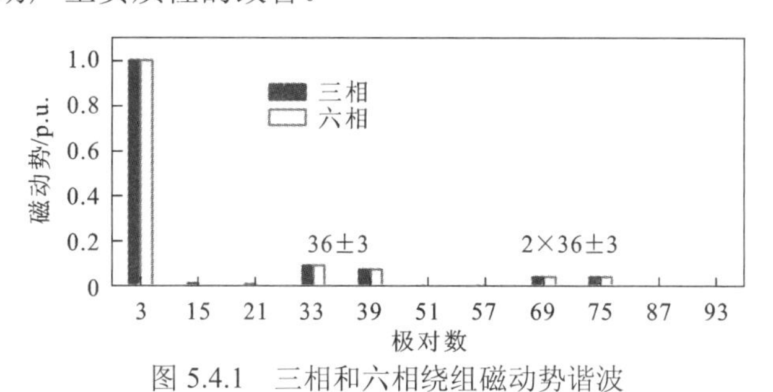

图5.4.1　三相和六相绕组磁动势谐波

第2章分析指出，对于整数槽绕组电机，其电磁力的主要成分为0阶和极数阶，其中极数阶为非零最低阶次的电磁力波。图5.4.2给出了正弦电流下采用三相绕组和六相绕组时的0阶和6阶电磁力谐波。从图中可以看出两种绕组的6阶径向和切向电磁力相当，且六相绕组的还要略大；而两种绕组的0阶电磁力有显著差异，三相绕组0阶电磁力的非零最低频率为$6f_1$，而六相绕组0阶电磁力的非零最低频率为$12f_1$，和两种绕组转矩脉动的最低频率对应，也解释了三相绕组转矩脉动大于六相绕组的原因。除此之外可以看到两种绕组的0阶电磁力谐波幅值也比较接近，且六相绕组的电磁力谐波幅值要略大。

利用第3章提出的电磁振动快速计算方法，计算出的三相绕组和六相绕组电机在正弦电流下的振动加速度频谱如图5.4.3所示，可以看到采用六相绕组的电机振动相比于三相绕组电机并没有明显的改善。因此可以得出结论，增加绕组相数虽然可以有效抑制电机的转矩脉动，但在正弦电流下，仅增加绕组相数并不会对电机的振动抑制产生实质性改善。

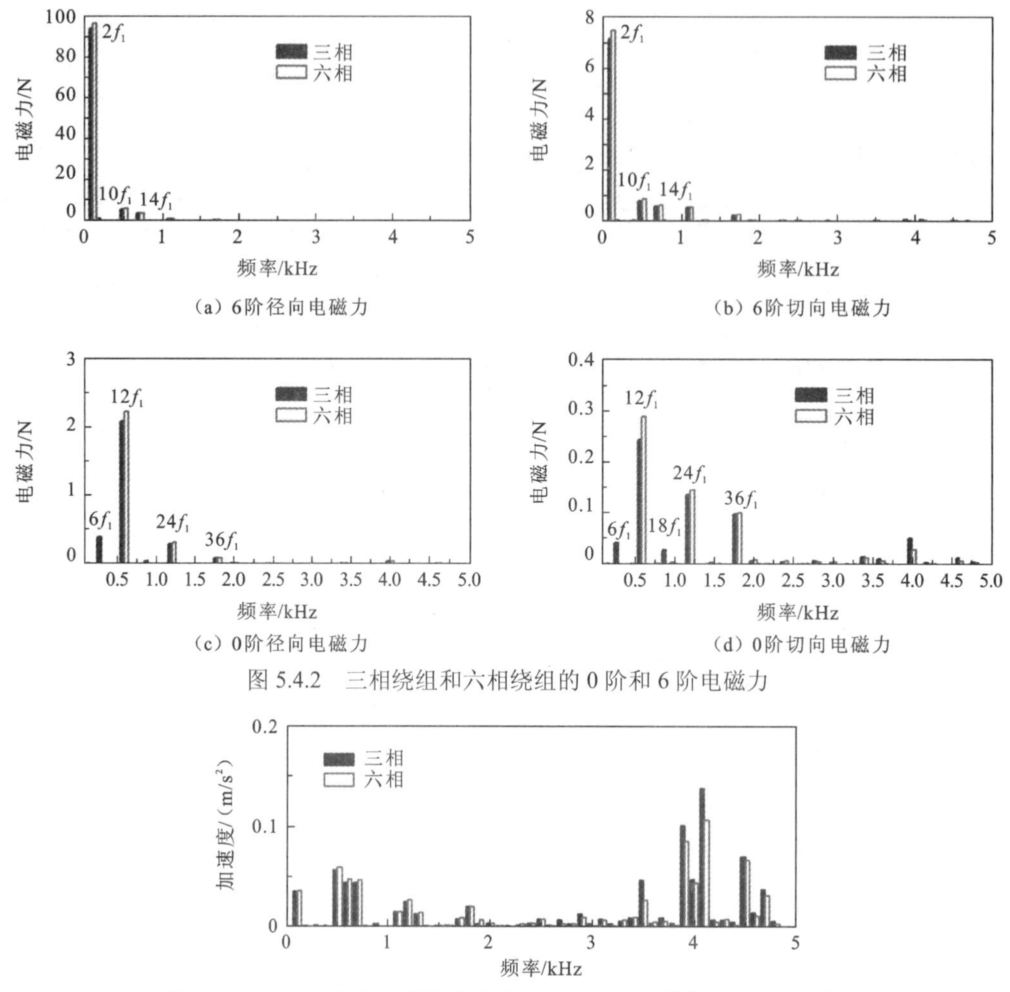

(a) 6阶径向电磁力

(b) 6阶切向电磁力

(c) 0阶径向电磁力

(d) 0阶切向电磁力

图 5.4.2　三相绕组和六相绕组的 0 阶和 6 阶电磁力

图 5.4.3　三相绕组和六相绕组电机在正弦电流下的振动加速度频谱

5.4.2　高频电流激励

上述研究表明，在正弦电流下，通过增加电机的相数并不能对电机的振动抑制产生实质性改善。但实际电机在采用逆变器供电时会产生丰富的电流谐波，尤其是 PWM 产生的高频谐波对电机的振动有着重要影响。本小节将对逆变器供电下的三相电机和六相电机的振动进行分析，揭示绕组相数对高频振动的影响规律。

额定转矩下，实验测试得到的三相电机和六相电机的电流频谱和振动加速度频谱如图 5.4.4 所示，可以看到六相电机的电流要略大于三相电机，主要原因是六相电机两套绕组之间的耦合导致谐波电流略大。从振动上看，六相电机在 2 倍载波频率附近的振动要明显低于三相电机，而在 1 倍载波频率处的振动要略大于三相电机，其主要原因是六相电机在不同频率下的两套三相绕组产生的磁动势的叠加与抵消的效果不同。图 5.4.5 给出了六相电机高频谐波电流产生的基波磁动势的叠加示意图，可以看到六相电机两套三相绕组

在电流频率为 $2f_c-f_1$ 时产生的磁动势相位相反，因此产生的磁动势可以抵消，进而不会产生相应频率的电磁力和振动；而三相电机在该频率下的磁动势并没有相互抵消的效果，因此六相电机在该频率下的振动要小于三相电机。在 1 倍载波频率附近，六相电机的磁动势虽也有一定的相互抵消作用，但并不能完全抵消，加之在该频率下六相电机的谐波电流要略大于三相电机，因此该频率下六相电机的振动也要略大于三相电机。

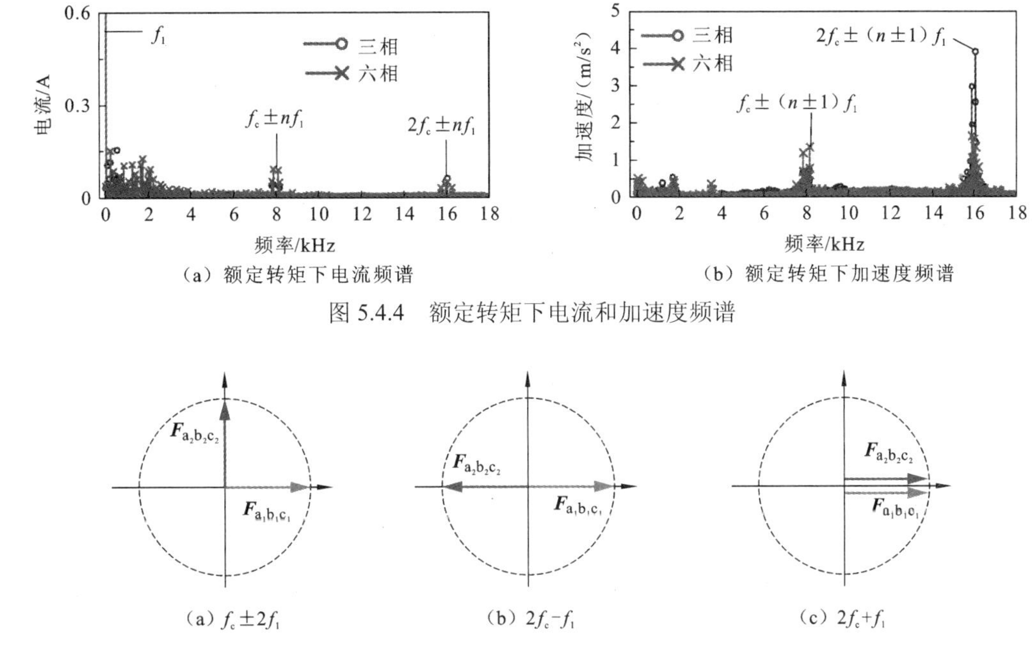

(a) 额定转矩下电流频谱　　(b) 额定转矩下加速度频谱

图 5.4.4　额定转矩下电流和加速度频谱

(a) $f_c \pm 2f_1$　　(b) $2f_c - f_1$　　(c) $2f_c + f_1$

图 5.4.5　六相电机高频谐波电流产生的基波磁动势的叠加示意图

为进一步比较三相电机和六相电机的高频振动特性，从加速工况振动测试结果中提取了几个主要频率的振动，其随转速的变化如图 5.4.6 和图 5.4.7 所示。可以看到在 1 倍载波频率附近，三相电机和六相电机的振动相当，某些频率六相电机振动略大；在 2 倍载波频率附近，六相电机的振动要显著小于三相电机，说明六相电机对高频振动有抑制作用。

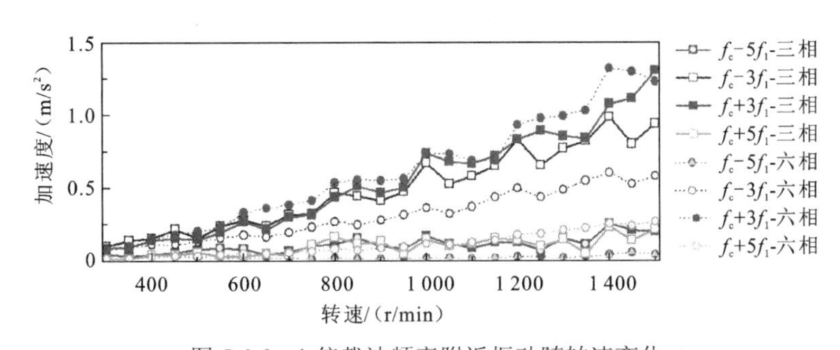

图 5.4.6　1 倍载波频率附近振动随转速变化

为了评估六相电机和三相电机在整个频率范围内的整体的振动水平，本小节使用总振动级来衡量总体振动的水平。

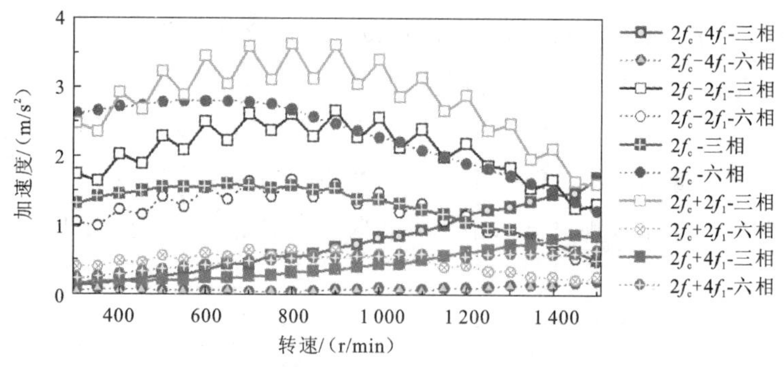

图 5.4.7　2 倍载波频率附近振动随转速变化

$$L_{A_n}=\sqrt{\sum_{j=1}^{k}a_{n,j}^{2}} \tag{5.4.1}$$

式中：L_{A_n} 为转速为 n 时的总振动级；$a_{n,j}^2$ 为转速为 n 时的第 j 次加速度频谱。

其意义是整个频率范围内的各频率下的加速度的均方根值，计算得到的总振动级随转速的变化如图 5.4.8 所示，可以看到六相电机在整个加速过程中的总振动级都要小于三相电机。

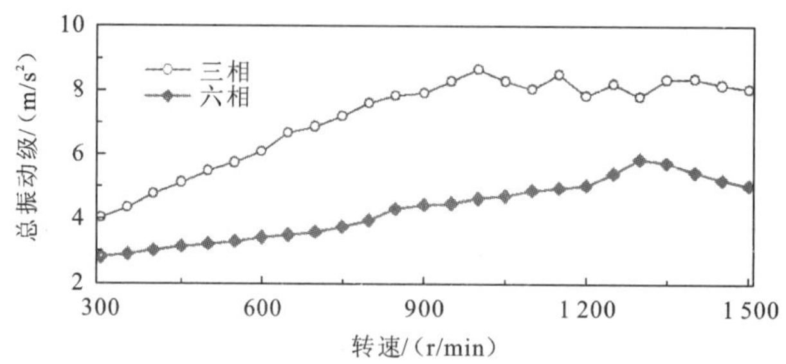

图 5.4.8　三相和六相电机总振动级随转速变化

综上所述，仅考虑正弦电流时，绕组相数的增加并不能对电机的振动抑制产生实质性改善。然而当考虑实际电机的高频振动时，增加绕组相数可以起到抑制高频振动的作用，从而降低电机的整体振动水平。

5.5　双定子轴向磁通电机电磁振动

上述研究的结论表明，六相电机两套三相绕组之间的耦合对其高频振动有着决定性的影响。本节提出一种低耦合分离型的六相绕组，并应用于双定子内转子的轴向磁通电机，旨在削弱六相电机的耦合效应，从而有效抑制高频振动，为削弱六相绕组耦合效应提供解决方案。首先基于多相电机电磁力波的分析结论，对分离型六相绕组的磁动势、电磁力谐波、谐波平面电感及耦合效应进行研究，并和传统的六相绕组以及三相绕组进行对比分析；然后对双定子轴向磁通进行多物理场建模，并通过实验验证建立的多物理场模型的准确性。基于建立的多物理场模型，对比研究分别采用三相绕组、传统六相绕组和分离型六相绕组结构的双定子轴向磁通电机的振动特性。

5.5.1　双定子轴向磁通电机结构

双定子轴向磁通电机结构如图 5.5.1 所示，整个电机类似于“三明治”结构，转子位于两个定子中间，这种结构可以平衡两边定子对转子的磁拉力。永磁体嵌在转子支架中，电机定子铁心直接和前后端盖相连，样机实物如图 5.5.2 所示。从磁路上来看，该电机 dq 磁路相同，转子不具有凸极性，磁力线从一个定子穿过磁钢再经由另一个定子闭合，转子两侧的气隙磁场完全一致。电机采用 36 槽 26 极分数槽集中绕组结构，具体尺寸参数如表 5.5.1 所示。

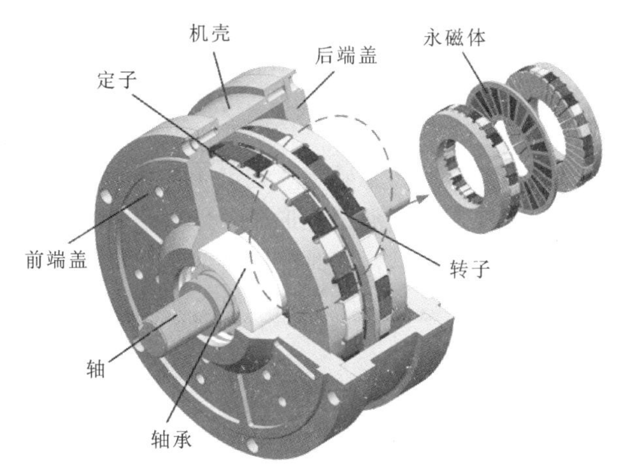

图 5.5.1　双定子轴向磁通电机结构

(a) 定子铁心

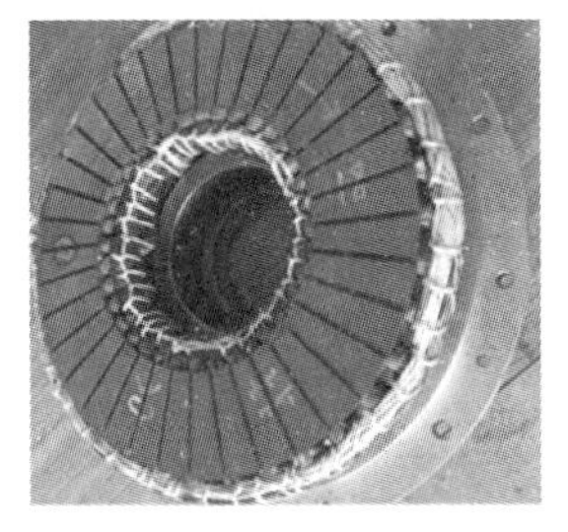

(b) 铁心和绕组

(c) 整机

图 5.5.2　双定子轴向磁通电机样机

表 5.5.1　双定子轴向磁通电机基本参数

参数	值	参数	值
定子外径/mm	110	槽数	36
定子内径/mm	64	极数	26
气隙长度/mm	1	匝数	60
轴向长度/mm	42.9	额定转矩/（N·m）	60
额定转速/（r/min）	500	额定相电流有效值/A	6

5.5.2 低耦合分离型六相绕组结构和电磁力

5.5.2.1 绕组结构

六相双定子轴向磁通电机的绕组布置有两种形式：一种是传统的六相绕组，如图 5.5.3（a）所示，每个定子上的绕组都为一个完整的六相绕组，两个定子上的绕组完全相同；另一种是六相绕组的布置，即本节提出的分离型六相绕组，如图 5.5.3（b）所示，与传统六相绕组不同，分离型六相绕组每个定子上只有一个标准的三相绕组，两个定子在空间上错位 30° 电角度，通过上下两个定子的组合共同构成一个完整的六相绕组。为进一步说明分离型绕组的特点，图 5.5.3（c）给出了三相双定子轴向磁通电机的绕组分布示意图，可以看到三相电机的上下两个定子均为三相绕组，但是两个定子没有空间错位。分离型六相绕组实际上是在常规三相绕组的基础上通过定子的空间错位得到，而传统的六相绕组则是通过一个定子上的绕组线圈的空间错位形成。分离型六相绕组的设计，不仅可以利用六相绕组来抑制绕组磁动势空间谐波，同时还通过将两套三相绕组分布于两个定子上，实现了物理上的隔离，削弱了六相绕组两套三相绕组之间的耦合效应。

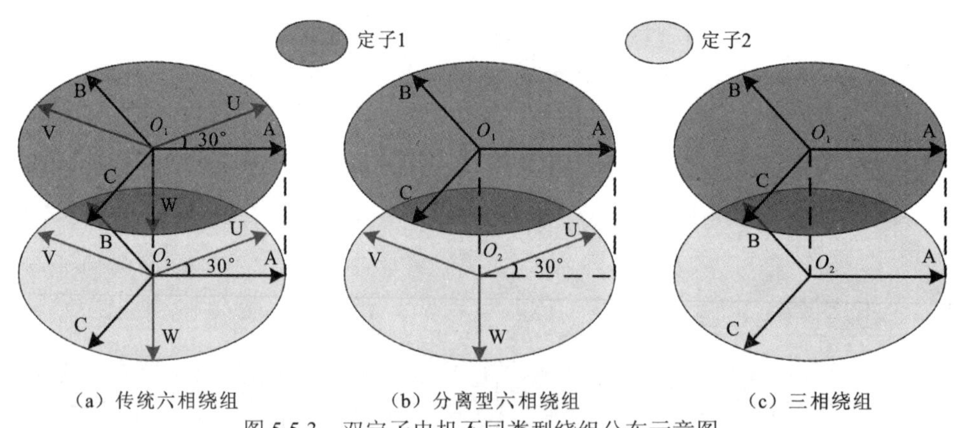

图 5.5.3 双定子电机不同类型绕组分布示意图

三种绕组的电枢磁动势谐波如图 5.5.4 所示，可以看到分离型绕组的磁动势谐波成分和传统六相绕组的完全一致，但在幅值上要略低一点，并且可以发现分离型六相绕组的磁动势谐波的幅值和三相绕组的幅值一样。以上现象主要是由绕组系数导致的，对于传统六相电机，其本质上是一个空间 30° 相带电机，其基波绕组系数为 0.897；而对于分离型六相绕

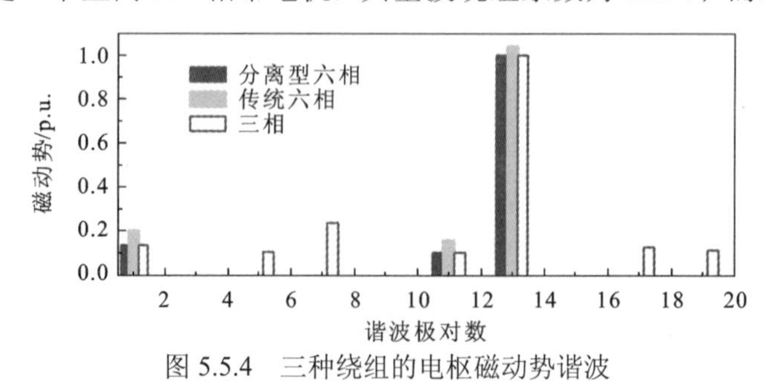

图 5.5.4 三种绕组的电枢磁动势谐波

组电机，需要两个定子组合才能构成一个六相电机，单独从一个定子来看仍然为空间 60° 相带的三相电机，所以其基波绕组系数和三相电机的一致，为 0.866。

5.5.2.2　电磁力谐波分析

根据式（2.2.11）和式（2.2.13），双定子轴向磁通电机空载法向电磁力密度的频率可以表示为

$$f = 2Cf_1, \quad 2C = \frac{36k \pm r}{13}, \ C,k \in \mathbb{Z} \tag{5.5.1}$$

其中 k 和 r 的取值必须使得 C 为整数。

采用同样的方式，负载下的电磁力密度的频率同样可以写为

$$f = 2Cf_1, \quad 2C = \frac{k \pm r}{13} \pm 1, \ C,k \in \mathbb{Z} \tag{5.5.2}$$

其中 k 和 r 的取值同样必须使 C 为整数。

综合式（5.5.1）和式（5.5.2），可以计算出双定子轴向磁通电机在正弦电流激励下空载和负载各阶电磁力对应的密度谐波，如表 5.5.2 所示。为对比分析分离型绕组的电磁力谐波，同时给出了传统六相绕组和三相绕组的电磁力谐波。表 5.5.2 中只给出了前 4 阶空间电磁力密度，主要原因是对于该轴向磁通电机而言，其采用了分数槽集中绕组，极对数较多，与极对数相关的幅值最大的气隙电磁力阶次为 26，对振动的影响很小。考虑到气隙电磁力传递到定子齿后发生空间阶次混叠，26 阶气隙电磁力传递到定子齿后形成的定子齿电磁力的空间阶次为 10，其对电机整体振动的影响仍然很小。因此对于该电机，定子齿对气隙电磁力空间阶次的影响可以忽略不计。在本节的电磁力和振动分析中，只考虑空间阶次较低的气隙电磁力波及其传递到定子齿后形成的定子齿电磁力。

表 5.5.2　双定子轴向磁通电机在正弦电流激励下空载和负载电磁力密度谐波

空间阶次	工况	时间谐波次数	
		分离型六相/传统六相	三相
0 阶	空载	$36k$	$36k$
	负载	$12k$	$6k$
2 阶	空载	$14,22,50,58,\cdots$	$14,22,50,58,\cdots$
	负载	$\mathbf{2},\mathbf{10},14,22,\mathbf{26},\mathbf{34},\mathbf{38},50,58,\cdots$	$\mathbf{2},\mathbf{4},\mathbf{8},\cdots,2n$
4 阶	空载	$8,28,44,64,\cdots$	$8,28,44,64,\cdots$
	负载	$4,8,20,32,40,44,60,\cdots$	$\mathbf{2},\mathbf{4},\mathbf{8},\cdots,2n$

注：k 和 n 都为整数。

对于表 5.5.2 中的 0 阶电磁力，其空载情况下频率与定子的槽数相关，负载下则与电机的相带数有关，与第 2 章中关于 0 阶电磁力的分析结论一致。相比于三相电机，六相电机负载下 0 阶电磁力的频率提高了 1 倍，进一步说明了六相电机可以减小转矩脉动。

表 5.5.2 中加粗的部分表示负载情况下相比于空载增加的频率成分，可以看到在正弦电流下负载相比于空载只会引入新的电磁力频率成分，而不会增加新的电磁力空间阶次。

为验证电磁力谐波理论分析结果的正确性，本小节对采用三种绕组的双定子轴向磁通电机的电磁力进行了有限元分析。轴向磁通电机气隙磁通密度随所取圆周半径的大小而变化，但在各半径处的电磁力只是幅值大小发生改变，谐波成分并不会发生变化，因此本小节取气隙中心线和平均半径处的气隙磁通密度来计算气隙电磁力密度，对电磁力谐波的理论分析结果进行验证。分离型六相轴向磁通电机空载和负载下的法向电磁力密度及其谐波分析如图 5.5.5 和图 5.5.6 所示，可以看到有限元计算的电磁力谐波成分和理论分析的谐波成分一致。空载和负载相比，电磁力密度的幅值和频率成分有所增加，但电磁力的空间阶次并未发生改变。

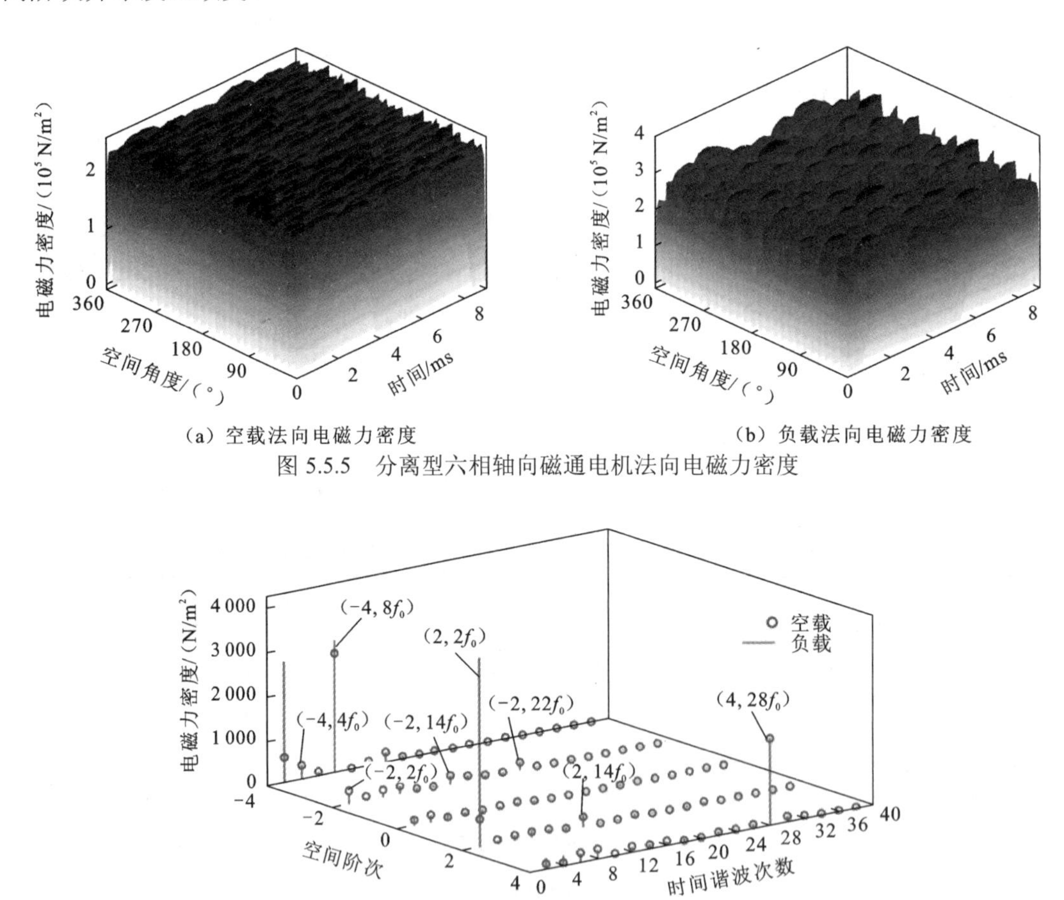

(a) 空载法向电磁力密度

(b) 负载法向电磁力密度

图 5.5.5　分离型六相轴向磁通电机法向电磁力密度

图 5.5.6　分离型六相轴向磁通电机法向电磁力密度谐波

图 5.5.7 给出了双定子轴向磁通电机采用三种绕组时的负载法向电磁力谐波的对比，可以看到三种绕组的电磁力谐波成分与理论分析一致，三者谐波成分相差不大，但相较而言，分离型六相绕组的电磁力密度谐波成分最少，幅值也最低。

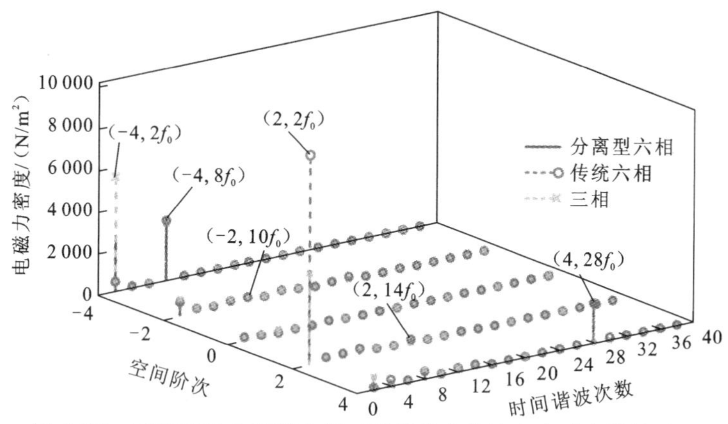

图 5.5.7　双定子轴向磁通电机三种绕组负载法向电磁力谐波对比

5.5.3　分离型六相轴向磁通电机电磁振动

1. 电磁振动计算流程

鉴于轴向磁通电机复杂的三维结构，通过解析法对其振动进行计算较为困难且准确度不高，因此建立如图 5.5.8 所示的振动多物理场仿真流程对分离型六相轴向磁通电机的电磁振动进行计算。首先将 Simulink 仿真得到的电流输入电磁有限元仿真模型中，通过三维电磁有限元仿真可以得到定子齿上的节点电磁力分布；然后建立轴向磁通电机的三维结构有限元模型，并进行模态分析获得电机的模态参数；最后将节点电磁力通过网格插值的方式映射到结构有限元中，并通过谐响应分析计算轴向磁通电机在电磁力激励下的振动响应。

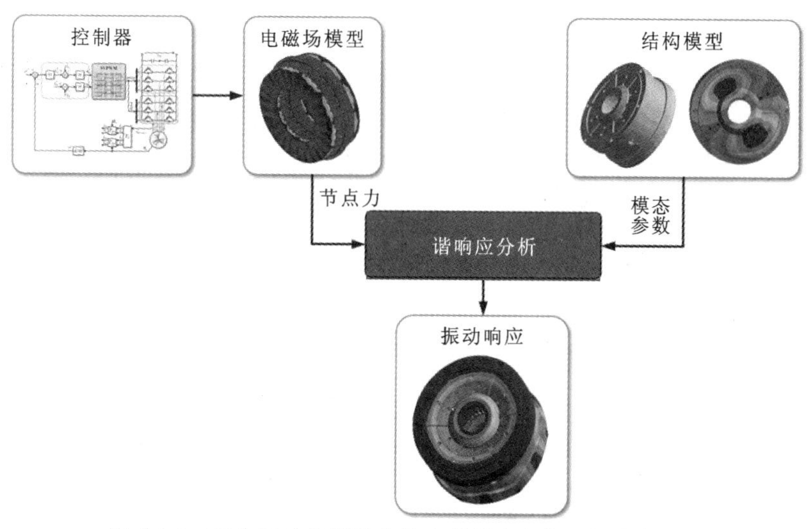

图 5.5.8　双定子轴向磁通电机电磁振动多物理场仿真流程

2. 结构建模与模态分析

和径向电机类似，轴向磁通电机定子铁心和绕组同样存在正交异性，区别在于轴向磁通电机铁心沿径向叠压，因此对于轴向磁通电机定子铁心，其在圆周方向和轴向的材料参数相同，而径向的材料参数与其余两个方向不同。根据第 3 章的材料等效方法，计算得到双定子轴向磁通电机定子铁心、绕组及机壳/端盖的等效材料参数，如表 5.5.3 所示。

表 5.5.3　双定子轴向磁通电机定子铁心、绕组、机壳/端盖等效材料参数

参数	定子铁心	绕组	机壳/端盖（铝）
ρ/(kg/m^3)	7 200	5 268	2 770
E_z、E_θ/GPa	198.2	1.1	71
E_r/GPa	45.5	88.6	71
$G_{\theta z}$/GPa	20.18	5.2	26.7
G_{zr}、$G_{\theta r}$/(GPa)	14.7	34.1	26.7
$P_{\theta z}$	0.3	0.3	0.33
P_{zr}、$P_{\theta r}$	0.13	0.04	0.33

获得材料参数后，建立如图 5.5.9 所示的结构有限元模型，并通过有限元进行模态分析。其中定子与端盖通过背部的螺栓直接相连，在模态分析中采用绑定接触等效处理，电机通过端盖与法兰安装，因此将端盖上的六个螺孔设置为固定边界。有限元模态分析结果如表 5.5.4 所示，可以看到轴向磁通电机和径向磁通电机有一个明显的区别：轴向磁通电机的 0 阶固有频率很低，而径向磁通电机的 0 阶固有频率一般较高。这也意味着对轴向磁通电机来讲，0 阶电磁力对振动有着重要影响。

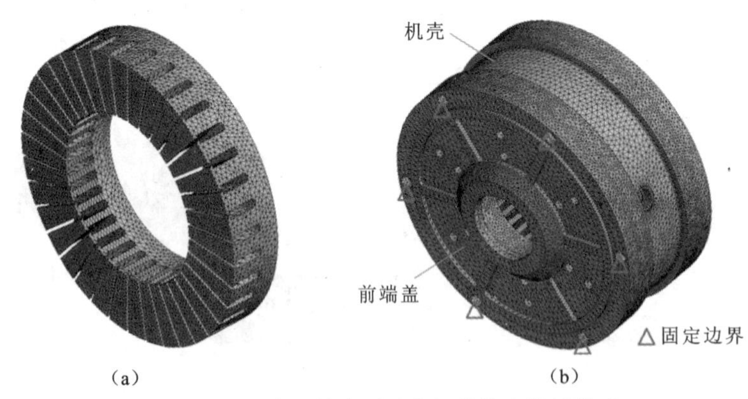

图 5.5.9　双定子轴向磁通电机结构有限元模型

表 5.5.4　双定子轴向磁通电机模态振型和固有频率

模态阶次	0	1	2
模态振型			
固有频率/Hz	1 250.3	2 023.4	2 299.2

为对结构有限元模型和模态仿真的结果进行验证，本小节对双定子轴向磁通电机进行了模态测试，如图 5.5.10 所示。通过用弹性绳悬挂定子铁心来模拟自由模态，铁心背部均匀布置三个加速度传感器，移动力锤逐次敲击被测点，最后通过模态识别算法得到定子铁心的固有频率和模态振型。定子铁心模态参数的仿真和测试结果如表 5.5.5 所示，可以看出模态测试得到的固有频率和仿真得到的固有频率较为接近，最大的误差为 6.0%，该误差可以满足振动计算的需要。

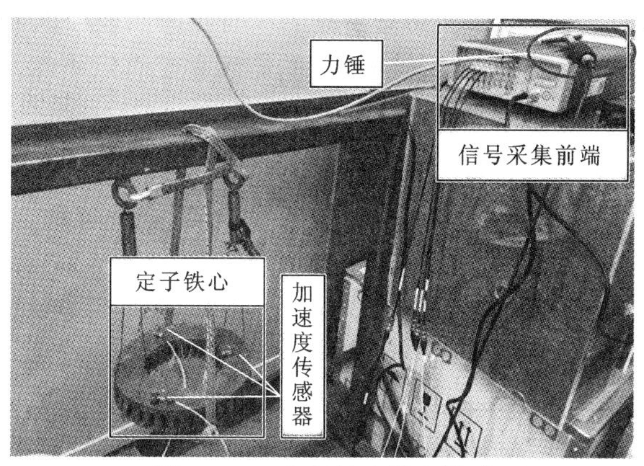

图 5.5.10　定子铁心模态测试

表 5.5.5　定子铁心模态参数仿真与测试结果

模态阶次	模态振型和固有频率/Hz		误差/%
	仿真	测试	
0	1 394	1 483	6.0
1	1 640.4	1 670.5	1.8
2	2 302	2 238	2.9
3	2 588	2 680	3.4

对于轴向磁通电机整机的模态，由于其体积较大，结构复杂，采用锤击法测量其模态较为困难，本小节采用了工作模态分析（operational modal analysis，OMA）的方式来获得整机的固有频率。其原理是让电机处于旋转工作状态，通过加速度传感器测得工作状态下的振动加速度频谱，然后通过数据处理软件可以计算得出加速度的自功率谱和互功率谱，再通过峰值检索、逆 FFT 等方式近似估计出电机的频率响应函数，从而得到固有频率。基于工作模态分析得到的双定子轴向磁通电机的频率响应函数如图 5.5.11 所示，可以看到通过频率响应函数识别出的固有频率和仿真得到的固有频率（表 5.5.4）存在一定的误差，2 阶模态的固有频率误差最大为 13%，造成误差的原因主要有以下几个方面。

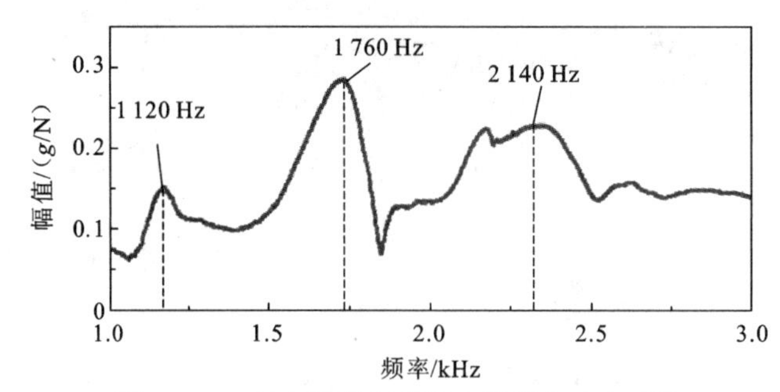

图 5.5.11　双定子轴向磁通电机频率响应函数

（1）有限元模型为理想模型，且建模时只考虑了定子铁心、绕组、端盖和机壳。而实际电机还包括轴承、旋变、转子等部件，质量的增加必然会导致固有频率的降低。

（2）仿真时的接触条件也和实际的安装条件不同，仿真时定子铁心和机壳、机壳和法兰均为理想的绑定连接，相比实际的螺栓连接会使电机的刚度增加，从而使固有频率偏大。

但总体来讲，仿真的固有频率和测试的固有频率较为接近，因此建立的结构有限元模型可以保证后续振动计算的准确性。

3. 振动计算结果与实验验证

基于电磁有限元计算得到的电磁力和模态分析得到的固有频率，根据图 5.5.8 所示的流程可以计算分离型六相绕组轴向电机的振动，其中电流波形由图 5.3.1 所示的系统仿真得到。额定工况下分离型六相绕组电机振动计算结果如图 5.5.12 所示，可以看到峰值振动处的频率为 1 294.5 Hz，通过对分离型六相绕组电机电磁力分析，发现该振动主要由 0 阶电磁力引起的 0 阶模态的共振导致。从表 5.5.2 可知，负载正弦电流下六相电机 0 阶电磁力的频率为 $12kf_1 = 1300$ Hz，而该电机的 0 阶固有频率为 1 250 Hz，因此 0 阶电磁力和 0 阶模态相互作用发生共振导致振动峰值出现。其余振动幅值较大的频率主要集中于载波频率及其倍频处，由 PWM 产生的高频电流谐波引起，高频振动已在第 2 章中进行过详细分析，在此不再赘述。

从振动计算结果可以看到，轴向磁通电机 0 阶固有频率很低，0 阶电磁力很容易引起 0 阶模态的共振，因此对于轴向磁通电机来讲，抑制 0 阶电磁力是抑制其振动的主要方式，这和径向磁通电机有着明显的区别。此外，第 2 章研究表明转矩脉动（齿槽转矩）和电机

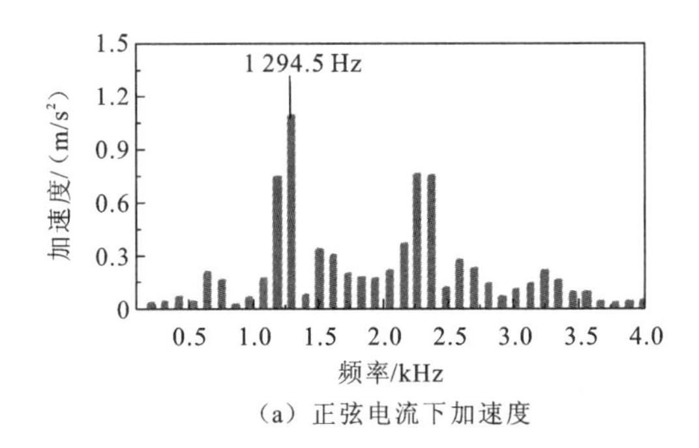

(a) 正弦电流下加速度

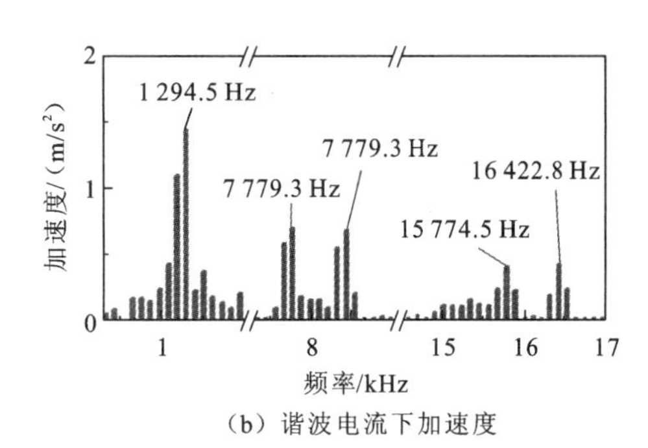

(b) 谐波电流下加速度

图 5.5.12　分离型六相绕组电机振动计算结果

的电磁振动之间没有必然联系，但对于以0阶电磁力为主要振源的轴向磁通电机来讲，其转矩（齿槽转矩）脉动与振动之间呈正相关性，即低齿槽转矩意味着低振动。

为对振动计算结果以及多物理场仿真模型进行验证，搭建了图5.5.13所示的实验平台，对分离型六相绕组轴向磁通电机的电流、反电势、振动等性能进行了测试。其中电机控制器采用德国 dSPACE MicroLabBox DS1202，在上位机的MATLAB/Simulink中搭建控制程序，通过横河波形记录仪记录不同工况下的电流波形，在电机机壳表面每间隔 120° 均匀布置三个加速度传感器，加速度传感器信号通过LMS信号采集前端获取并输入数据处理软件。

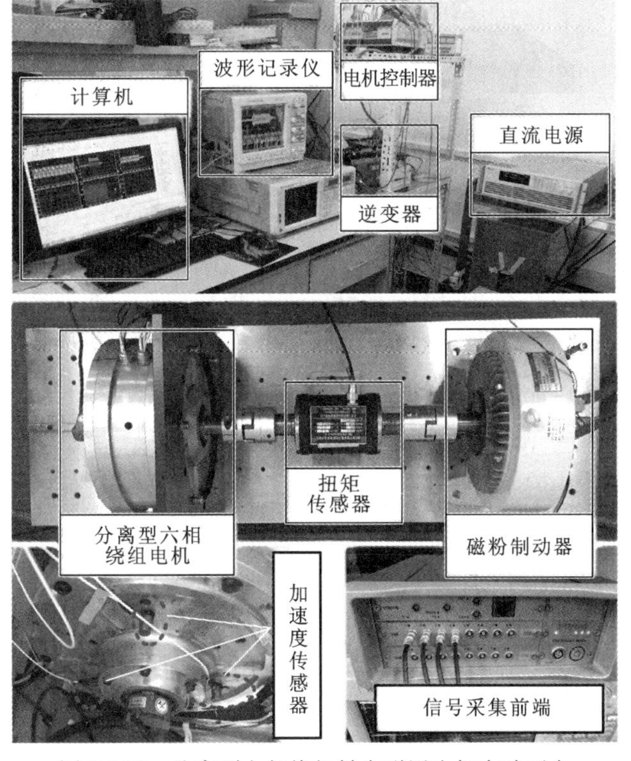

图 5.5.13　分离型六相绕组轴向磁通电机实验平台

额定工况下系统仿真与测试得到的电流波形及其谐波分析如图 5.5.14 和图 5.5.15 所示，通过波形和谐波的对比可以看到测试和仿真的电流在各个频率段的幅值都非常接近，证明了所采用的电机参数与系统仿真模型都具有较高的准确性，仿真得到的电流完全可以满足振动计算的需要。

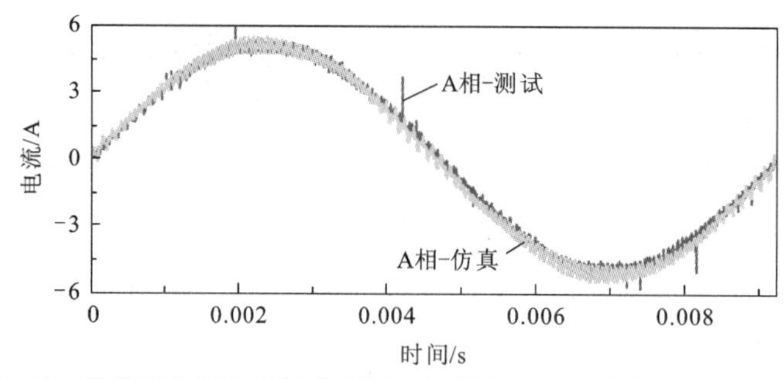

图 5.5.14　分离型六相绕组轴向磁通电机额定工况下仿真和测试电流波形

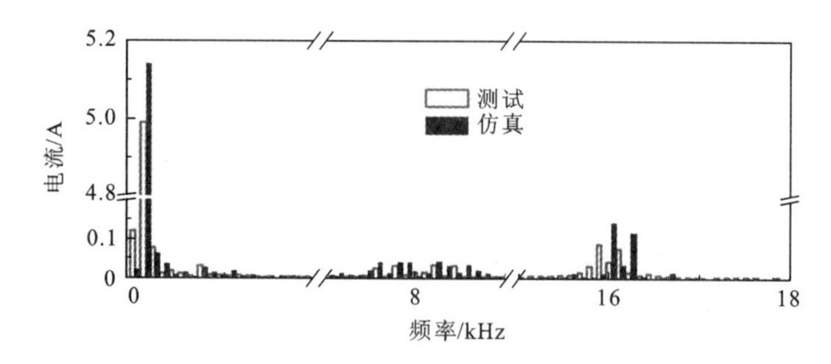

图 5.5.15　分离型六相绕组轴向磁通电机额定工况下仿真和测试电流谐波

对于电磁有限元模型，则通过测试电机的空载反电势来间接地验证。测试和有限元仿真的反电势如图 5.5.16 所示，同样可以看到空载反电势的测试和仿真结果也非常吻合，其中 A 相测试和仿真结果存在一定的相位差，主要原因是电机的安装使得两个定子之间的空间错位角度出现偏差，即不是严格地等于 30°。但实际误差在一个电角度以内，考虑到该电机为 13 对极，因此实际的机械角度误差小于 0.1°，可以忽略不计。通过测试和仿真空载反电势的对比，可以证明所建立的电磁有限元仿真模型的准确性，从而间接证明了电磁力的计算精度对于振动计算来讲是足够的。

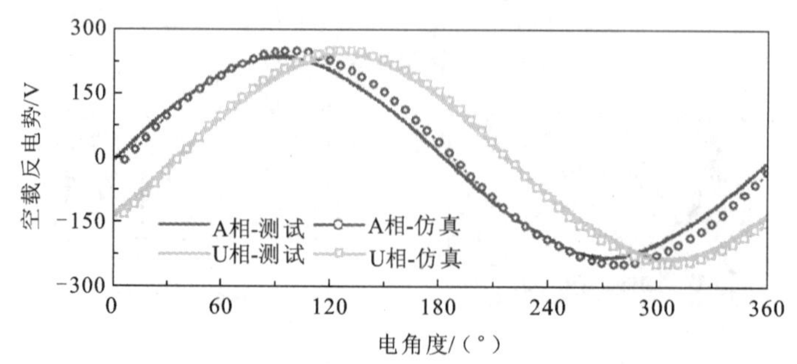

图 5.5.16　分离型六相绕组轴向磁通电机额定工况下测试和仿真反电势波形

额定工况下电机振动加速度测试和仿真频谱如图 5.5.17 所示，为验证仿真结果的准确性，额定工况下的仿真结果一并给出，可以看到振动测试的结果和仿真的结果较为吻合，振动峰值点均在 1 294.5 Hz 处，主要原因是该频率非常接近 0 阶固有频率从而在 0 阶电磁力的作用下发生共振。为进一步说明该峰值振动为共振引起，对电机进行了加速工况下的振动测试，额定负载下电机从 100 r/min 加速到 600 r/min 的电流及加速度瀑布图如图 5.5.18 所示。从图中可以看到在 1 300 Hz 附近存在明显的共振带，进一步说明了 0 阶电磁力和 0 阶模态在轴向磁通电机振动中的重要作用。高频振动的主要频率为 $f_c \pm 3f_1$ 和 $2f_c \pm 2f_1$，由 PWM 产生的高频电流引起，在此不再赘述。

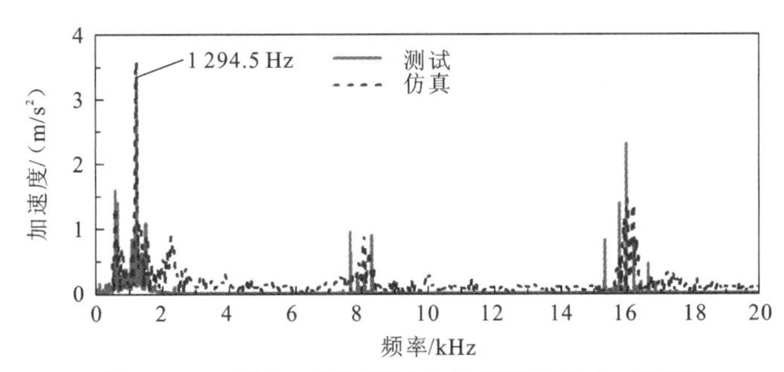

图 5.5.17　额定工况下振动加速度测试和仿真频谱

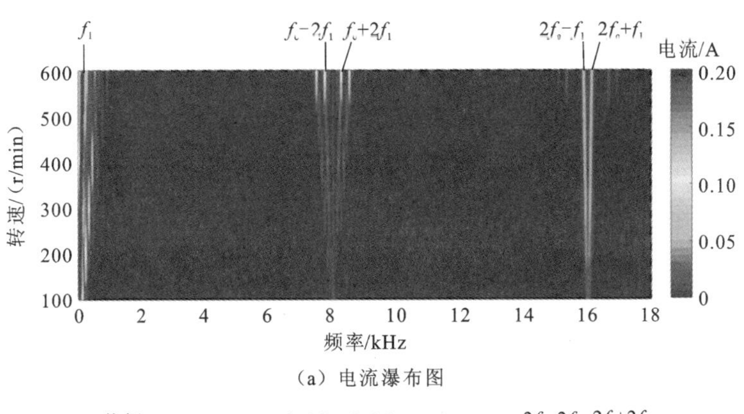

（a）电流瀑布图

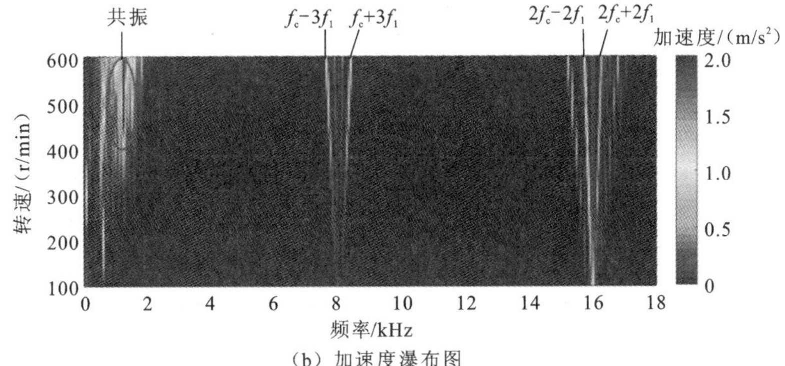

（b）加速度瀑布图

图 5.5.18　100～600 r/min 加速工况下电流及加速度瀑布图

5.5.3.4 不同绕组的振动对比

上述对分离型六相绕组轴向磁通电机的振动研究，已经证明所建立的多物理场仿真模型具有较高的准确性，下面基于建立的多物理场模型，来分析双定子电机采用三种类型绕组的振动特性。额定工况正弦电流下采用三种绕组的轴向磁通电机加速度频谱如图 5.5.19 所示，可以看到在正弦电流激励下，三种绕组对应的加速度差别不大，分离型六相绕组的加速度略低，而三相绕组的加速度略高，与电磁力分析结果一致。这一点也和本章中关于绕组相数对振动影响的结论一致，即在正弦电流激励下，绕组相数的增加并不会显著改善电机的振动抑制水平。

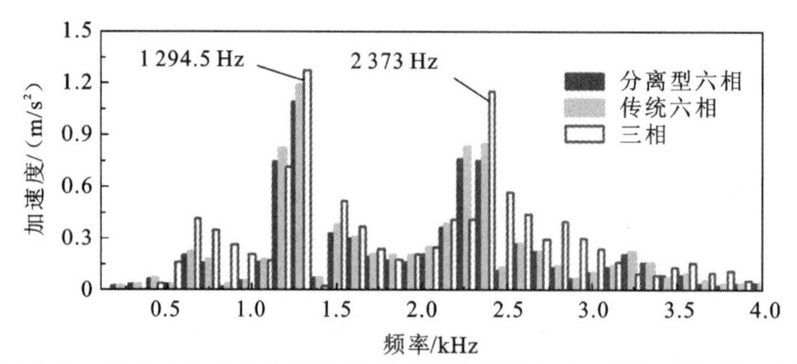

图 5.5.19 额定工况正弦电流下采用三种绕组的轴向磁通电机加速度频谱

分离型六相绕组和传统六相绕组的基波平面和谐波平面电感参数可根据式（5.1.30）～式（5.1.34）计算得到，如表 5.5.6 所示。可以看到分离型六相绕组的谐波平面电感要大于传统六相绕组的谐波平面电感，但优势不显著，主要是由于该电机采用了分数槽集中绕组，传统六相绕组的耦合效应也并不是很严重，因此分离型六相绕组的优势不显著，但如果分离型六相绕组用于分布绕组，相比传统六相绕组将会有显著的优势。

表 5.5.6 分离型六相和传统六相绕组电感参数

电感参数	数值/mH	
	分离型六相	传统六相
L_d / L_q	5.47	6.05
L_{dz} / L_{qz}	4.11	3.15

额定工况谐波电流激励下采用三种绕组的轴向磁通电机加速度频谱如图 5.5.20 所示，可以看到六相绕组载波频率附近的高频振动相比于三相绕组显著降低，这和 5.3 节中关于多相电机对高频振动具有抑制作用的结论一致；再对比分离型六相绕组和传统六相绕组，分离型六相绕组的振动要比传统六相绕组的小。其主要原因是分离型六相绕组削弱了六相绕组两台三相之间的耦合效应，增加了谐波平面电感，改善了电流质量。

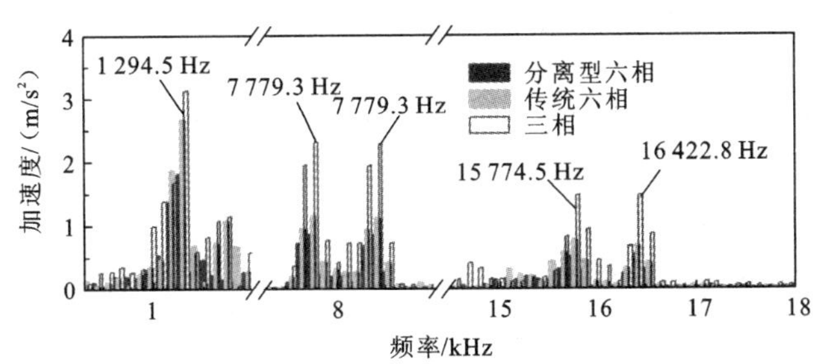

图 5.5.20 额定工况谐波电流激励下采用三种绕组的轴向磁通电机加速度频谱

额定工况下三种绕组轴向磁通电机电流谐波及对应的集中电磁力的频谱如图 5.5.21 和图 5.5.22 所示，其中电流是通过图 5.3.1 所示的系统仿真获得。从电流频谱中可以看到分离型六相绕组的电流谐波含量最低，其主要原因是将六相绕组的两套三相绕组布置在两个定子上，使得耦合效应被削弱，谐波平面电感增加，从而抑制了谐波电流。但其和传统六相绕组的差别不是很显著，这一点从两种绕组谐波平面电感相差不大也可以得出。

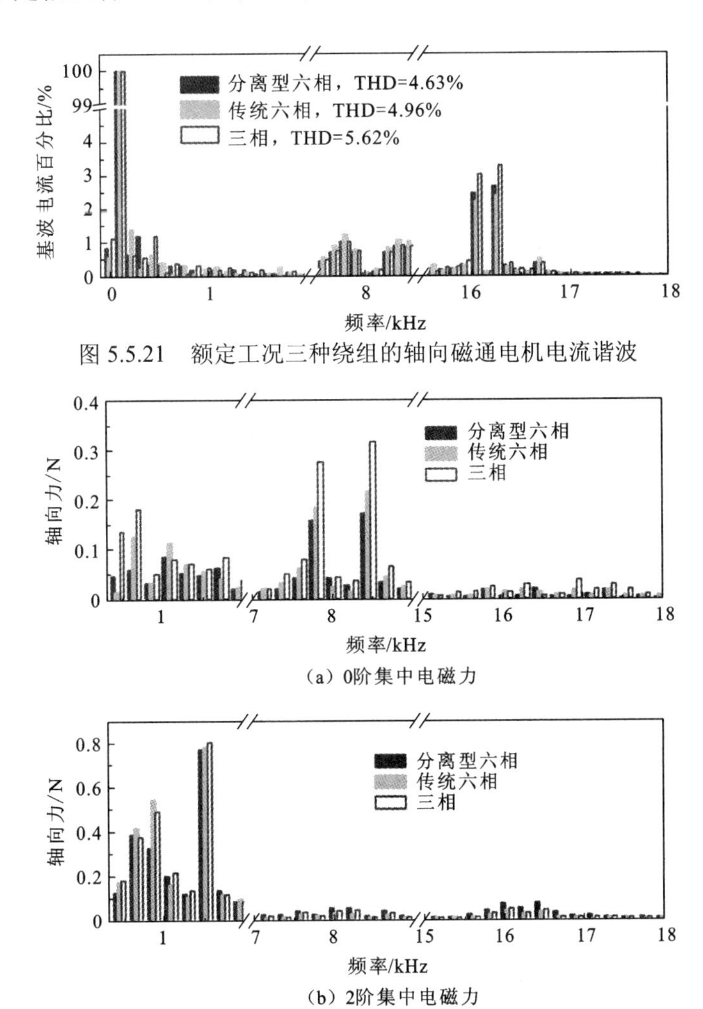

图 5.5.21 额定工况三种绕组的轴向磁通电机电流谐波

图 5.5.22 额定工况下三种绕组对应的集中电磁力

三种绕组对应的电磁力则采用了定子齿上的集中电磁力进行对比，可以看到无论是0阶电磁力还是2阶电磁力，都是分离型六相绕组电机最小，三相电机最大，和三种绕组对应的振动特性一致。

综上所述，通过三种类型绕组的对比分析，可以得到以下结论：①六相绕组相比于三相绕组可以起到抑制高频振动的作用；②分离型六相绕组可以削弱六相电机两套三相绕组之间的耦合效应，增大谐波平面的电感，从而改善电机的电流质量和振动水平；③分离型六相绕组可以适用于任何具有双定子结构的电机，且应用于分布绕组比应用于集中绕组时效果更加显著。

参考文献

[1] VIJAYRAGHAVAN P, KRISHNAN R. Noise in electric machines: a review[J]. IEEE Transactions on Industry Applications, 1999, 35(5): 1007-1013.

[2] DENG W Z, ZUO S G. Electromagnetic vibration and noise of the permanent-magnet synchronous motors for electric vehicles: an overview[J]. IEEE Transactions on Transportation Electrification, 2019, 5(1): 59-70.

[3] JORDAN H. Approximate calculation of the noise produced by motors[J]. ENG, 1949, 10: 22-26.

[4] JORDAN H. Electric motor silencer-formation and elimination of the noises in the electric motors[J]. W. Giradet-Essen Editor, 1950, 14: 50.

[5] 舒波夫. 电机的噪声和振动[M]. 沈官秋，译. 北京：机械工业出版社, 1980: 110-115.

[6] HELLER B, HAMATA V. Harmonic field effects in induction machines[M]. Oxford: Elsevier, 1977.

[7] TIMAR P L, FAZEKAS A, KISS J, et al. Noise and vibration of electrical machines[M]. Amsterdam: North Holland, 1989.

[8] YANG S J. Low noise electrical motors[M]. Oxford: Oxford University Press, 1981: 17-34.

[9] 陈永校，诸自强，应善成. 电机噪声的分析和控制[M]. 杭州：浙江大学出版社, 1987: 36-53.

[10] GIERAS J F, WANG C, LAI J C. Noise of polyphase electric motors[M]. Leiden: CRC Press, 2006: 21-65.

[11] 张冉. 表面式永磁电机电磁激振力波及其抑制措施研究[D]. 济南：山东大学, 2011.

[12] 杨浩东. 永磁同步电机电磁振动分析[D]. 杭州：浙江大学, 2011.

[13] ISLAM M S, ISLAM R, SEBASTIAN T. Noise and vibration characteristics of permanent-magnet synchronous motors using electromagnetic and structural analyses[J]. IEEE Transactions on Industry Applications, 2014, 50(5): 3214-3222.

[14] ZHU Z Q, XIA Z P, WU L J, et al. Analytical modeling and finite-element computation of radial vibration force in fractional-slot permanent-magnet brushless machines[J]. IEEE Transactions on Industry Applications, 2010, 46(5): 1908-1918.

[15] ZHU Z Q, XIA Z P, WU L J, et al. Influence of slot and pole number combination on radial force and vibration modes in fractional slot PM brushless machines having single- and double-layer windings[C]// 2009 IEEE Energy Conversion Congress and Exposition. San Jose, CA, USA: IEEE, 2009: 3443-3450.

[16] VALAVI M, NYSVEEN A, NILSSEN R. Effects of loading and slot harmonic on radial magnetic forces in low-speed permanent magnet machine with concentrated windings[J]. IEEE Transactions on Magnetics, 2015, 51(6): 1-10.

[17] DENG W Z, ZUO S G, LIN F, et al. Influence of pole and slot combinations on vibration and noise in external rotor axial flux in-wheel motors[J]. IET Electric Power Applications, 2017, 11(4): 586-594.

[18] DENG W Z, ZUO S G. Axial force and vibroacoustic analysis of external-rotor axial-flux motors[J]. IEEE Transactions on Industrial Electronics, 2018, 65(3): 2018-2030.

[19] DENG W Z, ZUO S G. Analytical modeling of the electromagnetic vibration and noise for an external-rotor axial-flux in-wheel motor[J]. IEEE Transactions on Industrial Electronics, 2018, 65(3): 1991-2000.

[20] WU S L, ZUO S G. Characteristics analysis of electromagnetic force and noise of claw pole alternators with different pole and slot combinations and phase number[J]. IET Electric Power Applications, 2018, 12(9): 1357-1364.

[21] WU S L, ZUO S G, WU X D, et al. Vibroacoustic prediction and mechanism analysis of claw pole alternators[J]. IEEE Transactions on Industrial Electronics, 2017, 64(6): 4463-4473.

[22] ZUO S G, LIN F, WU X D. Noise analysis, calculation, and reduction of external rotor permanent-magnet synchronous motor[J]. IEEE Transactions on Industrial Electronics, 2015, 62(10): 6204-6212.

[23] LIN F, ZUO S G, DENG W Z, et al. Modeling and analysis of acoustic noise in external rotor in-wheel motor considering Doppler effect[J]. IEEE Transactions on Industrial Electronics, 2018, 65(6): 4524-4533.

[24] LO W C, CHAN C C, ZHU Z Q, et al. Acoustic noise radiated by PWM-controlled induction machine drives[J]. IEEE Transactions on Industrial Electronics, 2000, 47(4): 880-889.

[25] LIN F, ZUO S G, DENG W Z, et al. Modeling and analysis of electromagnetic force, vibration, and noise in permanent-magnet synchronous motor considering current harmonics[J]. IEEE Transactions on Industrial Electronics, 2016, 63(12): 7455-7466.

[26] LIANG W Y, WANG J F, FANG W Z. Analytical modeling of sideband current harmonic components in induction machine drive with voltage source inverter by an SVM technique[J]. IEEE Transactions on Power Electronics, 2013, 28(11): 5372-5379.

[27] LIANG W Y, WANG J F, LUK P C-K, et al. Analytical modeling of current harmonic components in PMSM drive with voltage-source inverter by SVPWM technique[J]. IEEE Transactions on Energy Conversion, 2014, 29(3): 673-680.

[28] TSOUMAS I P, TISCHMACHER H. Influence of the inverter's modulation technique on the audible noise of electric motors[J]. IEEE Transactions on Industry Applications, 2014, 50(1): 269-278.

[29] BOUYAHI H, SMIDA K B, KHEDHER A. Experimental study of PWM strategy effect on acoustic noise generated by inverter-fed induction machine[J]. International Transactions on Electrical Energy Systems, 2019, 30(3): e12249. 1- e12249. 20.

[30] VALAVI M, DEVILLERS E, LE BESNERAIS J, et al. Influence of converter topology and carrier frequency on airgap field harmonics, magnetic forces, and vibrations in converter-fed hydropower generator[J]. IEEE Transactions on Industry Applications, 2018, 54(3): 2202-2214.

[31] BINOJ KUMAR A C, NARAYANAN G. Variable-switching frequency PWM technique for induction motor drive to spread acoustic noise spectrum with reduced current ripple[J]. IEEE Transactions on Industry Applications, 2016, 52(5): 3927-3938.

[32] HUANG Y L, XU Y X, ZHANG W T, et al. Hybrid RPWM technique based on modified SVPWM to reduce the PWM acoustic noise[J]. IEEE Transactions on Power Electronics, 2019, 34(6): 5667-5674.

[33] DEVILLERS E, HECQUET M, LE BESNERAIS J, et al. Tangential effects on magnetic vibrations and acoustic noise of induction machines using subdomain method and electromagnetic vibration synthesis[C] // 2017 IEEE International Electric Machines and Drives Conference (IEMDC). Miami, FL, USA: IEEE, 2017: 1-8.

[34] ZOU J B, LAN H, XU Y X, et al. Analysis of global and local force harmonics and their effects on vibration

in permanent magnet synchronous machines[J]. IEEE Transactions on Energy Conversion, 2017, 32(4): 1523-1532.

[35] LAN H , ZOU J B, XU Y X, et al. Effect of local tangential force on vibration performance in fractional-slot concentrated winding permanent magnet synchronous machines[J]. IEEE Transactions on Energy Conversion, 2019, 34(2): 1082-1093.

[36] HOFMANN A, QI F, LANGE T, et al. The breathing mode-shape 0: is it the main acoustic issue in the PMSMs of today's electric vehicles?[C]//2014 17th International Conference on Electrical Machines and Systems (ICEMS). Hangzhou, China: IEEE, 2014: 3067-3073.

[37] HARRIES M, HENSGENS M, DE DONCKER R W. Noise reduction via harmonic current injection for concentrated-winding permanent magnet synchronous machines[C]//2018 21st International Conference on Electrical Machines and Systems (ICEMS). Jeju, South Korea: IEEE, 2018: 1157-1162.

[38] WANG S M, HONG J F, SUN Y G, et al. Analysis of zeroth-mode slot frequency vibration of integer slot permanent-magnet synchronous motors[J]. IEEE Transactions on Industrial Electronics, 2020, 67(4): 2954-2964.

[39] VERMA S P, BALAN A. Determination of radial-forces in relation to noise and vibration problems of squirrel-cage induction motors[J]. IEEE Transactions on Energy Conversion, 1994, 9(2): 404-412.

[40] LUBIN T, MEZANI S, REZZOUG A. 2-D exact analytical model for surface-mounted permanent-magnet motors with semi-closed slots[J]. IEEE Transactions on Magnetics, 2011, 47(2): 479-492.

[41] LUBIN T, MEZANI S, REZZOUG A. Two-dimensional analytical calculation of magnetic field and electromagnetic torque for surface-inset permanent-magnet motors[J]. IEEE Transactions on Magnetics, 2012, 48(6): 2080-2091.

[42] BOUGHRARA K, IBTIOUEN R, LUBIN T. Analytical prediction of magnetic field in parallel double excitation and spoke-type permanent-magnet machines accounting for tooth-tips and shape of polar pieces[J]. IEEE Transactions on Magnetics, 2012, 48(7): 2121-2137.

[43] ZHU W J, FAHIMI B, PEKAREK S. A field reconstruction method for optimal excitation of permanent magnet synchronous machines[J]. IEEE Transactions on Energy Conversion, 2006, 21(2): 305-313.

[44] DEKEN B, PEKAREK S, FAHIMI B. An enhanced field reconstruction method for design of permanent magnet synchronous machines[C]//2007 IEEE Vehicle Power and Propulsion Conference. Arlington, TX, USA: IEEE, 2007: 169-174.

[45] BÖESING M. Acoustic modeling of electrical drives: noise and vibration synthesis based on force response superposition[D]. Aachen: RWTH Aachen University, 2014.

[46] HENROTTE F, HAMEYER K. Computation of electromagnetic force densities: Maxwell stress tensor vs. virtual work principle[J]. Journal of Computational and Applied Mathematics, 2004, 168(1-2): 235-243.

[47] BOSSAVIT A. Virtual power principle and Maxwell's tensor: which comes first?[J]. COMPEL: The International Journal for Computation and Mathematics in Electrical and Electronic Engineering, 2011, 30(6): 1804-1814.

[48] PILE R, DEVILLERS E, LE BESNERAIS J. Comparison of main magnetic force computation methods for noise and vibration assessment in electrical machines[J]. IEEE Transactions on Magnetics, 2018, 54(7):

814013-1-814013-13.
[49] LECOINTE J-P, ROMARY R, BRUDNY J-F, et al. Five methods of stator natural frequency determination: case of induction and switched reluctance machines[J]. Mechanical Systems and Signal Processing, 2004, 18(5): 1133-1159.
[50] LEISSA A W. Vibration of shells[M]. Woodbury: American Institute of Physics, 1993.
[51] HU S L, ZUO S G, WU H, et al. An analytical method for calculating the natural frequencies of a motor considering orthotropic material parameters[J]. IEEE Transactions on Industrial Electronics, 2019, 66(10): 7520-7528.
[52] HOPPE R. Vibrationen eines ringes in seiner ebene[J]. Journal für die reine und angewandte Mathematik, 1871, 73: 158-170.
[53] GIRGIS R S, VERMA S P. Resonant frequencies and vibration behaviour of stators of electrical machines as affected by teeth, windings, frame and laminations[J]. IEEE Transactions on Power Apparatus and Systems, 1979, PAS-98(4): 1446-1455.
[54] 钟双双. 表面式分数槽绕组永磁同步电动机振动噪声特性研究[D]. 沈阳: 沈阳工业大学, 2019.
[55] 代颖. 电动汽车驱动用感应电机的电磁噪声研究[D]. 哈尔滨: 哈尔滨工业大学, 2007.
[56] 李佰洲. 异步电机定子系统磁固耦合振动机理研究[D]. 天津: 天津大学, 2014.
[57] 于慎波. 永磁同步电动机振动与噪声特性研究[D]. 沈阳: 沈阳工业大学, 2006.
[58] CAI W, PILLAY P, TANG Z J. Impact of stator windings and end-bells on resonant frequencies and mode shapes of switched reluctance motors[J]. IEEE Transactions on Industry Applications, 2002, 38(4): 1027-1036.
[59] CAI W, PILLAY P. Resonant frequencies and mode shapes of switched reluctance motors[J]. IEEE Transactions on Energy Conversion, 2001, 16(1): 43-48.
[60] LONG S A, ZHU Z Q, HOWE D. Vibration behaviour of stators of switched reluctance motors[J]. IEE Proceedings: Electric Power Applications, 2001, 148(3): 257-264.
[61] 李义. 内置式永磁同步轮毂电机的气隙形变及振动特性研究[D]. 哈尔滨: 哈尔滨工业大学, 2018.
[62] CHAI F, LI Y, PEI Y L, et al. Accurate modelling and modal analysis of stator system in permanent magnet synchronous motor with concentrated winding for vibration prediction[J]. IET Electric Power Applications, 2018, 12(8): 1225-1232.
[63] SHIN H-J, CHOI J-Y, CHO H-W, et al. Effects of mechanical resonance on vibrations of mechanical systems with permanent magnet machines[J]. IEEE Transactions on Magnetics, 2014, 50(11): 8600704-1-8600704-4.
[64] TANG Z J, PILLAY P, OMEKANDA A M, et al. Young's modulus for laminated machine structures with particular reference to switched reluctance motor vibrations[J]. IEEE Transactions on Industry Applications, 2004, 40(3): 748-754.
[65] MILLITHALER P. Dynamic behaviour of electric machine stators: modelling guidelines for efficient finite-element simulations and design specifications for noise reduction[D]. Chambéry: Université de Franche-Comté, 2016.
[66] MILLITHALER P, SADOULET-REBOUL É, OUISSE M, et al. Structural dynamics of electric machine

stators: modelling guidelines and identification of three-dimensional equivalent material properties for multi-layered orthotropic laminates[J]. Journal of Sound and Vibration, 2015, 348: 185-205.

[67] SWAN C C, KOSAKA I. Voigt-reuss topology optimization for structures with linear elastic material behaviours[J]. International Journal for Numerical Methods in Engineering, 1997, 40(16): 3033-3057.

[68] VAN DER GIET M, KASPER K, DE DONCKER R W, et al. Material parameters for the structural dynamic simulation of electrical machines[C]//2012 XXth International Conference on Electrical Machines. Marseille, France: IEEE, 2012: 2994-3000.

[69] 左曙光，张耀丹，阎礁，等. 考虑定子各向异性的永磁同步电机振动噪声优化[J]. 西安交通大学学报, 2017, 51(5): 60-68.

[70] 邓文哲，左曙光，孙罕，等. 考虑定子铁芯和绕组各向异性的爪极发电机模态分析[J]. 振动与冲击, 2017, 36(12): 43-49.

[71] HU S L, ZUO S G, LIU M T, et al. Method for acquisition of equivalent material parameters considering orthotropy of stator core and windings in SRM[J]. IET Electric Power Applications, 2019, 13(4): 580-586.

[72] ZHANG Z Y, JIAO Z Y, XIA H B, et al. Parameter equivalent method of stator anisotropic material based on modal analysis[J]. Energies, 2019, 12(22): 4257.

[73] FANG H Y, LI D W, QU R H, et al. Modulation effect of slotted structure on vibration response in electrical machines[J]. IEEE Transactions on Industrial Electronics, 2019, 66(4): 2998-3007.

[74] LE BESNERAIS J, FASQUELLE A, HECQUET M, et al. A fast noise-predictive multiphysical model of the PWM-controlled induction machine[C]//2006 XII International Conference on Electrical Machines (ICEM): Lausanne, Switzerland, 2006: 1-7.

[75] LE BESNERAIS J, LANFRANCHI V, HECQUET M, et al. Prediction of audible magnetic noise radiated by adjustable-speed drive induction machines[J]. IEEE Transactions on Industry Applications, 2010, 46(4): 1367-1373.

[76] LE BESNERAIS J. Reduction of magnetic noise in PWM-supplied induction machines: low-noise design rules and multi-objective optimization[D]. Lille: Ecole Centrale de Lille, 2008.

[77] 林福，左曙光，毛钰，等. 考虑电流谐波的永磁同步电机电磁振动和噪声半解析模型[J]. 电工技术学报, 2017, 32(9): 24-31.

[78] SAITO A, SUZUKI H, KUROISHI M, et al. Efficient forced vibration reanalysis method for rotating electric machines[J]. Journal of Sound and Vibration, 2015, 334: 388-403.

[79] BOESING M, NIESSEN M, LANGE T, et al. Modeling spatial harmonics and switching frequencies in PM synchronous machines and their electromagnetic forces[C] //2012 XXth International Conference on Electrical Machines. Marseille, France: IEEE, 2012: 3001-3007.

[80] ISLAM R, HUSAIN I. Analytical model for predicting noise and vibration in permanent-magnet synchronous motors[J]. IEEE Transactions on Industry Applications, 2010, 46(6): 2346-2354.

[81] ROIVAINEN J. Unit-wave response-based modeling of electromechanical noise and vibration of eletrical machines[D]. Espoo: Helsinki University of Technology, 2009.

[82] SAITO A, KUROISHI M, NAKAI H. Empirical vibration synthesis method for electric machines by transfer functions and electromagnetic analysis[J]. IEEE Transactions on Energy Conversion, 2016, 31(4):

1601-1609.

[83] SAITO A, KUROISHI M, NAKAI H. Vibration prediction method of electric machines by using experimental transfer function and magnetostatic finite element analysis[J]. Journal of Physics: Conference Series, 2016, 744(1): 012088. 1-012088. 12.

[84] TANG Z J, PILLAY P, OMEKANDA A M. Vibration prediction in switched reluctance motors with transfer function identification from shaker and force hammer tests[J]. IEEE Transactions on Industry Applications, 2003, 39(4): 978-985.

[85] PARK G-J, KIM Y-J, JUNG S-Y. Design of IPMSM applying V-shape skew considering axial force distribution and performance characteristics according to the rotating direction[J]. IEEE Transactions on Applied Superconductivity, 2016, 26(4): 0605205-1-0605205-5.

[86] 刘洋，左曙光，邓文哲. 含辅助槽轴向永磁电机的电磁力波分析及抑制[J]. 西安交通大学学报，2019, 53(1): 77-85.

[87] LI Y, LI S P, XIA J K, et al. Noise and vibration characteristics analysis on different structure parameters of permanent magnet synchronous motor[C]//2013 International Conference on Electrical Machines and Systems (ICEMS). Busan, South Korea: IEEE, 2013: 46-49.

[88] LIN F, ZUO S G, DENG W Z, et al. Reduction of vibration and acoustic noise in permanent magnet synchronous motor by optimizing magnetic forces[J]. Journal of Sound and Vibration, 2018, 429: 193-205.

[89] BLUM J, MERWERTH J, HERZOG H-G. Investigation of the segment order in step-skewed synchronous machines on noise and vibration[C]//2014 4th International Electric Drives Production Conference (EDPC). Nuremberg, Germany: IEEE, 2014: 303-308.

[90] PUTRI A K, RICK S, FRANCK D, et al. Application of sinusoidal field pole in a permanent-magnet synchronous machine to improve the NVH behavior considering the MTPA and MTPV operation area[J]. IEEE Transactions on Industry Applications, 2016, 52(3): 2280-2288.

[91] ANDERSSON A, THIRINGER T. Electrical machine acoustic noise reduction based on rotor surface modifications[C]//2016 IEEE Energy Conversion Congress and Exposition (ECCE). Milwaukee, WI, USA: IEEE, 2016: 1-7.

[92] HUR J, REU J-W, KIM B-W, et al. Vibration reduction of IPM-type BLDC motor using negative third harmonic elimination method of air-gap flux density[J]. IEEE Transactions on Industry Applications, 2011, 47(3): 1300-1309.

[93] ELRAYYAH A, MPK NAMBURI K, SOZER Y, et al. An effective dithering method for electromagnetic interference (EMI) reduction in single-phase DC/AC inverters[J]. IEEE Transactions on Power Electronics, 2014, 29(6): 2798-2806.

[94] TSE K K, CHUNG H S-H, RON HUI S Y, et al. A comparative study of carrier-frequency modulation techniques for conducted EMI suppression in PWM converters[J]. IEEE Transactions on Industrial Electronics, 2002, 49(3): 618-627.

[95] KIM K-S, JUNG Y-G, LIM Y-C. A new hybrid random PWM scheme[J]. IEEE Transactions on Power Electronics, 2009, 24(1): 192-200.

[96] LIAW C M, LIN Y M, WU C H, et al. Analysis, design, and implementation of a random frequency PWM

inverter[J]. IEEE Transactions on Power Electronics, 2000, 15(5): 843-854.

[97] TRZYNADLOWSKI A M. Active attenuation of electromagnetic noise in an inverter-fed automotive electric drive system[J]. IEEE Transactions on Power Electronics, 2006, 21(3): 693-700.

[98] LAI Y-S, CHEN B-Y. New random PWM technique for a full-bridge DC/DC converter with harmonics intensity reduction and considering efficiency[J]. IEEE Transactions on Power Electronics, 2013, 28(11): 5013-5023.

[99] LEE K, SHEN G T, YAO W X, et al. Performance characterization of random pulse width modulation algorithms in industrial and commercial adjustable-speed drives[J]. IEEE Transactions on Industry Applications, 2017, 53(2): 1078-1087.

[100] PEYGHAMBARI A, DASTFAN A, AHMADYFARD A. Selective voltage noise cancellation in three-phase inverter using random SVPWM[J]. IEEE Transactions on Power Electronics, 2016, 31(6): 4604-4610.

[101] KIRLIN R L, LASCU C, TRZYNADLOWSKI A M. Shaping the noise spectrum in power electronic converters[J]. IEEE Transactions on Industrial Electronics, 2011, 58(7): 2780-2788.

[102] PEYGHAMBARI A, DASTFAN A, AHMADYFARD A. Strategy for switching period selection in random pulse width modulation to shape the noise spectrum[J]. IET Power Electronics, 2015, 8(4): 517-523.

[103] XU Y X, YUAN Q B, ZOU J B, et al. Analysis of triangular periodic carrier frequency modulation on reducing electromagnetic noise of permanent magnet synchronous motor[J]. IEEE Transactions on Magnetics, 2012, 48(11): 4424-4427.

[104] XU Y X, YUAN Q B, ZOU J B, et al. Sinusoidal periodic carrier frequency modulation in reducing electromagnetic noise of permanent magnet synchronous motor[J]. IET Electric Power Applications, 2013, 7(3): 223-230.

[105] CHAI J-Y, HO Y-H, CHANG Y-C, et al. On acoustic-noise-reduction control using random switching technique for switch-mode rectifiers in PMSM drive[J]. IEEE Transactions on Industrial Electronics, 2008, 55(3): 1295-1309.

[106] 原庆兵. 永磁同步电机系统的周期频率调制策略研究[D]. 哈尔滨: 哈尔滨工业大学, 2016.

[107] 许实章. 交流电机的绕组理论[M]. 北京: 机械工业出版社, 1985: 315-322.

[108] OPPENHEIM A V, WILLSKY A S, NAWAB S H. 信号与系统(第二版)[M]. 刘树棠, 译. 北京: 电子工业出版社, 2013: 226-267.

[109] PILE R, PARENT G, DEVILLERS E, et al. Application limits of the airgap Maxwell tensor[C]//IEEE Conference on Electromagnetic Field Computation (CEFC). Hangzhou: IEEE, 2018.

[110] TSAI S W. Introduction to composite materials[M]. London: Routledge, 1980.

[111] LIN C J, WANG S L, MOALLEM M, et al. Analysis of vibration in permanent magnet synchronous machines due to variable speed drives[J]. IEEE Transactions on Energy Conversion, 2017, 32(2): 582-590.